U0173146

曆算全書

〔清〕梅文鼎 撰

高 峰 點校

二

中華書局

本册目録

環中黍尺

塹堵測量

方圓冪積

幾何補編

解八線割圓之根

兼濟堂纂刻梅勿菴先生曆算全書

環中黍尺〔一〕

〔一〕勿庵曆算書目算學類著録，爲中西算學通續編一種。是書撰非一時，定稿於康熙三十九年秋，康熙四十三年前後，刊於李光地保定府邸，校字者同弧三角舉要。康熙刻本凡五卷，曆算全書本輯録零稿若干則，題作“環中黍尺補遺續增”，附於第五卷卷末，版心題“環中黍尺卷六”。四庫本收入卷九至卷十一。梅氏叢書輯要删節全書本所增卷六内容附入第五卷，仍作五卷，收入卷三十四至三十八。

小 引

　　環中黍尺者，所以明平儀弧角正形，乃天外觀天之法，而渾天之畫影也。天圓而動，無晷刻停。而六合以内，經緯歷然，亘萬古而不變，此即常静之體也。人惟囿於其中，不惟常動者不能得其端倪，即常静之體，所爲經緯歷然者，亦無能擬諸形容。惟置身天外，以平觀大圓之立體，則周天三百六十經緯之度，擘劃分明，皆能變渾體爲平面，而寫諸片楮，按度考之，若以頗黎水晶通明之質琢成渾象而陳之几案也，又若有鏤空玲瓏之渾儀取影於燭而惟肖也。故可以算法證儀，亦可以量法代算，可以獨喻，可以衆曉。平儀弧角之用，斯其妙矣。

　　庚辰中秋，鼎偶霑寒疾，諸務屏絕，展轉牀褥間，斗室虚明，心閒無寄，秋光入户，秋夜彌長，平時測算之緒，來我胸臆，積思所通，引伸觸類，乃知曆書中斜弧三角矢線加減之圖，特以推明算理，故爲斜望之形。其弧線與平面相離，聊足以彷彿意象，啓人疑悟，而不可以實度比量。固不如平儀之經緯皆爲實度，弧角悉歸正形，可以算即可以量，爲的確而簡易也。病間録枕上之所得，輒成小帙。然思之所引無方，而筆之所追未能什一，庶存大致，竢同

志之講求耳。〔此第一卷原序也,餘詳目録。〕

　　康熙三十有九年重九前七日勿菴力疾書,時年六十
有八。

環中黍尺目錄

有垂弧及次形,而斜弧三角可算。乃若三邊求角,則未有以處也。環中黍尺之法,則可以三邊求角,〔如有黃赤兩緯度,可求其經。〕可以徑求對角之邊,〔如有黃道經緯,可徑求赤道之緯。〕立術超妙，而取徑遥深，非專書備論，難諳厥故矣。書成於康熙庚辰，非一時之筆，故與舉要各自爲首尾。

凡測算必有圖，而圖弧角者必以正形，厥理斯顯。於是以測渾圓，則衡縮敧衺，環應無窮，殆不翅纍黍定尺也。本書命名，蓋取諸此。

用八綫至弧度而奇，然理本平實；以八綫量弧度，至用矢而簡，然義益多通。要亦惟平儀正形與之相應，一卷之先數後數，所爲直探其根以發其藏也。

平儀以視法變渾爲平，而可算者亦可量，即际度皆實度矣。二卷之平儀論，所以博其趣，而三極通幾，其用法也。〔黍尺名書，於茲益著。〕

矢度之用，已詳首卷，而餘弦之用，亦可參觀，故又有三卷之初數次數也。初數次數，本用乘除，亦可以加減代之，故有加減法以疏厥義。〔自三卷以後，亦非一時所撰。今以類相附，而仍各爲之卷。〕

四卷之甲乙數，即初數次數之變也。而彼以乘除，此以加減，則繁簡殊矣。

五卷之法，亦加減也，而特爲省徑，故稱捷焉。〔用初數不用次數，用矢度不用餘弦，以視甲乙數，又省其半。〕然不可不知其變，故又有補遺之術也。

恒星曆指之法，別成規式，而以加減法相提而論，固異名而同實，是以命之又法也。

〔以上環中黍尺之法，約之有六。用乘除者二，其一先數後數，其一初數次數也。用加減者四，初數次數也，甲乙數也，捷法也，又法也。

本書中具此六術,然而加減捷法,其尤爲善之善者歟?〕

外有不係三邊求角之正用,並可通之以加減之法者,是爲加減通法。蓋術之約者其理必精,數之確者爲用斯博,茲附數則於五卷之末,以發其例。

環中黍尺卷一^{〔一〕}

宣城梅文鼎定九著
柏鄉魏荔彤念庭輯　男　乾斁一元
　　　　　　　　　　士敏仲文
　　　　　　　　　　士說崇寬同校正
　　　　錫山後學楊作枚學山訂補

總　論

弧三角用平儀正形之理

作圖之法有二，一爲借象，一爲正形。以平寫渾，不得已而爲側眂遥望之形，以曲狀其變，然多借象而非正形。兹一準平儀法度，實二極於上下，而從旁平視之。〔如置身大員之表以觀大員。〕則渾球上凸面之經緯弧角，一一可寫於平面，而悉爲正形。於是測望之法，步算之源，皆不煩箋疏而解。

〔一〕此題原無，據底本目錄補。

斜視之圖

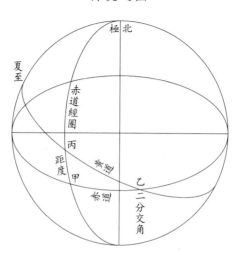

平儀正形

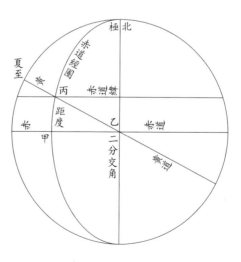

平儀用實度之理

斜視之圖，無實度可紀。〔弧角之形，聊足相擬，其實度非算不知。〕茲者平儀既歸正形，則度皆實度，循圖可得。即量法與算法，通爲一術。〔以橫徑查角度，以距緯查弧度，並詳二卷[一]。〕

平儀用矢線之理

八線中有矢，他用甚稀。乃若三邊求角，則矢綫之用爲多，而又特爲簡易。信古人以弧矢測渾員，其法不易。然亦惟平儀正形，能著其理。〔下文詳之。〕

矢線之用有二

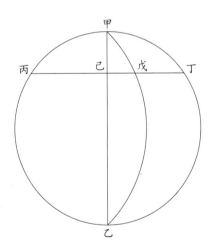

〔一〕二卷，康熙本作"下卷"。

一矢線爲角度之限。鈍角用大矢,銳角用小矢。〔小矢即正矢也,從半徑言之爲正矢,從全徑言之爲小矢。〕法曰:置角度於平儀之周,則平員全徑爲角綫所分,而一爲小矢,一爲大矢。〔平儀橫徑[一]即渾員之腰圍,故大矢即鈍角度,小矢即銳角度。〕

如圖,渾球上甲戊、甲丁、甲丙三小弧與甲己同度,故同用甲己爲正矢。

丁乙、戊乙、丙乙三過弧與己乙同度,故同用己乙爲大矢。[二]

一矢較爲弧度之差。大弧用大矢,〔弧度過象限爲大弧,故大矢亦大於半徑。〕小弧用小矢,〔弧度不及象限爲小弧,故正矢小於半徑。〕較弧與對弧並同。

法曰:置較弧、對弧於員周,〔角旁兩弧之較爲較弧,亦曰存

〔一〕橫徑,康熙本作"中徑"。
〔二〕圖及圖下文字,康熙本如下:如圖,渾球上甲己乙徑,爲丁己丙角綫所分,則甲己爲正矢,即銳角之度。〔甲丁己或甲丙己並銳角也,並以甲己正矢之度爲度。〕乙己爲大矢,即鈍角之度。〔乙丁己或乙丙己並鈍角也,並以乙己大矢之度爲度。〕

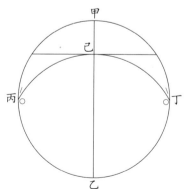

弧。對角之弧爲對弧，亦曰底弧。〕則各有矢線而同軸，可得其差，謂之兩矢較也。較弧、對弧並小，則爲兩正矢之較。〔兩弧俱象限以下，故俱用正矢。〕較弧小，對弧大，爲正矢、大矢之較。〔較弧在象限以下，用正矢；對弧過象限，用大矢。〕較弧、對弧並大，爲兩大矢之較。〔兩弧俱過象限，故俱用大矢。〕

凡較弧必小於對弧，則較弧矢亦小於對弧矢，故無以較弧大矢較對弧正矢之事，法所以恒用加也。〔若較弧用大矢，則對弧必更大。〕

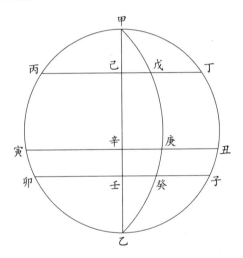

如圖，丑乙弧之正矢辛乙，〔庚乙、寅乙二弧同用。〕子乙弧之正矢壬乙，〔癸乙、卯乙同用。〕則辛壬爲兩矢之較，即爲〔癸乙、寅乙〕兩弧度之較也。〔或丑乙與子乙，或庚乙與癸乙，或寅乙與卯乙，並同。〕又如戊乙弧之大矢己乙，與丑乙弧之正矢辛乙相較，得較己辛；或子乙弧之正矢壬乙，與丙乙弧之大矢己乙相較，得較己壬，皆大矢與正矢較也。又如甲丑弧之大矢辛甲,與甲卯弧之大矢壬甲相較,得較辛壬,則兩大矢較也。

約法:

凡求對角之弧,並以角之矢爲比例。〔鈍角用大矢,銳角用正矢。〕求得兩矢較,〔半徑方一率,正弦矩二率,角之矢三率,兩矢較四率。〕以加較弧之矢,〔較弧大,用大矢;較弧小,用正矢。〕得對弧矢。加滿半徑以上爲大矢,其對弧大;〔過象限。〕加不滿半徑爲小矢,其對弧小。〔不過象限。〕此不論角之銳鈍、邊之同異,通爲一法。

凡三邊求角,並以兩矢較爲比例,求角之矢。〔半徑方一率,餘割矩二率,兩矢較三率,角之矢四率。〕得數大於半徑爲大矢,其角則鈍;得數小於半徑爲正矢,其角則銳。亦不論邊之同異,通爲一法。

問:用矢用餘弦異乎?曰:矢、餘弦相待而成者也。可以矢算者,亦可用餘弦立算,但加減尚須詳審;若矢線,則一例用加,尤爲簡妙。

先數後數法

〔此以平儀弧角正形解渾球上斜弧三角,用矢度矢較爲比例之根也。〕

〔先得數者,正弦上距等圈矢也,與角之矢相比。後得數者,兩矢較也,與較弧矢相加。〕

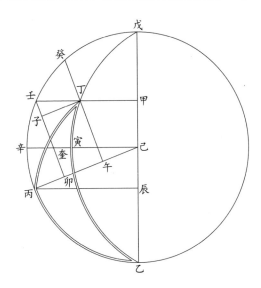

設丙乙丁斜三角形，有乙銳角，有丙乙弧小於象限，丁乙弧大於象限，〔是爲角旁之兩弧不同類。〕求丁丙爲對角之弧。用較弧〔角旁兩弧相減。〕及對弧兩正矢之較，爲加差。

法以大小兩邊各引長之滿半周，遇於戊，作戊甲乙圓徑。又於圓徑折半處〔己〕命爲渾圓心。又自己心作橫半徑，〔如己寅辛。〕則寅辛即乙角之弧，亦即爲乙角之矢。〔平視之爲矢度，實即角度之弧躋縮而成。〕而寅己即乙角之餘弧，亦即爲乙角餘弦。〔因視法能令餘弧躋縮成餘弦。〕又自丁作橫半徑〔己辛〕之平行線，〔如壬丁甲。〕此平行線即乙丁大邊之正弦。〔因平視故，乙丁小於乙壬，其實乙丁弧之度與乙壬同大。今壬甲既爲戊壬及乙壬之正弦，亦即爲乙丁之正弦矣。〕而此正弦〔壬甲〕又即爲距等圈之半徑也，〔想戊己乙爲半渾圓之中剖圓面側立形，乃自壬丁甲橫切之，則壬甲爲其橫切之半徑。〕則其丁壬分線亦爲距等圈上丁壬弧之

矢線矣。〔有距等圈半徑,即有其弧。〕而此大小兩矢線各與其半
徑之比例皆等。〔己辛大圈之半徑大,故寅辛矢亦大;甲壬距等圈之半
徑小,故壬丁矢亦小。然其度皆乙角,故比例一也。距等雖用戊角,而戊角即
乙角,有兩弧線限之故也。〕法爲己辛與甲壬,若寅辛與壬丁。

　　　一率　半徑　　　己辛
　　　二率　〔大弧正弦〕壬甲〔即距等圈之半徑〕
　　　三率　〔乙角矢〕寅辛
　　　四率　〔先得數〕壬丁〔即距等圈之正矢〕

　　次從丙向己心作丙己半徑,此線爲加減之主線。〔以
較弧、對弧俱用爲半徑,而生矢度。〕又從壬作壬卯,爲壬丙較弧之
正弦。〔壬乙既同丁乙,則丁乙弧之大於丙乙,其較爲壬丙。〕又從丁作
癸丁午線,爲丁丙對弧之正弦。〔因平視故,丁丙弧小於癸丙,其實
丁丙弧與癸丙同大。癸午既爲癸丙正弦,亦即丁丙之正弦矣。〕因兩正弦
平行,又同抵己丙半徑,爲十字正方角,故比例生焉。此
立算之根本。又從丁作丁子線,與午卯平行而等,〔以有對
弧、較弧兩正弦爲之限也。〕成壬丁子句股形。又從丙作丙辰線,
爲乙丙小邊之正弦,成己丙辰句股形。此大小兩句股形
相似。〔己丙辰與卯己奎小形相似,則亦與壬丁子形相似,等角等勢故也。〕
法爲丙己與辰丙,若壬丁與丁子。

　　　一率　半徑　　　丙己　　弦
　　　二率　〔小弧正弦〕辰丙　　股
　　　三率　〔先得數〕壬丁　　小弦
　　　四率　〔兩矢較〕丁子　　小股
省算法用合理。

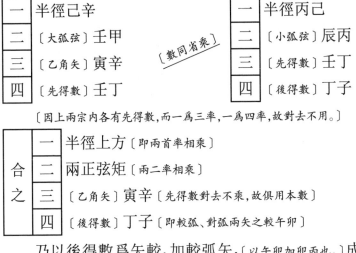

〔因上兩宗內各有先得數,而一爲三率,一爲四率,故對去不用。〕

		半徑上方〔即兩首率相乘〕
合	二	兩正弦矩〔兩二率相乘〕
之	三	〔乙角矢〕寅辛〔先得數對去不乘,故俱用本數〕
	四	〔後得數〕丁子〔即較弧、對弧兩矢之較午卯〕

乃以後得數爲矢較,加較弧矢,〔以午卯加卯丙也。〕成對弧矢〔午丙〕。末以對弧矢〔午丙〕減半徑〔己丙〕,成對弧餘弦〔午己〕,檢表得對弧〔丁丙〕之度。

　又法:以後得數減較弧餘弦,〔以午卯減卯己。〕成對弧餘弦〔午己〕,檢表得對弧〔丁丙〕度,亦同。〔兩正矢之較,即兩餘弦較也,故加之得矢者,減之即得餘弦。〕

　若先有三邊而求乙銳角,則反用其率。〔因前四率反之,以首率爲次率,三率爲四率。〕

一	半徑上方		一	兩正弦矩	半徑上方
二	兩正弦矩		二	半徑上方	兩餘割線相乘矩
三	乙角矢〔寅辛〕		三	兩矢較〔午卯〕	
四	兩矢較〔午卯〕		四	乙角矢〔寅辛〕	

以乙角矢〔寅辛〕減半徑〔辛己〕,得餘弦〔寅己〕,檢表得乙角之度。

　　右銳角以二邊求對邊,及三邊求角,並以兩矢較
爲加差,〔以差加較弧矢,得對弧矢,三邊求角則爲三率。〕亦爲兩
餘弦較。〔依又法,以差減較弧餘弦,爲對弧餘弦。三邊求角,則兩
餘弧相減爲三率。〕角旁弧異類,對邊小。

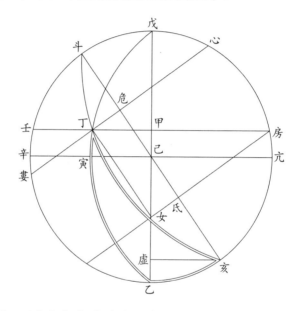

　　戊乙徑爲取角度之根,亢寅角度及房甲與亥虛兩正
弦皆依之以立。

　　大矢即鈍角之弧度,小矢即銳角之弧度。

　　亥斗徑爲加減之根,房氐及危心兩正弦依之以立。
有兩正弦,即有兩餘弦及大小矢,而加減之用生焉。

　　設亥乙丁斜弧三角形,有乙鈍角,有亥乙小弧、丁
乙大弧,求亥丁〔對角弧〕,用較弧正矢與對弧大矢之較爲
加差。

法以大小兩邊各引長之滿半周，遇於戊。又依小邊半周〔乙亥戊〕補其餘半周〔戊辛乙〕，成全圓。又從戊至乙作圓徑，又作亢辛橫徑，兩徑相交於己，即圓心。則寅辛爲乙角之小矢，而寅亢爲乙角之大矢。〔寅己亢即乙鈍角之弧度，平視之成大矢。〕若自寅點作直線，與戊乙平行，取距戊乙之度，加象限，即角度。又從丁作房丁壬橫線，與亢辛橫徑平行，此線即丁乙大邊正弦之倍數。〔房丁壬與亢辛平行，則房乙即丁乙也。因平視故，丁乙小於房乙耳。而房甲既爲房乙之正弦，亦即丁乙正弦也。房甲既爲正弦，房壬則倍正弦矣。倍正弦即通弦。〕而此〔房壬〕倍正弦，又即爲距等圈之全徑，〔想全體渾圓從壬丁房橫切之，成距等圈，而房壬其全徑。〕則房丁分線亦即爲距等圈上丁甲房弧之大矢。〔有距等圈全徑，即有其全圈，而房甲丁其切弧。〕而此兩大矢線各與其全徑之比例皆等，〔亢辛全徑大，故寅亢大矢亦大；房壬距等圈之全徑小，故房丁大矢亦小，然其度皆乙角之度，在乙丁戊及乙房戊兩弧線之中。故各與其全圓之比例等，而其大矢亦各與其全徑之比例等。〕即各與其半徑之比例亦等。〔若以甲爲心，壬爲界，作半圓於房壬線上，則距等之弧度見矣。〕法爲亢辛〔全徑。〕與房壬，〔距等全徑，即倍正弦。〕若寅亢〔鈍角大矢。〕與房丁。〔先得數，亦距等大矢。〕而亢己〔半徑。〕與房甲，〔乙丁正弦，亦距等半徑。〕亦若寅亢與房丁。

一率　　亢己〔半徑〕

二率　　房甲〔大邊之正弦，亦距等半徑〕

三率　　寅亢〔鈍角大矢〕

四率　　房丁〔先得數，亦距等大矢〕

次從亥過己心作亥己斗全徑，爲加減主線。〔較弧、對

弧之弦俱過此全徑而生大小矢。〕又從房作房氐線，爲房亥較弧之
正弦。〔準前論，房乙同丁乙，則丁乙之大於亥乙，其較房亥。〕又從丁作
心丁婁線，與房氐正弦平行，而交亥斗徑於危如十字，則
此線爲亥丁對弧之倍正弦。〔因視法，心亥弧大於亥丁，其實即亥
丁也。亥丁爲平視躋縮之形，心亥爲正形。而心危者，心亥弧之正弦也，是即
亥丁弧之正弦，而心丁婁其倍弦矣。〕又從丁作丁女線，與斗亥徑平
行。亦引房氐較弧之正弦爲通弦，而與丁女線遇於女，成
丁女房句股形。又從亥作亥虛線，與亢辛橫徑及大邊之
正弦房甲俱平行，成亥虛己句股形。此大小兩句股形相
似。〔亥己即徑線，與丁女平行，亥虛與房甲丁平行，則大形之丁角與小形
之亥角等；而女與虛並正角，則爲等角而相似。〕法爲己亥〔半徑。〕與亥
虛，〔小邊正弦。〕若房丁〔先得數，即距等大矢。〕與丁女。〔後得數，
亦即氐危，爲較弧正矢氐亥及對弧大矢危亥之較。〕

一率　半徑己亥　　　弦
二率　〔小邊正弦〕亥虛　句
三率　〔先得數〕房丁　　大弦
四率　〔後得數〕丁女　　大句
乃以省算法平之。

一	亢己半徑
二	房甲〔大邊正弦〕
三	寅亢〔鈍角大矢〕
四	房丁〔先得數〕

〔數同省乘〕

一	己亥半徑
二	亥虛〔小邊正弦〕
三	房丁〔先得數〕
四	丁女〔後得數，即氐危〕

合之	一	半徑自乘方
	二	正弦相乘矩
	三	鈍角大矢
	四	後得數〔即較弧正矢與對弧大矢之較〕

乃以後得數加較弧正矢，〔以氐危加氐亥，成危亥。〕爲對弧大矢。内減半徑，得對弧餘弦。檢表得度，以減半周，爲對弧之度。

又法：於後得數内減去較弧餘弦，成對弧餘弦。〔於氐危内減氐己，其餘危己，即對弧餘弦。〕乃以餘弦檢表得度，以減半周，爲對弧之度。大矢與小矢之較，即兩餘弦併也。内減去一餘弦，即得一餘弦矣，觀圖自明。前用銳角，是於較弧餘弦内減得數，爲對弧餘弦；此用鈍角，是於得數内減較弧餘弦，爲對弧餘弦。

若有三邊而求角度者，則反用其率。

一	半徑上方	一	兩正弦矩	半徑上方
二	兩正弦矩	二	半徑上方	兩餘割相乘矩
三	鈍角大矢寅亢	三	兩餘弦并氐危〔即較弧正矢與對弧大矢之較〕	
四	兩餘弦并丁女〔即氐危〕	四	鈍角大矢寅亢	

乃於所得大矢内減去半徑，成餘弦，以餘弦檢表得度，用減半周，爲鈍角之度。

右鈍角求對邊及三邊求鈍角，並用兩矢之較爲加差，〔以差加較弧正矢，得對弧大矢，又爲三邊求角之三率。〕亦爲兩餘弦并。〔依又法，減較弧餘弦，得對弧餘弦。三邊求角即并兩餘弦爲三率。〕其鈍角旁兩弧異類,對弧大。

設丁辛乙斜弧三角形,有辛丁邊〔五十度一十分〕,丁乙對角邊〔六十度〕,辛乙邊〔八十度〕。三邊並小,求辛銳角。

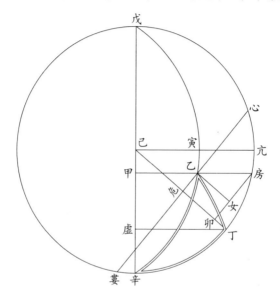

法先爲戊亢辛全員,作戊辛員徑,又作亢己横員徑。〔兩徑十字相交於己心,此線上有角度。〕

次於戊辛徑左右任取自辛數至丁,如所設角旁小邊〔五十度一十分〕之數,截丁辛爲小邊。又從丁過己作徑線,〔此線上有加减度。〕爲較弧、對角弧兩正弦所依。仍自辛過丁數至房,如所設大邊〔八十度〕之數,截房丁爲大小兩邊之較弧。又自丁過房數至心,如所設對邊〔六十度〕之數,截心丁與乙丁等。仍自丁過辛,截婁丁度如心丁,乃作婁心直線聯之,爲心丁對弧之倍正弦。又從房作房甲横線,與亢己

橫徑平行，此爲乙辛大邊之正弦。〔因視法，房辛即乙辛，詳後。〕
次視婁心倍弦與房甲正弦兩線相遇於乙，命爲斜弧形之
角。乃從乙角向辛作乙辛弧，〔此弧亦八十度，與房辛同大。〕是
所設角旁之大邊。〔理在平儀視法，房辛是眞度，乙辛是視凸爲平蹟縮
之形。想平儀原係渾體，從房乙甲橫切之，則自房至甲，爲距等圈之九十度，
從此線上度度作弧至辛極，並八十度，不惟乙辛與房辛同大，即甲辛亦與房
辛同大也。他倣此。〕又從乙向丁作乙丁弧，〔此弧亦六十度，與心丁
同大。〕是所設對角之邊。〔切渾員以心婁距等圈，而以丁爲極，則危
丁亦六十度，與心丁同大矣。乙丁同大，不言可知。〕遂成乙辛丁斜弧
三角在球上之形，與所設等。又從乙引乙辛弧線至戊，成
辛乙戊[一]半周側立形，此線截亢己半徑於寅，則亢寅爲辛
角矢度，而寅己其餘弦。次從丁作丁虛橫線，與房甲正弦
平行，是爲辛丁小邊之正弦。又從房作房卯線與心危婁
平行，則此線爲房丁較弧之正弦，其心危則乙丁對弧之正
弦。又從乙作乙女線與卯危平行而等，〔線在兩正弦平行線之
中，而亦平行，不得不等。〕是爲較弧與對弧兩正矢之較。〔房卯爲
較弧正弦，則卯己爲餘弦，而卯丁其矢。又心危爲對弧正弦，則危己爲餘弦，
而危丁其矢。此兩正矢之較爲危卯，而乙女與之等，則乙女亦兩矢之較矣。〕

　　法曰：己丁虛句股形與房乙女句股形相似，〔房乙與丁
虛平行，乙女與己丁平行，則所作之大形丁角、小形乙角必等；而大形之虛、小
形之女並正角，則兩形相似。〕故丁虛〔小邊正弦。〕與丁己，〔半徑。〕若
乙女〔即卯危，較弧餘弦與對弧餘弦之較。〕與乙房。〔先得數。〕

〔一〕辛乙戊，"辛"原作"心"，據輯要本改。

又房甲正弦之分爲乙房,猶亢己之分爲寅亢,其全與分之比例皆相似。〔從房甲線切渾員成距等圈,而房甲爲其半徑,猶渾員之有亢己爲半徑也。兩半徑同爲戊寅辛弧線所分,則乙房爲距等圈半徑之矢度,猶寅亢爲大員半徑之矢度也,其比例俱相似。〕故房甲〔大邊正弦,即距等圈半徑。〕與亢己,〔大員之半徑。〕若乙房〔先得數,即距等圈之矢。〕與寅亢。〔後得數,即角之矢線。〕

以省算法平之,即異乘同乘、異除同除。

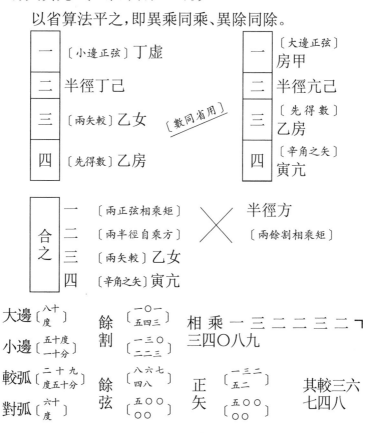

一	〔小邊正弦〕丁虛
二	半徑丁己
三	〔兩矢較〕乙女
四	〔先得數〕乙房

〔數同省用〕

一	〔大邊正弦〕房甲
二	半徑亢己
三	〔先得數〕乙房
四	〔辛角之矢〕寅亢

	一	〔兩正弦相乘矩〕
合之	二	〔兩半徑自乘方〕
	三	〔兩矢較〕乙女
	四	〔辛角之矢〕寅亢

半徑方　〔兩餘割相乘矩〕

大邊〔八十度〕　　餘割〔一〇一五四三〕　　相乘一三二二三二
三四〇八九

小邊〔五十度一十分〕　　〔一三〇二二三〕

較弧〔二十九度五十分〕　　餘弦〔八六七四八〕　　正矢〔一三二五二〕　　其較三六
七四八

對弧〔六十度〕　　〔五〇〇〇〇〕　　〔五〇〇〇〇〕

一半徑方　一〇〇〇〇〇〇〇
　　　　　〇〇〇　　　　　　〔首率除，宜去十尾位。先於二
二餘割矩　一 三 二 二 三 二　　率去五位，故得數只去五位，即
　　　　　三四〇八九　　　　如共去十位也。〕

三兩矢較　三六七四八
四銳角矢　四八五九二　　　　〔用減半徑，得辛角餘弦五一四
　　　　　　　　　　　　　　〇八。〕

　　檢表得五十九度四分，爲辛角之度。〔此與曆書所算五十八
度五十三分，只差十一分。〕

　　　又法：徑求餘弦。法曰：房甲之分爲乙房，而其餘
乙甲，猶亢己之分爲亢寅，而其餘寅己也，故其全與分
餘之比例亦相似。法爲房甲〔正弦。〕與亢己，〔半徑。〕若
乙甲〔正弦分線之餘。〕與寅己。〔半徑截矢之餘，即角之餘弦。〕

　　　準前論，小邊之正弦虛丁〔句。〕與半徑丁己，〔弦。〕若
較弧、對弧兩矢之較乙女〔小句。〕與大邊正弦之分線乙房
〔小弦。〕也。先求乙房爲先得數，以轉減大邊正弦房甲，得
分餘線乙甲。

　　一　　小邊〔五十度一〇〕正弦　　丁虛　七六七九一
　　二　　半徑　　　　　　　　　　丁己　一〇〇〇〇
　　三　〔較弧廿九度五〇〕兩正矢較　乙女　三六七四八
　　　　〔對弧六十度〇〇〕
　　四　先得數〔大邊正弦之分線〕　　乙房　四七八五四
　　　以先得數減大邊八十度正弦房甲九八四八一，得
大邊正弦內乙房分線之餘乙甲五〇六二七，末以分餘
綫爲三率。

一	大邊正弦	房甲	九八四八一 [一]
二	半徑	亢己	一〇〇〇〇〇
三	分餘綫	乙甲	五〇六二七
四	角之餘弦	寅己	五一四〇七 〔檢表得五十九度〇四分，與先算合。〕

附曆書斜弧三角圖〔稍爲校正。〕

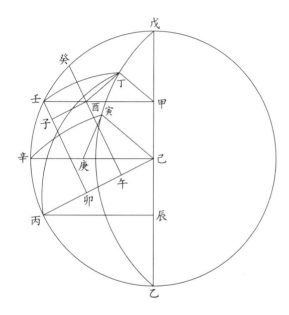

丙乙丁弧三角形，乙丙角旁小弧，壬乙同丁乙，爲角旁大弧，壬丙爲較弧，癸丙同丁丙，爲對角之弧。甲壬爲大弧正弦，辰丙爲小弧正弦，壬卯爲較弧正弦，癸午爲對弧正弦。寅辛爲乙角之弧，庚辛爲乙角之矢。卯丙爲較

―――――――

〔一〕九八四八一，下"八"原作"四"，據康熙本改。

弧之矢，午丙爲對弧之矢，午卯爲兩矢較。酉壬爲先得數。酉子同午卯，亦兩矢之較。

　　法爲全數〔己辛〕與大弧正弦〔甲壬〕，若角之矢〔庚辛〕與先得數〔酉壬〕也。又全數〔己丙〕與小弧正弦〔辰丙〕，若先得數〔酉壬〕與兩矢較〔酉子或午卯。〕也。

　　一率全之方，二率兩正弦矩，三率角之矢，四率得兩矢較。以兩矢較加較弧之矢，爲對弧之矢。

　　論曰：此因欲顯酉壬爲甲壬距等半圈之矢度，故特爲斜望之形。其實丁點原在酉，寅點原在庚，丁壬弧即酉壬線，寅辛弧即庚辛線，乙寅丁戊弧原即爲乙庚酉戊弧也。故以平儀圖之，則皆歸正位矣。所以者何？平儀上惟經度有弧線之形，其距等圈緯度皆成直線，而寅庚爲角度之正弦，直立下垂，從其頂視之，成一點矣。丁酉者，大弧正弦甲壬上所作距等圈之正弦也，從頂視之而成一點，與寅庚一也。其寅己半徑勢成斜倚，從上际之，與己庚餘弦同爲一線。甲丁與甲酉亦然。此皆平面正形，可以算，亦可以量，非同斜望比也，愚故謂惟平儀爲正形也。

　　若乙角爲鈍角，成亥乙丁三角形，則當用房亥較弧之正矢〔牛亥〕，與同丁亥對弧之心亥弧大矢危亥相減，成兩矢之較。〔牛危，即女酉。〕以較加較弧正矢，爲對弧大矢。〔法詳前例，但前例鈍角旁小弧不同乙丙，故此圖以相同者論之，更見其理之不易。〕

乙爲鈍角用大矢之圖

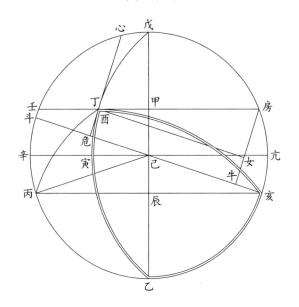

〔此用平儀正形，故丁與酉同爲一點[一]。〕

設角之一邊適足九十度，一邊大，用銳角。〔餘角一鈍一銳。〕

法爲半徑與大邊之正弦，若角之矢與兩矢較也，亦若角之餘弦與對弧之餘弦。

乙丁丙斜三角形，丙丁邊適足九十度，乙丁邊大於九十度，丁銳角，求對邊丙乙。

法先作平員分十字，從丁數丁壬及丁丑並如乙丁度，作距等線聯之。〔壬丑。〕又於壬丑線上取乙點，〔法以壬己爲度，己爲心，作半員。分勻度，而自壬取角度，得乙點。〕作庚乙癸直線，

〔一〕"附曆書斜弧三角圖"至此，輯要本删。

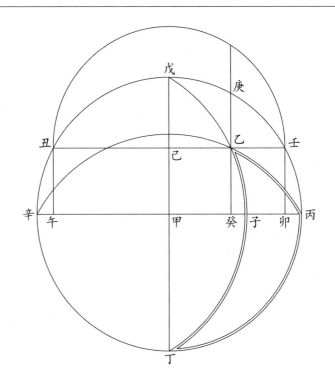

爲對弧之正弦。又取壬丙爲較弧，作壬卯正弦。較弧之
矢卯丙，對弧之矢癸丙，其較卯癸與壬乙等。壬己正弦又
即距等圈半徑，而爲丁乙戊弧所分，則壬乙如矢，乙己如
餘弦，與角之丙子矢、子甲餘弦同比例。

一	半徑丙甲		一	半徑丙甲
二	〔大邊正弦〕壬己		二	〔大邊正弦〕壬己
三	〔角之矢〕子丙		三	〔角之餘弦〕子甲
四	〔兩矢較〕壬乙〔即卯癸〕		四	〔對弧餘弦〕乙己〔即癸甲〕

若丁爲鈍角，用大矢。

法爲半徑與大邊之正弦，若角之大矢與兩矢較也，亦

若鈍角之餘弦與對弧之餘弦。

借前圖,作乙辛爲對角之弧,成乙丁辛三角形。〔三角俱鈍。〕作丑午爲較弧丑辛正弦,〔以丑丁同乙丁故。〕其庚癸爲對弧乙辛之正弦。〔以庚辛即乙辛故。〕較弧之正矢午辛,對弧之大矢癸辛,其較癸午與丑乙等。

依前論,壬乙爲距等圈小矢,則乙丑爲大矢。壬丑爲距等圈全徑,與其大矢乙丑之比例,若丙辛全徑與鈍角之大矢子辛。則己丑爲距等半徑,與其大矢丑乙,亦若甲辛半徑與鈍角之大矢子辛也。而丑己原爲乙丁大邊之正弦,〔丑乙原與癸午等。〕故法爲半徑〔甲辛〕與鈍角之大矢〔子辛〕,若大邊之正弦〔己丑〕與兩矢較〔丑乙或癸午。〕也。

一	半徑甲辛		一	半徑甲辛	
二	〔大邊正弦〕丑己		二	〔大邊正弦〕丑己	
三	〔鈍角大矢〕子辛		三	〔鈍角餘弦〕子甲	
四	〔兩矢較〕癸午		四	〔對邊餘弦〕乙己	

〔用餘弦入表得度,以減半周,得對邊之度。〕

一系　距等圈上弧度所分之矢與餘弦,與大矢,與其半徑或全徑,並與大圈上諸數比例俱等。

又按:前法亦可以算一邊小於象限之三角。

於前圖取乙戊丙斜弧三角形,用戊銳角,〔餘角一鈍一銳。〕有丙戊大邊足九十度,有乙戊邊小於九十度,求對戊角之乙丙邊。

法從乙點作壬己線,爲小邊乙戊之正弦。〔以壬戊即乙戊故。〕又取壬丙爲較弧,作壬卯爲其正弦。又從乙點作庚癸，爲對弧乙丙之正弦。〔以庚丙即乙丙故。〕於是較弧之矢爲卯丙，對弧之矢爲癸丙，而得兩矢之較爲癸卯。則又引戊乙小邊之弧過半徑於子，而合大圈於丁，分子丙爲戊角之矢，子甲爲角之餘弦。

法曰：丙甲〔半徑。〕與壬己，〔小邊弦。〕若子丙〔戊角之矢。〕與乙壬〔兩矢較。〕也。得乙壬，即得癸卯。

捷法：不用較弧，但作壬己爲小弧乙戊之正弦，作庚癸爲乙丙對弧之正弦，其餘弦癸甲。又引小邊戊乙分半徑於子，得子甲爲戊角之餘弦。

法曰：丙甲〔半徑。〕與壬己，〔小邊正弦。〕若子甲〔戊角餘弦。〕與乙己。〔對邊餘弦。〕得乙己，得癸甲矣。

又於前圖取辛戊乙三角形，用戊鈍角，〔餘角並銳。〕有戊辛大邊九十度，有戊乙邊小於九十度，求對戊鈍角之辛乙邊。

用捷法：於乙點作壬丑，爲乙戊小邊之通弦。作庚癸爲乙辛對弧之正弦，其餘弦甲癸。又引戊乙小邊割丙辛全徑於子，分子辛爲鈍角大矢，子甲爲鈍角餘弦。

法爲甲辛與丑己，若子甲與乙己。得乙己，即得癸甲。

一　半徑甲辛〔即丙辛全徑之半〕

二　〔小邊正弦〕丑己〔即壬丑通弦之半〕

三　〔鈍角餘弦〕子甲

四　〔對邊餘弦〕癸甲〔即乙己〕

若先有三邊而求角，則反用其率。

一　半徑

二　小邊餘割
三　對邊餘弦
四　角之餘弦

一系　凡斜弧三角形,有一邊足九十度,其餘一邊不拘小大,通爲一法,皆以半徑與正弦,若角之矢與兩矢較也,亦若角之餘弦與對邊之餘弦。

若置大小邊於員周,其算亦同。

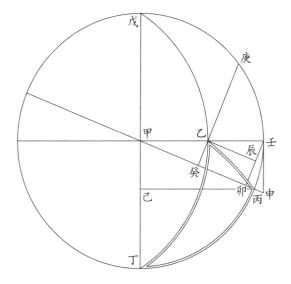

乙丁丙斜弧三角形,乙丁邊適足九十度,丁丙邊小於九十度,有丁銳角,求對邊丙乙。

法於平員邊取丙丁度作丙己,爲小邊之正弦。又自丙作丙甲過心線,又作壬卯線,爲丙壬較弧之正弦。又作庚乙癸線,爲對弧乙丙之正弦。〔庚丙即乙丙故。〕乙壬爲丁角之矢,乙甲爲丁角之餘弦。癸丙爲對弧之矢,癸甲爲餘

弦。卯丙爲較弧之矢，卯甲爲餘弦。對弧、較弧兩矢之較
卯癸。〔亦即乙辰。〕

　　法曰：甲丙己、壬乙辰、乙甲癸三句股相似，故甲丙
〔半徑。〕與丙己，〔小邊正弦。〕若壬乙〔角之矢。〕與乙辰，〔兩矢
較。〕亦若乙甲〔角之餘弦。〕與甲癸。〔對弧餘弦。〕

　　三邊求角法：

一　　半徑壬甲〔即甲丙〕

二　　〔小邊餘割〕申甲

三　　〔對弧餘弦〕癸甲

四　　〔角之餘弦〕乙甲[一]

　　又於前圖取乙戊丙三角形，用戊銳角，〔餘角一鈍一銳。〕
有乙戊邊九十度，有戊丙大邊，求對戊角之丙乙邊。

　　用捷法：自丙作丙己，爲丙戊大邊之正弦。即從丙作
丙甲半徑，乃於乙點作庚癸，爲丙乙對弧之正弦，其餘弦
癸甲。而戊乙弧原分乙甲，爲戊角之餘弦。

　　法曰：甲丙己句股與乙甲癸相似，故甲丙〔半徑。〕與
丙己，〔大邊之弦。〕若乙甲〔角之餘弦。〕與甲癸。〔對邊餘弦。〕

　　若丁爲鈍角，〔餘角並銳。〕用大矢。

　　借前圖[二]，作丑乙爲對角之弧，成丑丁乙三角。〔丁爲
鈍角。〕作丑甲寅徑，又作辛丑較弧之正弦辛午。〔以辛丁同丁
乙故。〕作丑乙對弧之正弦子酉，引過乙至亥，成通弦。又

〔一〕乙甲，原作“乙壬”，據輯要本及圖改。
〔二〕圖見下頁。

作辛未線與酉午平行而等。較弧之正矢午丑,對弧之大
矢酉丑,相較得酉午。〔亦即未辛。〕乙辛爲丁鈍角大矢。乙
甲爲鈍角餘弦。

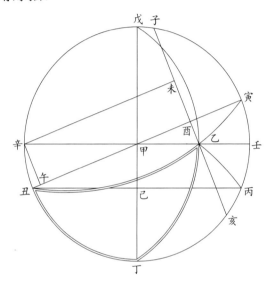

　　法曰：甲丑己、乙辛未、乙甲酉三句股相似,故甲丑
〔半徑。〕與丑己,〔小邊正弦。〕若乙辛〔角大矢。〕與未辛,〔兩矢
較。〕亦若乙甲〔角之餘弦。〕與甲酉。〔對弧餘弦。〕

　　又於前圖取乙戊丑形,用戊鈍角,〔三角俱鈍。〕有乙戊
邊九十度,有丑戊大邊,求對鈍角之丑乙邊。

　　用捷法：自丑作丑己,爲丑戊大邊之正弦。又自丑作
丑甲寅全徑。又自乙作亥酉,爲對邊丑乙之正弦。〔以亥丑
即乙丑故。〕其餘弦酉甲,而乙甲原爲戊鈍角之餘弦。

　　法曰：甲丑己句股形與乙甲酉相似,故甲丑〔半徑。〕
與丑己,〔大邊正弦。〕若乙甲〔鈍角餘弦。〕與甲酉。〔對邊餘弦。〕

又設丙乙丁三角形，乙爲銳角，〔餘一鈍一銳。〕乙丙邊小，丁乙邊大，對邊丁丙大於象限，較弧壬丙亦大於象限。

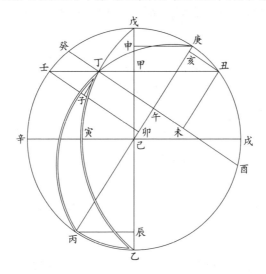

惟對邊、較弧俱大於象限，故所得爲兩大矢之較。其正弦比例仍用小矢，以角爲銳角也。

一	半徑己辛
二	〔大邊弦〕甲壬
三	〔角之矢〕寅辛
四	〔先得數〕丁壬

一	半徑己丙
二	〔小邊弦〕辰丙
三	〔先得數〕丁壬
四	〔後得數〕子丁

合之	一	半徑方	〔己辛乘己丙〕
	二	正弦矩	〔甲壬乘辰丙〕
	三	角之矢	寅辛
	四	〔後得數兩大矢較〕	丁子〔即午卯〕

壬丙較弧之大矢卯丙,加後得數午卯,爲對弧丁丙之大矢。〔丁丙即癸丙故。〕大矢午丙内減半徑己丙,得午己,爲餘弦。以檢表得庚癸之度,以減半周,得癸丙之度,即對弧丁丙之度。

又法:以得數午卯加較弧之餘弦卯己,得午己,爲對弧餘弦。〔以兩大矢較即兩餘弦較也。餘同上。〕

若於前圖取丁乙庚三角形,則角旁兩邊俱大於象限,而對邊小於象限,較弧亦小於象限,乙爲鈍角。〔三角俱鈍。〕

有庚乙與丁乙兩大邊,而較弧丑庚小,故所得爲兩小矢之較,其正弦比例則用大矢,以乙爲鈍角故也。丑庚爲較弧,其正弦丑亥,餘弦亥己。對弧庚丁即庚酉,其正弦酉午,餘弦午己。〔兩矢較亥午,即餘弦較。〕

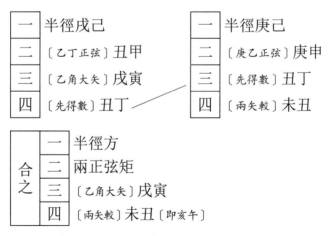

以兩矢較亥午加丑庚較弧之矢庚亥,成午庚,爲對弧丁庚之矢。〔以矢減半徑庚己,得對弧之餘弦午己,檢表得丁庚度[一]。〕

〔一〕"又設丙乙丁三角形乙爲銳角"至此,輯要本無。

　　論曰：先得數何以能爲句股比例也？曰：先得數即距等圈徑之分線也，其勢既與全徑平行，又其線爲弧線所分，其分之一端必與對弧相會，〔蓋對弧亦從此分也。〕其又一端必與較弧相會，是此分線恒在較弧、對弧兩正弦平行線之中，斜交兩線作角而爲弦，則兩正弦距線必爲此線之句矣，而兩矢之較即從兩正弦之距而生，故不論大矢、小矢，其義一也。

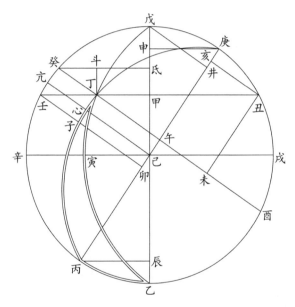

　　然則正弦上所作句股，何以能與先得數之句股相似邪？曰：兩全徑相交於員心則成角，各正弦又皆爲各全徑之十字橫線，則其相交亦必成角。而橫線所作之角必與其徑線輳心之角等，角等則比例等矣。大邊、小邊之正弦，皆全徑之十字橫線也；較弧、對弧之正弦，皆又一全徑之十字橫線也。此兩十字之各線相交，而成種種句股，其角皆等〔一〕。

又設丙乙丁三角形，乙爲鋭角，〔餘一鈍一鋭。〕乙丙邊小，丁乙邊大，對弧丁丙大於象限，較弧壬丙小於象限，所得爲對弧大矢與較弧小矢之較。

其正弦比例仍用小矢，以乙鋭角故。

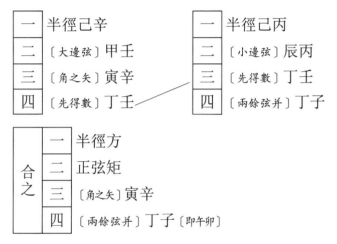

一	半徑己辛
二	〔大邊弦〕甲壬
三	〔角之矢〕寅辛
四	〔先得數〕丁壬

一	半徑己丙
二	〔小邊弦〕辰丙
三	〔先得數〕丁壬
四	〔兩餘弦并〕丁子

合之	一	半徑方
	二	正弦矩
	三	〔角之矢〕寅辛
	四	〔兩餘弦并〕丁子〔即午卯〕

兩餘弦并，即大矢與小矢之較也。

法以得數午卯加較弧之正矢卯丙，成午丙，爲對弧之大矢。午丙內減去半徑己丙，得午己餘弦。乃以餘弦檢表得度，以減半周，得對弧丁丙之度。

若於得數內減較弧餘弦卯己，亦即得午己餘弦，餘如上。

又於前圖取丁乙庚三角形，乙爲鈍角，三角俱鈍。角

旁兩邊俱大於象限，惟對邊小，故用兩正矢較。其正弦比
例仍用大矢，以鈍角故。乙丁弧之通弦丑壬，爲乙丁弧所
割，成丑丁；亦割其戌辛全徑於寅，成寅戌，爲鈍角大矢，
而比例等。又丑庚爲較弧，其正弦丑亥，其矢亥庚。對弧
庚丁之通弦酉癸，其矢午庚。兩矢之較爲亥午。

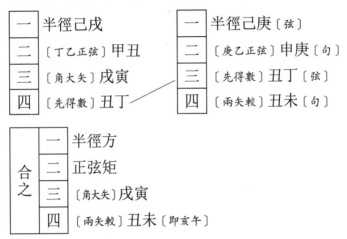

一	半徑己戌
二	〔丁乙正弦〕甲丑
三	〔角大矢〕戌寅
四	〔先得數〕丑丁

一	半徑己庚〔弦〕
二	〔庚乙正弦〕申庚〔句〕
三	〔先得數〕丑丁〔弦〕
四	〔兩矢較〕丑未〔句〕

合之	一	半徑方
	二	正弦矩
	三	〔角大矢〕戌寅
	四	〔兩矢較〕丑未〔即亥午〕

　仍於前圖取丁戊庚三角形，戊鈍角，〔餘並銳。〕三邊俱
小於象限。戊丁弧之通弦丑壬，正弦甲壬。又引戊丁弧
過全徑於寅，會於乙，則寅戌爲戊鈍角之大矢。亦割丑壬
通弦於丁，則丑丁與通弦，若寅戌大矢與全徑也。又戊庚
弧之正弦庚申爲句，則己庚半徑爲其弦，其比例若丑未爲
句而丑丁爲弦也。

　又丑庚爲較弧，其正弦丑亥，其餘弦亥己，其矢亥庚。
對弧庚丁之通弦酉癸，正弦癸午，餘弦午己，其矢午庚。
兩矢之較爲亥午。〔對弧小，故用兩小矢之較。戊鈍角，故以角之大矢
爲比例，並同上條。〕

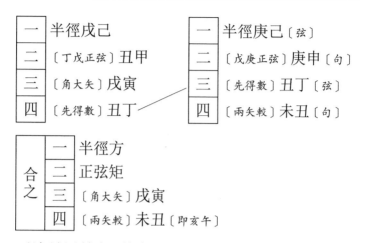

両法並用鈍角，其度同，所求之庚丁弧又同，故其法並同，即此可明三角之理。

仍於前圖取丁丙戊三角形，有丁丙及戊丙二大邊，有丙鋭角，〔餘一鈍一鋭。〕求丁戊對邊。

法引丁丙及戊丙二弧會於庚，作庚丙徑，作己亢及己戊兩半徑，作癸午爲丁丙邊正弦，而丁丙弧割癸午正弦於丁，亦割亢己半徑於心，則亢己之分爲心亢，猶癸午之分癸丁也。又作戊井爲戊丙弧之正弦，成戊己井句股形。又從丁作壬甲，爲對弧戊丁之正弦，其矢甲戊。又取癸戊爲較弧，〔以癸丙同丁丙故。〕作癸氐爲較弧正弦，其矢氐戊。兩矢之較爲氐甲。又從丁作斗丁，與氐甲平行而等，成丁斗癸小句股形，與戊己井形相似，則己戊弦與井戊句，若癸丁弦與斗丁句也。〔此因對弧小，故所得爲小矢之較，而用丙鋭角，故只用角之正矢爲比例。◎又此因用丙角求戊丁邊，故另爲比例。若用戊角求丁丙弧，則與第一條之法同矣。〕

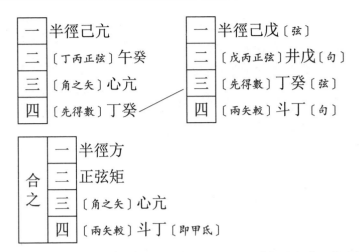

以甲氐加較弧之矢氐戊,成甲戊,爲對弧之矢,如法
取其度,得丁戊。

右例以一圖而成四種三角形,皆可以入算,而諸綫錯
綜,有條不紊,可見理之真者,如取影於燈,宛折惟肖也。
〔又丁丙戊三角形,亦可以戊角立算,餘三角並然。丁乙丙形可用丙角,庚戊
丁形、庚乙丁形俱用庚角。〕

　　計開:

一圖中三角形凡四:

　　一丁乙丙形。一丁戊丙形。

　　一丁乙庚形。一丁戊庚形。

全徑凡二:

　　一戊乙徑。一庚丙徑。

算例凡八:

　　一丁乙丙形用乙銳角

　　一丁戊丙形用戊銳角　並以求對角之弧丁丙

一丁乙庚形用乙鈍角
一丁戊庚形用戊鈍角　　　並以求對角之弧丁庚

一丁丙戊形用丙鋭角
一丁庚戊形用庚鋭角　　　並以求對角之弧丁戊

一丁丙乙形用丙鈍角
一丁庚乙形用庚鈍角　　　並以求對角之弧丁乙

　右前四例皆以乙戊徑爲主線，丙庚徑爲加減綫；後四例皆以丙庚徑爲主線，乙戊徑爲加減綫〔一〕。

　一係　凡三角形以一邊就全員，則此一邊之兩端，皆可作線過心，爲全員之徑，而一爲主線，一爲加減線，皆視其所用之角。

　凡所用角在徑線之端，則此徑爲主線，餘一徑爲加減線。

　凡用鋭角，則主線在形外；用鈍角，則主線在形內。

　凡角旁兩弧線引長之各成半周，必復相會而作角，其角必與原角等。

　凡主線皆連於所用角之鋭端，或在形內，或在形外，並同。其引長之對角，亦必連於主線之又一端也。若主線在形內破鈍角端者，其引長之鈍角亦然。

　一係　凡兩徑線必與兩弧相應，如角旁弧引長成半周，其首尾皆至主線之端，是主線即爲此弧之徑也。如對角弧引長成半周，首尾皆至加減線之端，是加減線即爲對

〔一〕“計開”至此，輯要本刪。

弧之徑也。主線既爲引長角旁一弧之徑，又原爲全員之
徑，而角旁又一弧之引長線，即全員也，故角旁兩弧皆以
主線爲之徑。加減線既爲對弧之徑，而較弧在員周，其端
亦與加減線相連，又加減線原爲全員徑，故較弧、對弧皆
以加減線爲徑。

　　一係　凡全徑必有其十字過心之橫徑，而正弦皆與
之平行，皆以十字交於全徑，引之即成通弦。

　　主線既爲角旁兩弧之徑，故角旁兩弧之正弦、通弦皆
以十字交於主線之上，而其餘弦其矢皆在主線。

　　加減線既爲對弧、較弧之徑，故對弧、較弧之正弦皆
以十字交於加減線，而其餘弦、其矢皆在加減線。

　　一係　凡角旁之弧引長之必過橫徑，分爲角之矢、角
之餘弦。若鈍角，則分大矢。

　　角旁引長之弧過橫徑者，亦過正弦、通弦，故其全與
分之比例，皆與角之大小矢及餘弦之比例等。

環中黍尺卷二

平儀論〔論以量代算之理〔一〕。〕

平儀應外周度圖

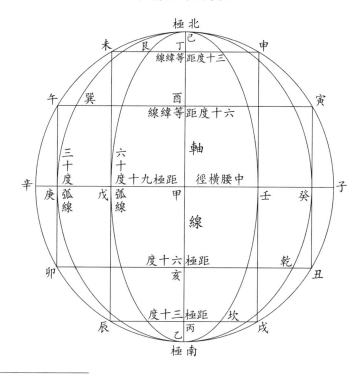

〔一〕論以量代算之理,原爲大字,據原目改。

以横線截弧度，以直線取角度，並與外周相應。

如艮己弧距極三十度，爲申未横線所截，故其度與外周未己相應，坎乙應戌乙亦同。又乾乙弧距極六十度，爲丑卯横線所截，故其度與外周丑乙相應，巽己應午己亦同。

又如戊己辛角，有未戊辰直線爲之限，知其爲六十度角，以與外周未午辛之度相應也。癸乙子三十度角，應子丑度亦然。又庚己子鈍角，有午卯庚直線爲之限，知其爲百五十度角，以與外周午未己申寅子弧度相應也。壬乙辛百二十度角，應戌乙辰卯辛弧亦然。

論曰：平儀有實度，有視度，有直線，有弧線。直線在平面，皆實度也；弧線在平面，則惟外周爲實度，其餘皆視度也。實度有正形，故可以量；視度無正形，故不可以量，然而亦可量者，以有外周之實度與之相應也。何以言之？曰：平儀者，渾體之畫影也。置渾球於案，自其頂視之，則惟外周三百六十度無改觀也。其近內之弧度，漸以側立，而其線漸縮而短。離邊愈遠，其側立之勢益高，其躋縮愈甚，至於正中，且變爲直線，而與員徑齊觀矣。此躋縮之狀，隨度之高下而遷，其數無紀，故曰不可以量也。然而以法量之，則有不得而遁者，以有距等圈之緯度爲之限也。試横置渾球於案，任依一緯度直切之，則成側立之距等圈矣。此距等圈與中腰之大圈平行，其相距之緯度等，故曰距等也。其距既等，則其圈雖小於大圈，而其爲三百六十度者不殊也。從此距等圈上逐度作經度之弧，其距極亦皆等。特以側立之故，各度之視度躋縮不同，而皆小於邊之真度，其實與邊度並同，無小大也。特外周則眠體，而内線立體耳，故曰不可量而可量者，以有外周之度與之相應也。此量弧度之法也。弧度者，緯度也。〔量法詳後。〕

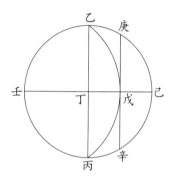

然則其量角度也奈何？曰：角度者，乃經度也。經度之數，皆在腰圍之大圈。此大圈者，在平儀則變爲直線，不可以量。然而亦可以量者，亦以外周之度與之相應也。試於平儀内任作一弧角，如乙己丙平員内作己丙戊角，欲知其度，則引此弧線過橫徑於戊而會於乙，則己戊弧即丙銳角之度，戊壬弧即丙鈍角之度也。然己戊與戊壬兩弧皆以視法變爲平線，又何以量其度？法於戊點作庚辛直線，與乙丙直徑平行，則己庚弧之度即戊己弧之度，亦即丙銳角之度矣。其餘庚乙壬之度即戊丁壬弧之度，亦即丙鈍角之度矣。故曰不可量而實可量者，以有外周之度與之相應也。

然此法惟角旁弧度適足九十度如戊丙，則其數明晰。

若角旁之弧或不足九十度，又何以量之？曰：凡言弧角者，必有三邊，如上所疏，既以一邊就外周真度，其餘二邊必與此一邊之兩端相遇於外周而成角。此相遇之兩點，即餘兩弧起處。法即從此起數，借外周以求其度，而各循其度作距等橫線。乃視兩距等線交處，而得餘一角之所在，遂補作餘兩弧，而弧三角之形宛在平面。再以法量之，則所求之角可得其度矣。此量角度之法也。

今設乙丁丙弧三角形，丁丙邊五十〇度，乙丙邊五十五度，乙丁邊六十〇度，而未知其角。

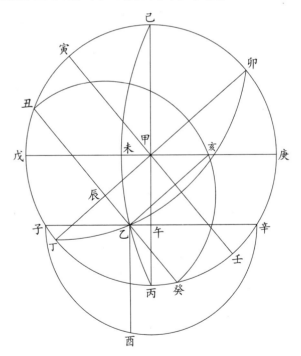

法先作戊己庚丙平員，又作己丙及戊庚縱橫兩徑。

任以丁丙邊之度，自直線之左，從丙量至丁，得五十〇度
爲丁丙邊。又自丙左右各數五十五度，如辛丙及子丙，皆
如乙丙之度，乃作辛子線聯之，爲五十五度之距等圈。又
自丁作卯丁徑線，自丁左右各數六十〇度，爲癸丁及丑
丁，皆如乙丁之數，亦作丑癸線聯之，爲六十〇度之距等
圈。此兩距等線相交於乙，則乙點即爲乙丙及乙丁兩邊
相遇之處，而又爲一角也。乃自乙角作乙丙及乙丁兩弧，
則乙丙丁三角弧形宛然平面矣。再以法量之，則丁、丙兩
角亦俱可知。欲知丙角，即用辛子距等線，以半線午子爲
度，以午爲心，作子酉辛半員，勻分一百八十度，此辛子徑
上距等圈之真形也。乃自乙點作直線，與午丙徑平行，截
半員於酉。乃從酉數至子，得酉子若干度，此即乙丙丁銳
角之度。以減半周，得酉辛若干度，亦即乙丙辛鈍角之
度也。欲知丁角，亦即用丑癸距等線，以半線辰癸爲度，
辰爲心，作丑亥癸半員，分一百八十度，此亦丑癸徑上距
等圈之正形也。乃自乙點作直線，與辰卯徑平行，截半員
於亥。即從亥數至癸，得亥癸若干度，此即乙丁丙銳角之
度。以減半周，得亥丑若干度，又即乙丁丑鈍角之度也。

　　計開：

丙角七十八度稍弱。〔以算考之，得七十七度五十五分。〕

丁角六十七度三分度之二。〔以算考之，得六十七度三十九分。〕

　　　右量角度以圖代算。〔欲得零分，須再以算法考之，即知
無誤。〕

又設乙丙丁弧三角形，有六十〇度丙角，有乙丙邊

一百〇〇度,有丁丙邊一百二十〇度,求丁乙邊。〔對角之邊。〕

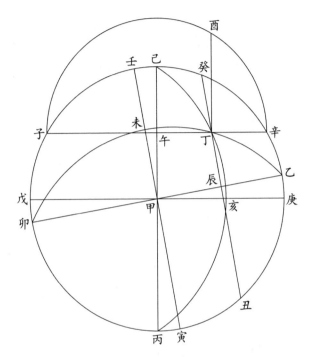

　　法先爲己戊丙庚大圈,作己丙及庚戊十字徑。乃自
丙數至辛,如所設丁丙邊一百二十〇度,自丙至子亦如
之。作辛午子線,爲一百二十〇度之距等圈。又以距等
之半線辛午爲度,午爲心,作辛酉子半圈,匀分一百八十
度。乃自辛數至酉,如所設丙角六十度,而自酉作酉丁
直線,與己甲徑平行至丁,遂如法作丁丙邊。又自丙數至
乙,如所設乙丙邊一百〇〇度。又從乙過甲心至卯作大
圈徑,亦作寅壬橫徑,乃補作丁乙邊。〔乙丙丁三角弧形宛然在
目。〕又自丁作丑丁癸距等線,與寅壬平行。末自乙數至癸

得若干度,即乙丁之度。

計開:

丁乙線五十九度强。〔以算考之,得五十九度〇七分。〕

　右量弧度以圖代算。〔若用規尺,可免逐圈匀分之度,有例在後條。〕

又若先有乙丁對角邊、丁丙角旁邊,有丙角,而求乙丙角旁之邊。〔仍借前圖。〕

法先作己戊丙員及十字徑線。又以丁丙邊之度取丙辛及丙子,作辛子距等線。又作子酉辛半員,取辛酉角度,作酉丁直線。遂從丁作丁丙邊,皆如前。次以所設丁乙邊五十九度倍之,作一百十八度少,於本員周取其通弦。〔即距等線癸丑之度。〕乃以通弦線就丁點遷就游移,使合於外周而不離丁點,成丑丁癸線,即有所乘丑乙癸弧。乃以弧度折半於乙,則乙丙外周之度即所求乙丙邊。於是補作乙丁線,成三角之象。

又法:以丁乙倍度之通弦〔丑癸〕半之於辰。乃從辰作卯甲辰過心徑線,即割大員周於乙。而乙癸及乙丑之弧度以平分而等,皆如乙丁度,亦遂得乙丙度。餘如上。

又若先有乙、丙兩角,及乙丙邊在兩角之中。〔亦仍借前圖。〕

法先作己戊丙員及十字徑線,皆如前。乃自丙數至乙,截乙丙爲所設之邊。次作丙角。法於戊庚橫徑,如前法求庚亥如所設丙角之度,遂從亥點作弧,〔如丙亥己。〕則丙角成矣。次作乙角。法於乙點作乙甲卯徑,亦作壬寅橫徑。乃自寅至未，如前法求寅未如所設乙角之度，遂從未點作弧，〔如卯未乙。〕則乙鈍角亦成矣。兩弧線交於丁角，乃補作丑癸及辛子兩距等線，則弧度皆得。〔案：此兩弧線必以雞子形作之方準，若丁點離兩橫徑不遠，則所差亦不多也。〕

再論平儀

凡平儀上弧線皆經度，而直線皆緯度。

惟外周經度亦可當緯度，又最中長徑緯度，亦爲經度。

平儀上弧線皆在渾面，而直線皆在平面。

試以渾球從兩極中半闊處直切之，〔如用極至交圈爲度，以剖渾儀。〕則成平面矣。以此平面覆置於案，而從中腰橫切之，〔如赤道半圈。〕則成橫徑於平面矣。〔如赤道之徑。〕又以此橫徑爲主，離其上下作平行線而橫切之，則皆成距等圈之徑線於平面矣。大橫徑各距極九十度，逐度皆可作距等圈，即皆有距等徑線在平面，故曰皆緯度也。此線既爲距等圈之徑，則其徑上所乘之距等圈距極皆等，即任指一點作弧度，其去極度皆等，故以爲緯度之限也。

若又別指一處爲極，〔如赤道極外又有黃道極，又如天頂亦爲極。〕則其對度亦一極也，亦可如前橫切，作橫徑〔如黃道之徑。〕於平面，其橫徑上下亦皆有九十度之距等圈與其徑線矣。〔如黃道亦有緯度。〕故直線有相交之用也。

準此觀之，渾球之外圈，隨處可指爲極，即有對度之極。兩極相對，則皆有直線爲之軸。軸上作橫徑，橫徑上下即皆有九十度之距等徑線，而相交相錯，其象千變，而句股之形成，比例之用生，加減之法出矣。〔如黃赤兩極外，又有天頂、地心之極，而天頂、地心隨北極之高下而變。〕又此所用外周，特渾球上經圈之一耳。若準上法，於球上各經圈皆平切之，皆爲大圈，則亦可隨處爲極，以生諸距等緯線，而相交相錯之用乃不可以億計矣。〔如天頂、地心既隨極出地度而異其南北，亦可因各地經度而異其東西。〕由是推之，渾球上無一處不可爲極，故所求之點即極也。何以言之？凡於球上任指一點，即能於此點之上作十字直線，以會於所對之點，而十字所分之角皆九十度，即逐度可作線以會於對點，而他線之極、此點上線皆能與之會，故曰所求之點即極也。

又論平儀

凡平儀上弧線皆經度也，而弧有長短者，則緯度也，是故弧線爲經度，而即能載緯度。蓋載緯度者，必以經度也。若無經度，則亦無緯度矣。

平儀上直線皆緯度也，而線有大小者，則經度也，是故直線爲緯度，而即能載經度。蓋載經度者，必以緯度也。若無緯度，則亦無經度矣。〔所云直線，指橫徑及其上下之距等徑而言。〕

弧線能載緯度，即又能分緯度之大小；直線能載經度，即又能分經度之長短。

假如平面作一弧引長之，其兩端皆至外周，則分此外周爲兩半員，而各得百八十度，即所作之弧亦百八十度矣。此百八十者皆緯度，故曰能載緯度也。而此平面上所乘之半渾員，其經度亦百八十，而皆紀於腰圍之緯圈。
若於腰圍緯圈上任指一經度作弧線，必會於兩極，而因此
弧線割緯圈以成角度，故又曰能分緯度也。不但此也，若
從此弧線之百八十度上任取一度作平行距等緯圈，其距
等圈上所分之緯必小於腰圍之緯圈，而其所載距等圈之
經度皆與角度等，即近極最小之緯圈亦然。何以能然？
曰：緯圈小則其度從之而小，而爲兩弧線所限，角度不變
也。故緯圈之大小，弧度分之也。

　　然弧線之長短又皆以緯圈截之而成，而緯圈必有徑
在平面上與圈相應，故曰直線能載經度，即又能分經度之
長短也。

復論平儀

　　平儀上直線、弧線皆正形也。問：前論直線有正形，
弧線躋縮無正形，兹何以云皆正形？曰：躋縮者，球上度
也。然其在平面，則亦正形矣。有中剖之半渾球於此，覆
而觀之，任於其緯度直切至平面，則皆直線也。而其切處
則皆距等圈之半員，即皆載有經度一百八十也。從此半
員上任指一經度作直線，下垂至平面，直立如縣針，則距
等圈度之正弦也。若引此經度作弧，以會於兩極，則此弧
度上所載之緯度一百八十，每度皆可作距等圈，即每度皆
可作距等圈之正弦矣。由是觀之，此弧上一百八十緯度，
既各帶有距等圈之正弦，即皆能正立於平面，而平面上亦
有弧形矣。夫以弧之在球面言之，則以側立之故而視爲

躋縮,而平面上弧形非躋縮也,故曰皆正形也。惟其爲正
形,故可以量法御之也。

又

問:平儀經緯之度,近心闊而近邊狹,何也?曰:渾
員之形,從其外而觀之,則成中凸之形,其中心隆起處近
目而見大,四周遠目而見小,此視法一理也。又中心之經
緯度平鋪,而其度舒,故見大;四周之經緯側立,而其度垛
壘,故見小。此又視法一理也。若以量法言之,則近內之
經緯無均平之數,數皆紀之於外周。外周之度皆以距等
線爲限,而近中線之距等線,以兩旁所用之弧度皆直過,
與橫直線所差少,故其間闊。近兩極之距等線,則其兩旁
之弧度皆斜過,與橫直線縣殊,故其間窄。此量法之理
也,固不能强而齊一之矣。夫惟不能强而齊,故正弦之數
以生,八線由斯以出。尺算比例之法,由斯可以量代算,
而測算之用,遂可以坐天之內觀天之外己。

取角度又法

設如己戊丙庚員,有子辛距等緯線,有所分丁辛小緯
線,求其所載經度,以命所求之角。〔丙角。〕

本法:取距等半徑〔辛午〕作子酉辛半員,從丁作酉丁
線,乃紀酉辛之度爲丁辛之度。

今用捷法,徑於丁點作女丁壬線,與己甲徑平行。再
用距等半徑〔午辛〕爲度,從甲心作虛半員,截女壬線於亢。

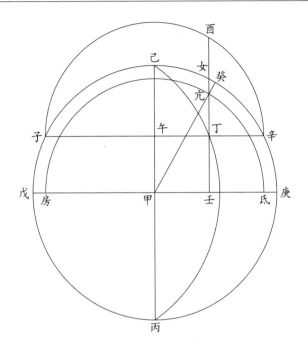

即從此引甲亢線至癸，則數大圈庚癸之度爲丁辛角度。〔即丙角也。〕

解曰：試作氐亢房半員，其亢甲半徑既與午辛等，則氐亢房半員與辛酉子等。而氐亢房半員又與大員同甲心，則庚癸之度與氐亢等，即亦與酉辛等矣。

又如先有丙角之度，及辛子距等線，而求丁點所在，以作丙丁弧。

法從大圈庚數至癸，令庚癸如丙角之度。即從癸向甲心作癸甲線。〔半徑。〕次以距等之半徑辛午爲度，從甲心作半員，截癸甲〔半徑。〕於亢。乃自亢作亢丁壬線，截辛午於丁，即得丁點。

用規尺法

設如乙丁辛弧三角形,有乙丁邊六十度,有丁辛邊五十度一十分,有乙辛邊八十度,求辛銳角。

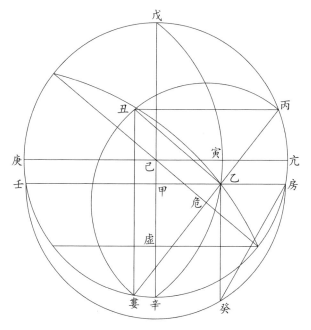

如法依三邊各作圖。〔法以十字剖平員,自主線端辛數所設丁辛五十度奇至丁,乃自丁作徑線過己心。又依所設丁乙六十度,自丁左數至婁,右數至丙,皆六十度,作丙婁線,爲距等圈之徑。又自辛依所設辛乙八十度至房,亦左至壬,作房壬距等徑線。此兩距等線交於乙,乃作乙丁及辛乙兩線,則三角形宛然在目。〕

今以量法求辛角。

法曰:房甲距等半徑與乙甲分線,若亢己半徑與辛角之餘弦寅己。

法以比例尺正弦線，用規器取圖中房甲之度，於半徑九十度定尺。再取乙甲度，於本線求正弦等度，得角之餘度。乃以所得餘度轉減象限，命爲辛角之度。

依法得餘弦三十一度弱，即得辛角爲五十九度强。

又法：以房甲爲度，甲爲心，作房癸壬距等半圈。又作乙癸正弦，與己辛平行，如前以房甲度於正弦九十度定尺，再以乙癸度取正弦度，命爲辛角度。

又法：作房癸線，用分員線取房甲度，於六十度定尺。再取房癸線，於分員線求等度，得數命爲辛角之度，更捷。

論曰：既以房甲爲半徑，則乙癸即正弦，乙甲即餘弦，房癸即分員，皆距等圈上比例也。其取角度與分半周度而數房癸之度並同，然量法較捷。

又求丁鈍角。

法以丙危爲度，危爲心，作婁丑丙半員。又作丑乙線當角之正弦，則乙危當餘弦。

乃取距等半徑丙危度，於正弦線九十度定尺。再取乙危度，求得正弦線等度，命爲鈍角之餘弦。以所得加九十度，爲丁鈍角度。

依法得餘弦十二度太，即得丁鈍角一百〇二度太。

或取丑乙線，求正弦線上度，命爲鈍角之正弦，以所得減半周度，餘爲丁鈍角度。〔兩法互用相考，更確。〕

又法：作婁丑分員線，取丙危半徑，於分員線六十度

定尺，而求婁丑分員之度分，爲丁鈍角。〔亦可與正弦法參考。〕

論曰：兼用正弦兩法、分員線一法以相考，理明數確，然比半周度之工尚爲省力，是故量捷於算，而尺更捷矣。

若兼作丙丑分員，以所得度減半周，亦同。如此，則分員線亦有兩法，合之正弦，成四法矣。

又論曰：此條三邊求角，前條有二邊一角求弧，可互明也。故用圖亦可以求角，用尺亦可以求弧，智者通之可也。

三極通幾[一]

平員則有心，渾員則有極。如赤道以北辰爲極，而黃道亦有黃極，人所居又以天頂爲極，故曰三極也。極云者，經緯度之所宗，如赤道經緯悉宗北極，而黃道經緯自宗黃極，地平上經緯又宗天頂，亦如屋之有極，爲楹桷宇栨㮮梲之所宗也。既有三極，即有三種之經緯，於是有相交相割而成角度。角之銳端即兩線相交之點，任指一點，而皆有三種經緯之度與之相應焉。故可以黃道之經緯求赤道之經緯，亦可以赤道之經緯求地平上之經緯。以地平求赤道，以赤道求黃道，亦然。舉例如後。

以黃道經緯求赤道經緯

―――――――――――

〔一〕幾，輯要本作“機”。

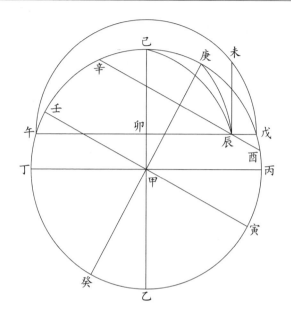

己辰庚斜弧三角形，己丁乙丙爲極至交圈。己爲北極，丙甲丁爲赤道。庚爲黃極，壬甲寅爲黃道。星在辰，辰庚爲黃極距星之緯，辰庚酉角爲黃道經度。今求赤道經緯，法自辰作黃道距等緯圈〔酉辛〕，又自辰作赤道距等緯圈〔戊午〕，即知此星〔辰〕在赤道之北，其距緯戊丙。〔或午丁。〕次以赤道距等半徑戊卯爲度，卯爲心，作午未戊半員。又作未辰直線與己甲平行，則未戊弧即爲赤道經度。〔即戊己辰角。〕

若先有赤道經緯而求黃道經緯，亦同。

以赤道經緯求地平經緯

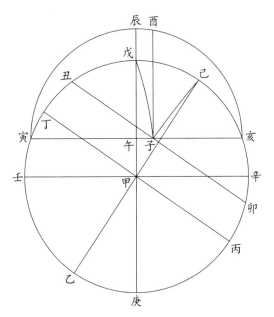

己子戊三角形,〔三角皆銳。〕戊壬庚辛爲子午規。壬辛爲地平,戊爲天頂。己爲北極,丁丙爲赤道。星在子,子己爲星距北極,己角爲星距午規經度。〔即緯圈上丑子之距。〕求地平上經緯。

法自子作寅亥線,與辛壬地平平行,即知地平上星之高度亥辛。〔或壬寅。〕次作寅酉亥半員,〔以亥寅半線亥午爲度,午爲心。〕又從子作酉子直線,與戊甲天頂垂線平行,即子寅爲星距午方之度,爲子戊寅角。數酉至寅之弧,即得星在午左或午右之方位,是爲地平上之經度。〔按此圖爲星在卯酉線之北,數酉辰若干度,即知其星距卯酉線若干度也。〕若先得地平上經緯，〔高度爲緯，方位爲經。〕而求赤道經緯，〔星距赤道爲緯，距午線時刻爲經。〕其理亦同。

以兩緯度求經度

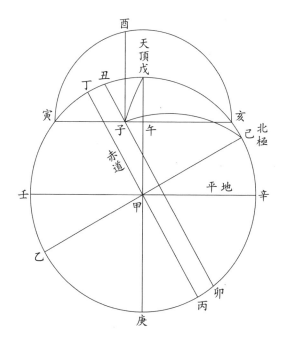

己子戊斜弧三角形，假如北極高三十度，〔己辛高。〕戊寅壬爲午規。太陽在子，距赤道北十度。〔其距丑丁或卯丙緯度。〕子丑爲太陽距午線加時經度，〔即子己丑角。〕寅壬爲太陽高度。〔即亥辛。〕求太陽所在之方。

法以太陽高度〔亥辛或寅壬〕作亥寅地平高度緯線，又以太陽距赤道緯〔丑丁、卯丙。〕作丑卯赤道北緯線，兩線相交於子。乃以亥午爲度，午爲心，作亥酉寅半員。〔分百八十度。〕又自子作酉子直線與戊甲平行,截半員於酉,則酉至寅之度,即太陽所到方位離午正之度。〔即子戊寅外角。〕若求加時,以北極赤緯線準此求之,用子己戊角。

求北極出地簡法〔可以出洋,知其國土所當經緯,西北廣野亦然。與地度弧角可以參用。〕

不拘何日何時刻,但有地平真高度及真方位,即可得之。

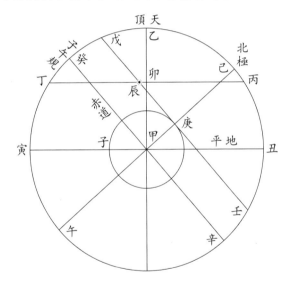

法曰:先以所測高度及方位,如法作圖,取作平儀上太陽所在之點。〔即地平經緯交處。〕次查本日太陽在赤道南北緯度,用作半徑,於儀心作一小員。末自太陽所在點作橫線,切小員而過,引長之至邊,此即赤緯通弦也。乃平分通弦,作十字全徑過儀心,即兩極之軸,數其度得出地度。

假如測得太陽在辰，高三十四度，方位在正卯南三度強，而不知本地極高，但知本日太陽赤緯十九度，今求北極度。

如法作圖，安太陽於辰。〔詳下文。〕先作丙丁線爲地平高度，次用法自正東卯數正弦度至辰，得近南三度，爲地平經度。〔或以丙卯爲半徑作半規，取直應度分，亦同。〕次依本日太陽赤緯十九度，〔以員半徑取庚甲十九度正弦。〕爲小員半徑，作子庚小員。末自太陽辰作橫線戊壬，切小員於庚。乃自庚向甲心作大員徑線己午，則己即北極。〔數己丑之度，爲極出地度。〕依法求得本地極高四十度。

論曰：此法最簡最真，然必得正方案之法，以測地平經度，始無錯誤。

環中黍尺卷三

初數次數法〔加減代乘除之法從初數次數而生，故先論之。〕

〔上卷之法用角旁兩正弦相乘，今則兼用兩餘弦，故別之爲初數次數。其法有二：其一次數與對弧餘弦相加，其一相減也。相加又有二：一銳角、一鈍角也。相減有四：或餘弦內減次數，或次數內減去餘弦，而又各分銳角、鈍角也。〕

約法　三邊求角

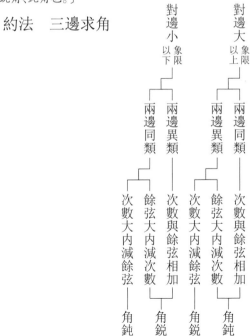

角求對邊

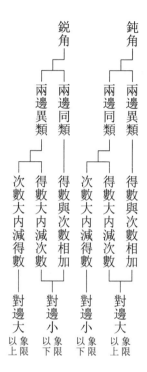

鋭角
　両邊異類——次數大內減得數——對邊大〔以象上限〕
　両邊同類——得數大內減次數——對邊小〔以象下限〕
　　　　　　得數與次數相加——對邊小〔以象下限〕

鈍角
　両邊同類——次數大內減得數——對邊小〔以象下限〕
　両邊異類——得數與次數相加——對邊大〔以象上限〕

餘弦次數相加例〔鋭角法、鈍角法各一。〕

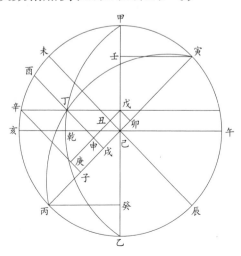

丁乙丙形,有三邊,求乙銳角。角旁大弧丁乙,〔正弦辛
戌,餘弦己戌。〕小弧丙乙,〔正弦丙癸,餘弦己癸。〕兩正弦相乘,全
數除之,成初得數戌庚。又以兩餘弦相乘,全數除之,成
次得數戌丑。〔即卯己。〕乃以次得數卯己加對弧之餘弦己
戌,成卯戌。〔即申戌。〕

一　初得數　　　　　　戌庚

二　〔次得數與對弧餘弦相并〕　申戌

三　半徑　　　　　　　亥己

四　角之餘弦　　　　　己乾〔以餘弦檢表,得乙銳角之度。〕

若先有角求對邊,則反之。

一　半徑　　　　　　　亥己

二　角之餘弦　　　　　己乾

三　初得數　　　　　　戌庚

四　〔次得數與對弧餘弦相并〕　申戌〔以次得數戌丑減之,得
對弧餘弦丑申,即己戌。〕

論曰:辛戌正弦與亥己半徑同爲乙丁弧所分,則辛戌
全與丁戌分,若亥己全與乾己分也。而辛戌弦與丁戌小
弦,又若戌庚句與申戌小句也,故戌庚與申戌必若亥己與
乾己。

若用丁甲丙形,其算並同。何以明之?甲丁者,乙丁
半周之餘;甲丙者,乙丙半周之餘。其所用正弦並同,又
同用丁丙爲對角之弧。甲角又同乙角,皆以乾己爲餘弦
故也。

右係對邊小於象限,角旁弧異類,故其法用加,而爲
銳角。

仍用前圖，取丁甲寅三角形，有三邊，求甲鈍角。角兩旁弧同類，對角邊大，爲寅丁，其正弦酉戌，餘弦戌己。旁弧丁甲，其正弦辛戌，餘弦己戌。又旁弧寅甲，其正弦寅壬，餘弦壬己。初得數戌庚，〔半徑除兩正弦矩。〕次得數卯己，〔半徑除兩餘弦矩。〕

所用三率與前銳角形並同，亦以卯己加己戌成申戌爲三率，所得四率乾己，亦爲甲角之餘弦。〔末以餘弦檢表，得度以減半周，餘爲甲鈍角之度。〕

若先有甲鈍角，求對邊丁寅，則反用其率。一半徑亥己，二角餘弦乾己，三初數戌庚，四申戌。末以次數戌丑去減得數甲戌，餘丑申，爲對弧餘弦。

論曰：對弧寅丁係過弧，與銳角形對弧丁丙，相與爲半周之正餘度，同用酉戌爲正弦，戌己爲餘弦。角旁弧丁甲，即乙丁半周之餘度，同用辛戌爲正弦，戌己爲餘弦。甲寅弧又與乙丙弧等度，其正弦壬寅同癸丙，餘弦壬己同癸己，故加減數並同。所異者，對弧大而兩旁弧又同類，故爲鈍角。

若用寅乙丁形，其算並同，以同用丁寅對弧，而兩弧在角旁者，寅乙爲寅甲半周之餘，丁乙爲丁甲半周之餘，所用之正弦、餘弦並同故也。甲角同乙角，皆以乾己餘弦度轉減半周爲其度。

右係對邊大於象限，而角旁兩弧同類，故其法用加，而爲鈍角。

正餘交變例：

若角旁兩邊以象限相加減，而用其餘弧，則正弦、餘弦之名互易，而所得初數、次數不變，三率之用亦不變。

解曰：弧小以減象限，得餘弧；弧大以象限減之而用其餘，亦餘弧也。其故何也？凡過弧與其減半周之餘度同用一正弦，故過弧內減象限之餘，即反爲過弧之餘弧，亦曰剩弧，而此剩弧之正弦，即過弧之餘弦也。

若兩弧內一用餘度，則其初數、次數皆爲正弦乘餘弦、半徑除之之數，然其數不變，何也？一弧既用餘度，則本弧之正弦變爲餘弧之餘弦，而其又一弧仍係本度，則正弦不變。然則先所用兩正弦相乘爲初數者，今不變而爲餘乘正乎？次數倣此。

試仍以前圖明之，丁乙丙形，任以乙角旁之乙丁弧〔即辛乙。〕內減去亥乙象弧，其剩弧亥辛之正弦戊己，即乙辛過弧之餘弦也。又亥辛之餘弦辛戊，即過弧乙辛之正弦也。然則先以辛戊正弦乘丙癸正弦者，今不變爲辛戊餘弦乘丙癸正弦乎？然但變其名爲餘乘正，而辛戊之數不變，則其所得之初數戊庚亦不變也。次數倣論。〔按此法即測星時第二法所用。〕

若角旁兩弧俱改用餘弧，則初數變爲兩餘弦相乘，次數變爲兩正弦相乘，蓋以正變餘，餘變正，而所得之初數、次數不變。

試仍以前圖明之，丁乙丙形，乙角旁兩弧，乙丁改用辛亥，〔義見前。〕乙丙改用丙亥，皆餘弧也，則丙癸、辛戊兩正弦皆變餘弦，〔丙癸爲丙亥弧餘弦，辛戊爲辛亥弧餘弦。〕癸己、戊己兩餘弦皆變正弦。〔癸己爲丙亥弧正弦，戊己爲辛亥弧正弦。〕然則先以兩正相乘者，今爲兩餘。然雖變兩餘，而其爲丙癸與辛戊者不變，故其所得之初數戊庚亦不變也。次數倣論。

總例：

凡弧度與半周相減之餘，則所用之正弦同，餘弦亦同。

凡弧度與象限相減之餘，則所用之正弦變餘，餘弦變正。

餘弦內減次數例〔鈍角法、銳角法各一。〕

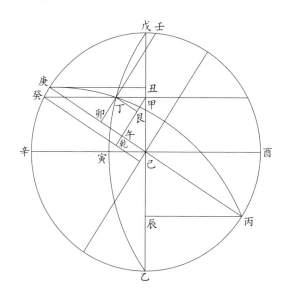

丁乙丙弧三角形，有三邊，求乙鈍角。丙乙小弧，其正弦丙辰，餘弦辰己；丁乙大弧，其正弦癸甲，餘弦甲己，是爲角旁之兩弧不同類。癸乾初得數，〔兩正弦乘、半徑除之數。〕午己次得數。〔兩餘弦乘、半徑除之數。〕丁丙對邊大,其正弦壬卯,餘弦卯己。對邊大於象限,而角旁弧不同類,宜相減。對弧餘弦大於次數,法當於餘弦卯己內減去次得數午己,餘午卯,〔即艮丁。〕爲二率。

一　　初得數　　　　癸乾
二　〔次得數減餘弦〕　艮丁
三　　半徑　　　　　辛己
四　　角餘弦　　　　寅己

對邊大,角旁弧異類,而次數小,減對弧餘弦,其角爲鈍,宜以四率寅己檢餘弦表得度,以減半周度,其餘即爲乙鈍角之度。〔即寅酉大矢之度。〕

若先有乙鈍角,求對弧,則反用其率。

一　　半徑　　　　　辛己
二　　角餘弦　　　　寅己
三　　初得數　　　　癸乾
四　〔次得數減餘弦〕　艮丁

既得艮丁,乃以次數加之,成卯己餘弦。檢表得度,以減半周,得丁丙對邊之度。

凡過弧與其減半周之餘度同用一餘弦,故以餘弦檢表得度,以減半周,即得過弧。

　　仍用前圖取銳角

丁戊庚三角形,〔係銳角。◎此形有三銳角。〕有三邊,求戊角。戊庚小邊,其正弦庚丑,餘弦丑己;丁戊次小邊,其正弦癸甲,餘弦甲己,是爲角旁弧同類。初得數癸乾,〔半徑除

兩正弦矩。〕次得數午己。〔半徑除兩餘弦矩。〕丁庚對邊小，其正
弦壬卯，餘弦卯己。對邊小於象限，而角旁弧同類，宜相
減。次數午己小於對弧餘弦卯己，以午己去減卯己，餘卯
午。〔即艮丁。〕

　一　初得數　　　癸乾
　二　〔次得數減餘弦〕　艮丁
　三　半徑　　　　辛己
　四　角餘弦　　　寅己

對邊小，角旁弧同類，而次數小，去減餘弦，其角爲
銳，宜以四率寅己檢餘弦表，得戊銳角之度。

若先有戊銳角度，求對邊丁庚，則反用其率。

　一　半徑　　　　辛己
　二　角餘弦　　　寅己
　三　初得數　　　癸乾
　四　〔次得數減餘弦〕　艮丁

以所得艮丁加次數午己，檢餘弦表，得丁庚對邊之度。

因銳角角旁弧同類，次數小於餘弦，得數後宜加次數
爲對邊餘弦。

論曰：丁戊庚形與丁乙丙形爲相易之形，故丁戊爲丁
乙減半周之餘，戊庚等乙丙，此兩弧所用之正弦、餘弦並
同，則初數、次數亦同矣。而丁庚對弧亦丁丙對弧減半周
之餘，則所用餘邊又同，加減安得不同？

次數内轉減餘弦例〔鋭角法、鈍角法各一。〕

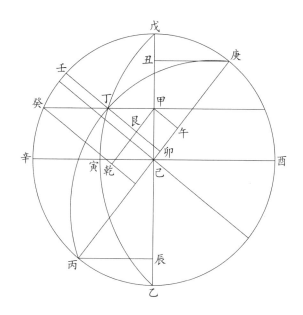

　　丁乙丙形，三邊求乙角。〔係鋭角。〕丙乙小邊，正弦辰
丙，餘弦辰己；丁乙大邊，正弦癸甲，餘弦甲己，是爲角旁
之兩邊不同類。初得數甲乾，〔半徑除兩正弦矩。〕次得數午
己。〔半徑除兩餘弦矩。〕丁丙對邊大，正弦壬卯，餘弦卯己。
對邊大而角旁弧不同類，宜相減。次數午己大於對弧餘
弦卯己，法當於午己内減卯己，餘午卯，〔即甲艮。〕爲二率。

一　　初得數　　　　甲乾

二　　〔餘弦減次數之餘〕　甲艮

三　　半徑　　　　　辛己

四　　角餘弦　　　　寅己

對邊大，角旁弧異類，而次數大，受對弧餘弦之減，其角爲銳，宜以四率寅己檢餘弦表，得乙銳角之度。〔即寅辛矢度。〕

若先有乙角，而求對邊丁丙，則反用其率。

一　半徑　　　　辛己

二　角餘弦　　　寅己

三　初得數　　　甲乾

四　〔餘弦減次數之餘〕　甲艮

末以所得甲艮轉減次數午己，得對弧餘弦卯己。檢表得度，以減半周^{〔一〕}，爲對弧丁丙度。

　前圖取鈍角：

丁戊庚形，三邊求戊角。〔係銳角。〕戊庚小邊，正弦丑庚，餘弦丑己；丁戊次小邊，正弦癸甲，餘弦甲己，是爲角旁兩弧同類。初數甲乾，〔半徑除兩正弦矩。〕次數午己。〔半徑除兩餘弦矩。〕丁庚對邊小，正弦壬卯，餘弦卯己。對邊小而角旁兩弧同類，宜相減。次數午己大於對邊餘弦卯己，當於午己內減卯己，餘午卯。〔即甲艮。〕

一　初得數　　　甲乾

二　〔餘弦減次數之餘〕　甲艮

三　半徑　　　　辛己

四　角餘弦　　　寅己

對邊小，角旁弧同類，而次數大，內減去餘弦，其角

〔一〕以減半周，康熙本誤作“加象限”。

爲鈍，宜以四率寅己檢餘弦表得度，以減半周，得戊鈍角之度。

若先有戊鈍角，而求對邊丁庚，則反用其率。

一　半徑　　　　辛己

二　角餘弦　　　寅己

三　初得數　　　甲乾

四　〔餘弦減次數之餘〕甲艮

末以所得甲艮轉減次數午己，得對弧餘弦卯己，檢表得對弧丁庚之度。

一係　半渾員面所成斜三角形，左右皆相對。如左銳角者，右必鈍也。對邊左小者，右必大也。角旁之邊，左爲同類者，右必異類也。〔角旁兩弧，一居員周，一居員面。此員面弧線，左右所同用也。而員周之弧，左右有大小，故同於左者不同於右。〕

加減法〔以代乘除。〕

初數、次數並以乘除而得。今以總弧、存弧之餘弦相加減而半之，即與乘除之所得脗合。法簡而妙，而甲數、乙數之用，亦從此生矣。

總法曰：凡兩弧相并爲總弧，相減爲存弧。〔存弧一曰較弧。〕

總弧、存弧各取其餘弦以相加減，成初數、次數。法曰：視總弧過象限，則總存兩餘弦相加；總弧不過象限，則相減，皆折半爲初數。〔即原設兩弧之正弦相乘、半徑除之之數。〕以初數轉減存弧餘弦，即爲次數。〔即原設兩弧之餘弦相乘、半徑除之之數。〕又法：〔總弧過象限，兩餘弦相減；不過象限則相加，並折半爲次數〕。又法：〔初數以相加成者，以總弧餘弦減；初數以相減成者，以總弧餘弦加，並加減初數爲次數，亦同〕。

又取總弧、存弧之正弦相加減，成甲數、乙數。法曰：以總存兩正弦相加，折半爲甲數。〔即原設大弧正弦乘小弧餘弦、半徑除之之數。〕總存兩正弦相減，折半爲乙數。〔即原設小弧正弦乘大弧餘弦、半徑除之之數。〕又法：〔以存弧正弦減甲數，其餘爲乙數，亦同〕。又法：〔以甲數減總弧正弦，即得乙數〕。

圖式一

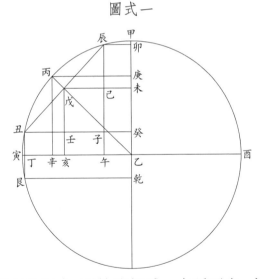

總弧在象限內，兩餘弦相減。大弧丙寅，小弧辰丙，〔即丑丙。〕二弧相加爲總弧辰寅，相減得存弧丑寅。丑寅存弧之餘弦丑癸，〔亦即丁乙。〕辰寅總弧之餘弦卯辰。〔即癸子，亦即乙午。〕兩餘弦相減，〔丑癸內減子癸，存丑子；或乙丁內減乙午，存午丁。〕其餘半之，〔丑子半之於壬，成壬丑，即亥丁。〕爲丙寅、辰丙二弧兩正弦相乘、半徑除之之數，即初得數也。以初得數轉減存弧之餘弦，〔以壬丑減丑癸，其餘癸壬，亦即亥乙。〕其餘爲大小二弧兩餘弦相乘、半徑除之之數，即次得數也。

論曰：丙辛，大弧之正弦也；丑戊，小弧之正弦也。以句股形相似之故，乙丙半徑〔弦。〕與丙辛正弦，〔股。〕若丑戊正弦〔小弦。〕與丑壬初得數也。〔小股。〕其半而得者何也？曰：辰戊同丑戊，則戊己亦同丑壬，而壬子即己戊，則子丑者，初得數〔壬丑。〕之倍數，故半之即得。辛乙，大弧之餘弦也；戊乙，小弧之餘弦也。乙丙半徑〔弦。〕與辛乙餘弦，〔句。〕若戊乙餘弦〔小弦。〕與亥乙次得數也。〔小句。〕又以存弧餘弦內兼有初得、次得兩數，故減初得次也。〔丑癸餘弦內有丑壬初數、癸壬次數，故減丑壬，即得癸壬也。或於乙丁內減亥丁，得亥乙，並同。〕

　　　以上用總存兩餘弦加減。

又丑寅存弧之正弦丑丁，〔即午子，或癸乙。〕辰寅總弧之正弦辰午。〔即卯乙。〕兩正弦相加，半之，爲大弧正弦乘小弧餘弦、半徑除之之數，即甲數也。以甲數轉減總弧之正弦，〔以午己減辰午，其餘己辰，亦即卯未。〕是爲大弧餘弦乘小弧正弦、半徑除之之數，即乙數也。

論曰：乙辛，大弧之餘弦也；辰戊，小弧之正弦也。以兩句股形同比例之故，丙乙半徑〔弦。〕與乙辛餘弦，〔句。〕若辰戊正弦〔小弦。〕與辰己乙數也。〔小句。〕

又丙辛，大弧之正弦也；戊乙，小弧之餘弦也。而丙乙半徑〔弦。〕與丙辛正弦,〔股。〕若戊乙餘弦〔小弦。〕與戊亥甲數〔小句。〕也。又以總弧正弦內兼有甲乙兩數,故減乙得甲,減甲亦得乙矣。〔辰午正弦內有辰己乙數、己午甲數,故減辰己得己午,若減己午,亦必得辰己。〕

　　以上用總存兩正弦加減。

　　若以酉丙爲大弧,丙丑爲小弧,則其總弧酉丑,〔正弦丑丁,餘弦丑癸。〕其存弧辰酉,〔正弦辰午,餘弦卯辰。〕但互易存、總之名,其他並同。

　　論曰:凡過象限之弧,與其減半周之餘弧,同用一正弦。如丙酉過弧以減半周得丙寅,所用正弦〔丙辛〕、餘弦〔辛乙〕皆丙酉弧與丙寅弧之所同也。故但易總存之名,而正餘加減之用不變。

　　又法:

　　凡過象限之弧,即截去象限,用其餘度如法加減。但以總弧爲存弧,存弧爲總弧,而總存之餘弦爲正弦,正弦爲餘弦。如酉丙過弧,截去酉甲象限,只用丙甲爲大弧,與丙丑小弧相加減,則丑甲爲總弧,其正弦丑癸,餘弦丑丁;而辰甲爲存弧,其正弦卯辰,餘弦辰午,是總存正餘名皆互易也。

　　法以總存兩正弦相減,而其餘折半爲甲數,〔丑癸內減卯辰,餘丑子,半之得丑壬,爲甲數。〕仍以甲數轉減總弧正弦。〔甲數丑壬,轉減丑癸,其餘癸壬,即乙數。〕是其名雖易而其實不易也,但橫易爲直。

　　論曰:去過弧之象限而用之,則過弧之正弦爲餘,餘弦爲正矣。故加減而得之數，皆兩弧之正弦乘餘、餘弦乘正之數，而非復正乘正、餘乘餘之數也。何也？過弧之正餘互易，而小弧之正餘如故也。

如丙酉過弧，去象限爲丙甲，則其正弦丙庚，即過弧之餘弦也〔丙庚即辛乙故。〕；其餘弦庚乙，即過弧之正弦也。〔庚乙即丙辛故。〕而小弧丙丑之正弦丑戊，餘弦戊乙，皆如舊。故先得之丑壬，爲大弧餘弦丙辛乘小弧正弦丑戊而丙乙半徑除之也，非兩正弦相乘也。乙數轉減正弦而得之亥乙，〔即癸壬，亦即戊未。〕爲大弧正弦辛乙乘小弧餘弦戊乙而半徑除之也，非兩餘弦相乘也。

又論曰：又法即測夜時篇中測星距午之第二法也。加減代乘除只此一例，而絕不與七卷、八卷之乘除求初數、次數者相蒙，雖有學者，何從悟入乎？愚故爲之詳説，以發其覆。

又論曰：元法依圖直看，直者正弦，橫者餘弦。又法正餘互易，則圖當橫看，變立體爲眠體。本以總存兩餘弦加減者，變爲兩正弦加減，然其數並同。

又論曰：又法是用大弧之餘度，而小弧則用元度。何以言之？測星條用星之赤緯，即去極之餘度也。其用赤道高，則極去天頂之元度也。然而赤緯在南者，則是於星去極度截去象限之數也，何以亦爲餘度？曰：過弧既與其減半周之餘度同一正弦，則此減半周之餘度亦即正弧也。然則此截去象限而餘者，非即正弧之餘度乎？

大弧過象限若干度與不及象限若干度，其正弦並同，

故加減可通爲一法。〔此又測星條用法之意。〕

約法：

兩弧俱用本度或俱用餘度，相加減以取總存二弧，是兩正或兩餘也，則用總存兩餘弦加減法取初得數。惟視總存二弧俱在一象限，則相減；或分跨兩象限，則相加。皆以初數減存弧之餘弦，爲次得數。

若兩弧內有一過弧，則總弧之正弦小於存弧，而餘弦反大，當以初數減總弧之餘弦，爲次數。

若一弧用本度，一弧用餘度，相加減以取總存之弧，是一正一餘也，則用總存兩正弦加減法。其加減皆際兩正弦原法，或加或減取甲數。即以甲數減總弧正弦，餘爲乙數。

若過弧節去象限而用其剩度，與餘度同法。〔凡餘度，是以本度減象限而得名，今反以象限減過弧，故別之曰剩。〕

若兩俱剩弧，與兩餘弧同法。

若只一剩弧，與一正一餘同法。

論曰：過弧用剩度爲餘弧，其法甚簡快。凡過弧皆當用之，可不用本度矣。〔算普天星經緯歲差宜此。〕

又按：凡存弧之餘弦內，兼有兩正弦相乘、兩餘弦相乘兩數，即初次兩得數也。凡總弧之正弦內，兼有此正弦乘彼餘弦、彼正弦乘此餘弦之數，即甲乙兩數也。故易其名以別之也。

圖式二

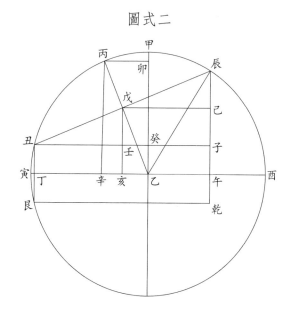

大弧寅丙，正弦丙辛，餘弦辛乙。小弧辰丙，〔即丑丙。〕正弦辰戊，〔即丑戊。〕餘弦戊乙。二弧相加爲總弧辰寅，正弦辰午，餘弦午乙；相減爲存弧丑寅，正弦丑丁，餘弦丁乙。存、總兩餘弦〔午乙、丁乙〕相并，成午丁。半之於亥，成亥丁，即初得數，大小二弧兩正弦〔丙辛、辰戊〕相乘、半徑除之之數也。以初得數亥丁轉減存弧之餘弦丁乙，餘亥乙，即次得數，大小二弧兩餘弦〔辛乙、戊乙〕相乘、半徑除之之數也。

論曰：以句股形相似之故，丙乙半徑與丙辛正弦，若戊丑正弦與初數丑壬〔即亥丁。〕也，皆弦比股也。

又丙乙半徑與辛乙餘弦，若戊乙餘弦與次數亥乙也，皆弦比句也。

以上用總存兩餘弦加減，因總弧跨過象限，故相加。

又存弧正弦丑丁與總弧正弦辰午相加,成辰乾。〔以午乾等丁艮,亦即丑丁也。〕折半得己午,〔即戊亥。◎辰子折半爲己子,子乾折半爲午子,合之成己午。〕爲甲數,大弧正弦丙辛乘小弧餘弦戊乙、半徑丙乙除之也。

以甲數己午轉減總弧正弦辰午,餘辰己,爲乙數,大弧餘弦辛乙乘小弧正弦辰戊、半徑丙乙除之也。

以上用總存兩正弦加減。

若用酉丙過弧爲大弧,丙丑爲小弧,則其總弧酉丑,存弧酉辰。但互易存、總之名,其它並同。以過弧酉丙所用之正弦丙辛、餘弦辛乙,即丙寅弧所同用故也。

又法:

於酉丙過弧內截去象限酉甲,只用其剩弧甲丙,則甲丙反爲小弧,丙丑反爲大弧。〔説見前條。〕

圖式三

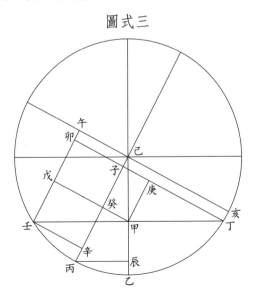

總弧在象限内,兩餘弦相減。

乙丙小弧,其正弦丙辰,餘弦辰己。丁乙稍大弧,其正弦丁甲,餘弦甲己。戊壬初得數,〔兩正弦相乘,半徑除也,即庚甲或戊卯。〕午戊次得數。〔兩餘弦相乘,半徑除也,即己癸。〕今改用加減,以省乘除。以二弧相加,成總弧丁丙,其正弦子丁,餘弦子己。又二弧相較,成存弧壬丙,其正弦壬辛,〔即午己。〕餘弦辛己。〔即壬午。〕於存弧之餘弦辛己内減去總弧之餘弦己子,存子辛。半之於癸,得子癸及辛癸,皆初得數也,亦即戊壬也。〔或於壬午内[一]減午卯,半之於戊,得卯戊及戊壬,亦同。亦即庚甲也。〕又於存弧餘弦辛己内,仍減去初得數辛癸,存癸己,即次得數也。〔壬午内減戊壬,存午戊,亦同。〕

此因總弧在象限内,故以總弧餘弦減存弧餘弦求初數,是初數小於次數。

解曰:以句股形相似之故,己丙半徑〔弦。〕與丙辰正弦,〔句。〕若丁甲正弦〔弦。〕與甲庚初數〔句[二]。〕也。又壬甲等甲丁,故庚甲亦等戊壬,而戊卯即庚甲,故可以半而得之也。

又己丙半徑〔弦。〕與辰己餘弦,〔股。〕若甲己餘弦〔弦。〕與己癸次數〔股。〕也。

右係總存兩餘弦用法。

〔一〕内,原作"丙",據康熙本改。
〔二〕句,原書無,據文例補。

又丁庚爲甲數,〔丁甲大弧正弦乘辰己小弧餘弦,半徑除之也,亦即庚卯,即甲戊。〕子庚爲乙數。〔辰丙小弧正弦乘甲己大弧餘弦,半徑除之也,即癸甲。〕

今改用加減法,以存弧正弦子卯〔即辛壬。〕加總弧正弦子丁,成卯丁,而半之於庚,得丁庚爲甲數。〔亦即庚卯,即戊甲。〕仍於總弧正弦丁子內減去甲數丁庚,存子庚,〔即癸甲。〕爲乙數。

此亦總弧在象限內,亦總存兩正弦相加求甲數,是甲數大於乙數。

解曰:以句股形相似之故,己丙半徑與辰己小弧餘弦,若丁甲大弧正弦與甲數丁庚,皆弦與股之比例也。又丁甲等壬甲,故戊甲亦等丁庚,而戊甲即庚卯,故可以半而得之也。

又己丙半徑與丙辰小弧正弦,若甲己大弧餘弦與乙數甲癸,〔即子庚。〕皆弦與句之比例也。

右係總存兩正弦用法。

一係　凡兩弧內無過弧,則存弧之餘弦大,故其中有初次兩數;而總弧則正弦大,故其中有甲乙兩數。雖兩數相加,能令總弧跨過象限,此理不變,餘弦仍係存弧大,正弦仍係總弧大。

圖式四

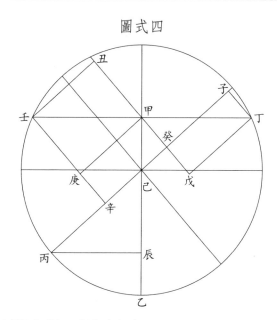

總弧過象限，兩餘弦相加。

乙丙小弧，正弦辰丙，餘弦辰己。乙丁過弧，正弦丁甲，餘弦甲己。初得數戊丁，〔半徑除兩正弦矩，即子癸，亦即癸辛，亦即庚甲。〕次得數癸己。〔半徑除兩餘弦矩。〕

今用加減代乘除，以二弧相加成總弧丁丙，正弦丁子，餘弦子己。又二弧相較，成存弧壬丙，正弦壬辛，餘弦辛己。乃以總存兩餘弦相加成子辛，〔子己加辛己。〕而半之於癸，得子癸及癸辛，〔亦即丁戊，即庚甲。〕初得數也。又以初數子癸轉減總弧之餘弦子己，餘癸己，次得數也。〔此因總弧跨過象限，故兩餘弦相加求初數，是初數大於次數。〕

解曰：以句股形相似，故半徑己丙與正弦丙辰，若正弦丁甲與初數丁戊，皆弦與股之比例也。又半徑丙己與餘弦辰己,若餘弦甲己與次數癸己,皆弦與句之比例也。又壬甲等丁甲,則庚甲亦等戊丁,而辛癸亦等子癸,故半而得。

右用總存兩餘弦加減。

又甲數丑甲,小弧餘弦辰己乘過弧正弦丁甲、半徑除之也。乙數癸甲,小弧正弦辰丙乘過弧餘弦甲己、半徑除之也。

今用加減,總存兩正弦相加成丑戊,〔癸戊與正弦丁子等,丑癸與正弦辛壬等,故以相加,即成丑戊。〕半之於甲,得丑甲〔亦即甲戊。〕爲甲數。仍以甲數丑甲轉減存弧正弦丑癸,餘癸甲爲乙數。〔或以總弧正弦癸戊減甲數甲戊,亦即得乙數癸甲。〕

此亦總弧跨象限外,仍係總存兩正弦相加求甲數。〔甲數仍大於乙數。〕

解曰:半徑丙己與小弧餘弦辰己,若大弧正弦丁甲與甲數丑甲,皆以弦比句也。又半徑丙己與小弧正弦辰丙,若大弧餘弦甲己與乙數癸甲,皆以弦比股也。又壬甲等丁甲,則甲戊亦等壬庚,而壬庚即丑甲,故半之而得。

右用總存兩正弦加減。

一係　凡兩弧內有過弧者,總弧之餘弦反大,故初次兩數皆在總弧餘弦內;而總弧之正弦反小,故甲乙兩數皆在存弧正弦內也。〔此必原有一過弧,始用此例,非謂總弧過象限也。觀圖自明。〕

環中黍尺卷四

甲數乙數用法〔黃赤道經緯相求。〕

黃赤二道經緯相求,用斜弧三角形,以星距黃極爲一邊,星距北極爲一邊,并兩極之距爲三邊,此本法也。今不用距極度,而用其餘度。〔距極度本爲緯度之餘,今用三角形,以距極度爲邊,故緯度皆爲餘度。〕徑取黃緯爲一邊,〔此先有黃緯而求赤緯也。若先有赤道而求黃道,即用赤緯爲邊。〕二至之黃赤大距爲一邊,〔黃赤大距原與兩極之距等。〕而取二邊之總存兩正弦爲用,以加減省乘除。故在本法爲初數、次數者,別之爲甲乙數焉。甲數、乙數不止爲求黃赤,而舉此爲式,其理特著,故命之曰甲數乙數用法,實黃赤相求簡法矣。

第一圖

黃緯小於黃赤大距,甲數大,乙數小。

〔有黃道經緯,求赤道緯。〕

甲丙亢危大圈爲過兩極之經圈。〔即二至經圈。〕心乙亢軸即黃道二分經綫。丙乙室爲黃道,心爲黃極;寅乙危爲赤道,甲爲北極。辰胃婁爲黃道北緯,〔即丙辰之度。〕丑尾奎爲黃道南緯。〔即丙丑之度。〕星在箕,箕心爲星距黃極緯度,

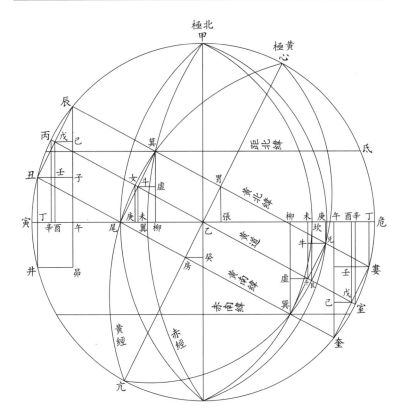

箕女爲星距黃道緯。〔即丙辰之度。〕甲心箕銳角，爲黃道經度，其餘弦女乙。甲心爲兩極相距，〔二十三度三十一分半。〕寅丙爲夏至距緯。〔同甲心之度。〕

今求甲箕爲星距北極緯度，其餘弧箕翼爲星距赤道緯。〔即氐危之度。〕

用甲心箕三角形，有心角，〔黃道經。〕有心箕弧，〔星距黃極緯。〕有甲心弧，〔爲兩極之距。〕而求對角弧甲箕。〔星赤道北極緯。〕

依加減代乘除，改用寅丙夏至距、〔即心甲。〕辰丙黃道緯。〔即心箕之餘箕女，又即丙丑度。〕寅丙、辰丙相加爲總弧辰寅，其正弦辰午；又相減爲較弧丑寅，其正弦丑丁。〔亦即丁井，亦即午昴，亦即子午。〕以丑丁正弦〔即午昴。〕加辰午正弦，成辰昴，折半得己午甲數。〔己子爲辰子之半，子午爲子昴之半，合之成己午。〕甲數〔己午〕轉減正弦〔辰午〕，餘〔己辰〕爲乙數。

　　或以丑丁正弦〔即子午。〕減辰午正弦，餘辰子，折半得辰己爲乙數。以乙數轉減總弧正弦辰午，得己午爲甲數，亦同。

　　法爲黄道半徑〔丙乙〕與心角之餘弦〔女乙〕，若甲數〔己午〕與四率〔斗未〕也。

　　一　黄道半徑　　　　　丙乙
　　二　心角餘弦　　　　　女乙
　　三　甲數　　　　　　　己午〔即戊酉〕
　　四　〔減過乙數之赤緯正弦〕　斗未〔即虚柳〕

　　論曰：丙乙半徑與女乙餘弦，原若辰胃與箕胃。〔辰胃者，箕心黄緯[一]之正弦，即距等圈半徑。因箕心角線過箕至女，分辰胃正弦於箕，亦分丙乙半徑於女，故丙乙與女乙，若辰胃與箕胃，皆全與分比例。〕而辰胃同戊乙，箕胃同斗乙，皆弦也，〔戊酉乙大句股，以戊乙爲弦，戊酉爲句；斗未乙小句股，以斗乙爲弦，斗未爲句。〕戊酉、〔同己午。〕斗未皆句也，則其比例等。故丙乙與女乙，能若戊乙與斗乙，亦即若己午與斗未。

────────────

〔一〕箕心黄緯，按箕心餘弧箕尾爲星距黄道緯度，簡稱“黄緯”。箕心爲星距黄極緯度，簡稱“黄極緯”。此處“黄緯”似當作“黄極緯”。

以乙數〔辰己，即箕虛。〕加四率，〔斗未，即虛柳。〕成箕柳，即所求赤道緯度正弦，檢表得赤緯在北。〔即箕翼，亦即氐危。〕

若先有赤緯、黃緯而求黃經，則互用其率，以三、四爲一、二。

法爲甲數〔戊酉〕與赤緯正弦內減乙數之斗未，若黃道半徑〔丙乙〕與心角黃經度之餘弦〔女乙〕也。

一　甲數　　　　　　戊酉〔即午己〕

二　〔乙數箕虛減赤緯正弦〕斗未〔即虛柳〕

三　黃道半徑　　　　丙乙

四　心角餘弦　　　　女乙　檢餘弦表，得心角之度。

假如前圖星在尾，爲黃道南緯，則所用之甲數、乙數並同，所得之四率亦無不同，而赤緯迥異。

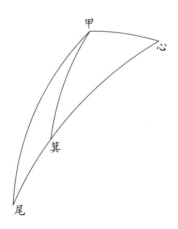

何以言之？曰：星〔一〕不在箕而在尾，則心甲弧、〔兩極

〔一〕星，原作“心”，據康熙本改。

距度。〕心角〔黃道經度。〕皆不變,唯尾心弧大於箕心,故甲心箕三角形變爲甲心尾三角,而所求對角之甲尾弧亦大於甲箕,故赤緯異也。

然則所用之甲數、乙數又同,何也?曰:尾心爲過弧,則用在女尾。〔尾心內減去女心象限。〕女尾爲黃道南緯,與箕女北緯同度,亦即同正弦,則相加爲總弧、相減爲較弧亦同,而甲乙數不得不同矣,而三率算法亦必同矣。但所得四率在北緯則用加,在南緯則用減,緯度迴異,理勢自然也。

一　　黃道半徑　　　　　　丙乙

二　　心角餘弦　　　　　　女乙

三　　甲數　　　　　　　　己午

四　　〔加過乙數之赤緯正弦〕　　斗未

以乙數〔辰己〕減四率斗未,減盡無餘,爲星在赤道,無緯度。

論曰:此因乙數與四率同大,故減盡也。減盡則甲尾正九十度,而星在赤道,無緯也。

亦有四率小於乙數者,則當以四率轉減乙數,用其餘爲緯度正弦,在赤道南。

又論曰:星在箕爲黃道北,在尾爲黃道南,然所得赤緯皆在北者,以箕、尾經度皆在夏至前後兩象限中也,故所得四率在赤道北。而加乙數則北緯大,減乙數則北緯小,皆北緯也。惟四率轉減乙數,則變爲南緯。〔此亦惟黃南緯星,又近二分,則雖在夏至前後象限中,而有南緯。〕

亦有無四率者,心角必九十度,其星必在黃道二分經度,無角度餘弦爲次率,故亦無第四率可求。但以乙數爲用,視星在南北,即以乙數命爲南北緯度之正弦。

假如前圖中,有星在胃,是在北也,即以乙數胃張〔即辰己。〕命爲赤道北緯之正弦。若星在房,是在南也,即以乙數乙癸〔亦即辰己。〕命爲赤道南緯之正弦。

又有所得四率北反用減、南反用加者,心角必爲鈍角,其星必在冬至前後兩象限,其角度餘弦必爲大矢內減象限之餘,則所得第四率在赤道之外,〔外即南也。〕而加減後所得皆赤道之南緯也,故加減皆反。〔求北緯以加而南緯必減者,星在北也;求北緯以減而南緯必加者,星在南也。蓋所得第四率原係在北在南兩星緯度之中數。◎星在北在南,皆主黃道言。〕

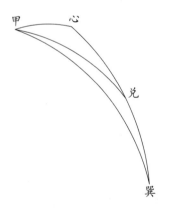

假如前圖中,有星在兌,爲黃道北,而甲心兌三角形,心爲鈍角,其餘弦艮乙,爲艮丙大矢內減象限之餘,故所得第四率未斗在赤道之外,爲赤道南緯。〔此南緯是黃道軸距赤道軸。〕而兌星在黃道之北,則其南緯正弦小於未斗,故必以乙數牛斗〔即辰己,亦即奎己。〕減之,其餘牛未,〔同兌庚。〕即兌星赤道南緯之正弦。

若星在巽,亦同用心鈍角,爲甲心巽三角形。艮乙餘弦,四率未斗在赤道外,並同。但巽星又在黃道之南,則其南緯大於未斗四率,故必以乙數虛巽〔即辰己,亦即牛斗。〕加之,成巽柳,即巽星南緯之正弦。

亦有四率小於乙數者,則以四率轉減乙數,用其餘爲緯度,在赤道北。

又論曰:星在兌爲黃道北,在巽爲黃道南。然所得赤緯皆在南者,以兌、巽經度皆在冬至前後兩象限中也,故所得四率在赤道南。而以乙數減則南緯小,以乙數加則南緯大,皆南緯也。惟四率轉減乙數者,則變爲北緯。〔此亦必黃北緯星,又近二分,故雖在冬至前後象限中,而仍有北緯。◎凡以乙數及四率相加減成緯度者,並主緯度之正弦而言。後倣此。〕

總論曰:凡乙數皆南北兩赤緯度相減折半之數,甲數則兩緯度之中數也。〔如箕女與女尾兩黃緯同度,而不能以女庚爲兩赤緯弦之中數者,弧度有斜正故也。〕而所得四率即所求星南北兩緯正弦中數,故與甲數爲比例。

凡所得四率,星在夏至前後兩象限,四率在赤道北;星在冬至前後兩象限,四率在赤道南。

凡總弧正弦內兼有甲數、乙數,〔不論黃南、黃北,並同一法。〕但視黃緯之大小,若黃緯小於黃赤大距,則以總存兩正弦相併而半之爲甲數;若黃緯大於黃赤大距,則以總存兩正弦相減而半之爲甲數,並以甲數轉減總弧正弦爲乙數。

又法：

黃緯小於黃赤大距，以總存兩正弦相減而半之，則先得乙數；黃緯大於黃赤大距，以總存兩正弦相併而半之，亦先得乙數，並以乙數轉減總弧正弦爲甲數。

求赤緯約法：

凡星有黃緯之南北，有黃經之南北。〔黃經南北即南六宮、北六宮。星在夏至前後，先得之黃經爲銳角，是經在北也；星在冬至前後，先得之黃經爲鈍角，是經在南也。〕

若星之黃緯南北與黃經同者，其赤緯南北亦與黃緯同。法用四率、乙數相加，爲緯度正弦。加惟一法。

星在黃道北，又係夏至前後兩象限，先得黃經銳角，是經緯同在北，則赤緯亦在北。星在黃道南，又係冬至前後兩象限，先得黃經鈍角，是經緯同在南，則赤緯亦在南。

若星之黃緯南北與黃經異者，赤緯有同有異，皆四率、乙數相減，爲赤緯正弦。減有二法。

但視乙數大，受四率轉減者，赤緯之南北與黃緯同。如星在黃道北，而在冬至前後兩象限，黃經角鈍，是緯北而經南也，而乙數大，受四率轉減，則赤緯仍在北。星在黃道南，而在夏至前後兩象限，黃經角銳，是緯南而經北也，而乙數大，受四率轉減，則赤緯仍在南。

若乙數小，去減四率者，赤緯之南北與黃緯異。如星在黃道北，而在冬至前後，黃經角鈍，爲緯北經南，而乙數又小，去減四率，則赤緯變而南。星在黃道南，而在夏至前後，黃經角銳，爲緯南經北，而乙數又小，去減四率，則赤緯變而北。

若星在黄道軸線，是正當二分經度也，其角必九十度，無餘弦，亦無四率，但以乙數爲用。星在北，即以乙數命爲赤道北緯之正弦；星在南，即以乙數命爲南緯之正弦。

若遇乙數、四率相減至盡者，其星正當赤道，無緯度。

第二圖

黃緯大於黃赤大距，甲數小，乙數反大。

〔有黃道經緯，求赤緯。〕

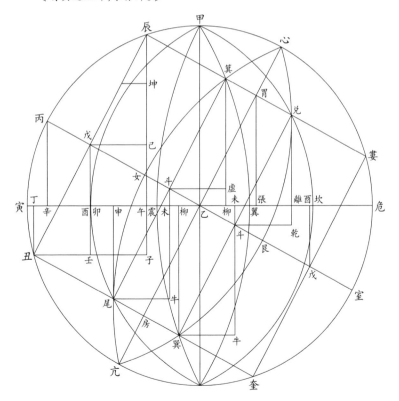

甲北極，心黃極，甲心爲兩極之距。丙室黃道，寅危赤道，寅丙爲夏至大距。〔同甲心。〕乙爲二分。以上並與前圖無二，所異者，黃緯丙丑〔即丙辰。〕大於寅丙，故乙數亦大於甲數。

寅丙之正弦丙辛，餘弦辛乙。丙丑之正弦辰戊，〔或戊丑。〕餘弦戊乙。

甲數戊酉，乃寅丙正弦乘丙丑餘弦、半徑除之也。法爲丙乙半徑與正弦丙辛，若戊乙餘弦與甲數戊酉。

乙數辰己，〔或己子，或戊壬。〕乃辛乙餘弦乘辰戊正弦、半徑除之也。法爲丙乙半徑與餘弦辛乙，若辰戊正弦與乙數辰己。

假如星在箕，爲在黃道北，箕心爲距黃極之度，其餘箕女，黃道北緯也。有箕心、甲心〔兩極距。〕二邊，有心銳角，〔黃經。〕用甲心箕三銳角弧形求赤緯甲箕，爲對角之弧。

依加減代乘除，改用寅丙、辰丙二弧，相加爲總弧辰寅，其正弦辰午；又相減成較弧寅丑，其正弦丑丁。〔即午子。〕

以丑丁正弦加辰午正弦，成辰子，折半於己，爲乙數。〔辰己及己子。〕乙數辰己轉減總弧正弦辰午，得己午爲甲數。〔即戊酉。〕

本法：以丑丁減辰午，折半得己午爲甲數。甲數己午轉減辰午，得辰己爲乙數。

法爲黃道半徑丙乙與餘弦女乙，若甲數戊酉與四率斗未也。〔理見前式論中。〕

一　黃道半徑　　　　丙乙

二　心角餘弦　　　　女乙

三　甲數　　　　　　戊酉

四　〔以乙數減赤緯正弦〕　斗未〔即虛柳〕

既得斗未，以乙數箕虛加之，成箕柳，爲赤緯正弦。
查表得箕翼赤緯度，在赤道北。

　　　右係黃緯在北，而心爲銳角，黃經亦在北，故法
用加，而赤緯仍在北。

若先有黃赤緯度而求黃經，則互用其率，亦同前式。

一　甲數　　　　　　戊酉

二　〔乙數減赤緯正弦〕　斗未

三　黃道半徑　　　　丙乙

四　心角餘弦　　　　女乙　　查餘弦表，得心角之度。

假如前圖星在尾，爲在黃道南，則所用之甲數、乙數
及所得之四率並同，惟赤緯異。

論曰：星不在箕而在尾，則甲心箕三銳角形變爲甲心
尾三角形，而心尾弧大於心箕，故所求對角之甲尾弧亦大
於甲箕，而赤緯大異。

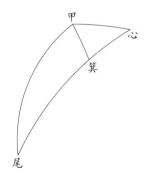

心尾大於心箕,而甲數、乙數悉同者,因用餘弧,則女尾南緯與女箕北緯同度故也。

一　黄道半徑　　　丙乙

二　心角餘弦　　　女乙

三　甲數　　　　　戊酉

四　〔乙數內減赤緯正弦〕　斗未

既得斗未,以轉減乙數斗牛,得餘未牛,〔即尾申。〕爲赤緯正弦。查表得尾卯緯度,在赤道南。

論曰:此係乙數跨赤道,故乙數內兼有赤緯及四率之數,而減赤緯得四率,以四率轉減,亦得赤緯。

　右係黃緯在南,而心爲銳角,是緯南而經北,法當用減,而乙數大,受四率反減,故赤緯仍在南。

假如前圖星在巽,則所用之甲數、乙數亦同,惟四率異。〔因巽艮黃緯即室奎之度,與丙丑同,故甲數酉戊與戊酉同大,而乙數斗牛、兑乾並同辰己。〕

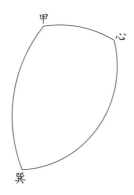

又巽星在黃道南,而心爲鈍角,星在秋分後春分前,

黃經亦在南,則赤緯亦在南,法當用加。

一　　黃道半徑　　　　　　丙乙〔即室乙〕

二　〔鈍角餘弦即大矢減半徑之餘〕　艮乙〔艮丙爲心鈍角大矢,
內減丙乙,得艮乙。〕

三　　甲數　　　　　　　　酉戊

四　〔赤緯正弦內減乙數〕　　未斗

既得未斗,以乙數斗牛〔即辰己。〕加之,成未牛,爲赤緯正弦。〔即柳巽。〕查表得震巽緯度,在赤道南。

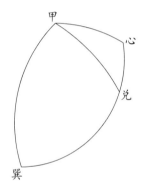

假如前圖星在兌,爲黃道北,所用之甲數、乙數、四率並同,惟赤緯異。〔兌艮北緯與巽艮南緯並同丙丑之度,故甲數、乙數同。甲心巽與甲心兌兩鈍角形同用心鈍角,故四率亦同。惟心兌弧小於心巽,故所求對角弧甲兌亦小於甲巽,而赤緯異。〕

一　　黃道半徑　　　丙乙

二　　鈍角餘弦　　　艮乙

三　　甲數　　　　　酉戊

四　〔乙數內減赤緯正弦〕　未斗〔即離乾〕

既得未斗,以轉減乙數兌乾,得餘兌離,爲赤緯正弦。

查表得兌坎緯度,在赤道北。

　右係黃緯在北,而心爲鈍角,是秋分後春分前,爲緯北而經南,法當用減,而乙數大,受四率轉減,故赤緯仍在北。

第三圖

赤緯大於二極距,甲數小,乙數大。

〔有黃緯、赤緯,求赤經。〕

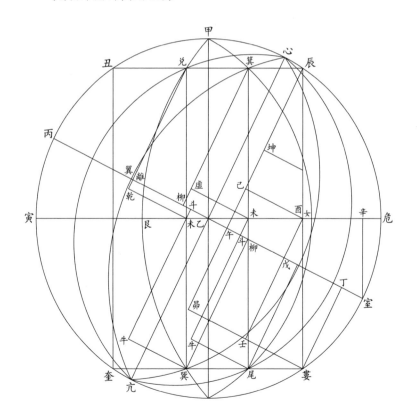

心甲箕三銳角形,星在箕,有黃極緯心箕,有北極赤緯甲箕,有黃赤極距心甲,〔即室危。〕求甲角爲赤經。辰危赤緯大於危室大距,〔即心甲。〕與前圖略同,故乙數亦大於甲數。所異者,此求赤經,故諸數皆生於赤緯,謂總弧、較弧皆用赤緯也,而加減正弦反在黃道矣。

室危兩極距之正弦室辛,餘弦辛乙。

辰危赤緯〔即箕女,爲甲箕距北極之餘。〕之正弦辰酉,餘弦酉乙。

甲數戊酉,法爲半徑室乙與辛室正弦,若酉乙餘弦與甲數戊酉也。

乙數辰己,法爲半徑室乙與辛乙餘弦,若辰酉正弦與乙數辰己〔或婁酉正弦與乙數酉壬。〕也。

依加減代乘除,改用辰危、室危,相加爲總弧辰室,其正弦辰午;又相減爲較弧婁室,其正弦婁丁。〔即午昴。〕

又以較弧正弦午昴減總弧正弦辰午,餘數半之,得己午爲甲數。〔即戊酉也。法於辰午內截減辰坤如午昴,其餘坤午半之於己,即得己午。〕

甲數己午轉減辰午正弦,餘辰己爲乙數。〔或以甲數己午加較弦午昴,成己昴乙數,亦同。〕箕虛及未牛並同。〔皆乙數也。〕

又以箕翼黃緯之正弦箕柳與乙數箕虛相減,得虛柳,〔即未斗。〕以爲次率。〔因箕柳黃緯大,乙數箕虛小,故於黃緯正弦內減乙數,得未斗。〕

法爲甲數戊酉與未斗,若酉乙與未乙,亦即若危乙半徑與甲角之餘弦女乙也。

一　甲數　　　　　　戊酉

二　〔黃緯正弦內減去乙數〕　未斗

三　赤道半徑　　　　危乙

四　甲角餘弦　　　　女乙

論曰：赤道經度，春分至秋分〔北六宮。〕爲鈍角，秋分至春分〔南六宮。〕爲銳角，其角與黃經正相反。此條星在箕，是赤緯在北也，而黃緯亦北，兩緯同向，宜相減成次率。而乙數小於黃緯，必以乙數減黃緯，而得未斗。乙數減黃緯，而緯在北，赤經必南六宮，爲銳角，查表得度，爲甲角度，即赤經也。在秋分後，以所得減三象限；在冬至後，以所得加三象限，皆命爲其星距春分赤道經度。

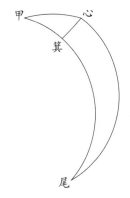

若星在尾，用甲心尾三角形，則以黃緯正弦反減乙數爲次率，〔未牛乙數大於黃緯斗牛，故以斗牛反減未牛，得未斗。〕餘率並同。

論曰：此條星在尾，是赤緯在南也，而黃緯亦並在南，兩緯同向，宜相減而成次率。而乙數大於黃緯，宜於乙數內轉減去黃緯,成未斗也。乙數大,受黃緯轉減,而緯在南,赤經必亦在南六宮,爲銳角。

　　一　甲數　　　　戊酉
　　二　〔乙數內減黃緯〕未斗
　　三　赤道半徑　　危乙
　　四　甲角餘弦　　女乙

　　假如前圖星在兌,用心甲兌三角形,有心兌邊,〔星距黃極。〕有甲兌邊,〔星距北極。〕有心甲邊,〔兩極距。〕求甲鈍角,爲赤道經度。

　　因赤緯同,故甲數、乙數同。

　　星在兌,赤緯在北,黃緯亦在北,緯同向北,宜相減而成次率。而乙數大,以黃緯轉減之,得斗未。〔乙數兌乾內減去黃緯兌離,餘離乾,即斗未。〕

　　乙數大,受黃緯轉減,而赤緯在北,必赤經亦在北六宮,爲鈍角。

　　一　甲數　　　　酉戊
　　二　〔乙數內減去黃緯〕斗未
　　三　赤道半徑　　寅乙
　　四　甲角餘弦　　艮乙

　　以艮乙查餘弦表得度,用減半周,爲甲鈍角,即赤經也。在春分後，以象限減鈍角度；在夏至後，以鈍角度與三象限相減，皆命爲星距春分赤道經度。

假如星在巽，用心甲巽三角形，有心巽邊，〔距黃極。〕有甲巽邊，〔距北極。〕有甲心邊，〔兩極距。〕求甲鈍角爲赤經。

甲數、乙數並同。

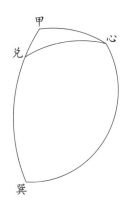

惟星〔一〕在巽，是赤緯南也，黃緯亦南也，兩緯並南，宜相減成次率。乙數小，黃緯大，故以乙數減黃緯，得斗未。〔斗牛黃緯，即柳巽也，内減乙數未牛，餘即斗未矣。〕乙數小，去減黃緯，而赤緯在南，赤經必在北六宮，爲鈍角。

一　甲數　　　　　酉戊

二　〔黃緯内減乙數〕　斗未

三　赤道半徑　　　寅乙

四　甲角餘弦　　　艮乙

以艮乙餘弦查度，春分後用餘弦度減象限，夏至後加

〔一〕星，原作"心"，據康熙本改。

象限，皆命爲距春分赤經。

第四圖

赤緯小於二極距，甲數大，乙數小。

〔有赤緯、黃緯，求赤經角。〕

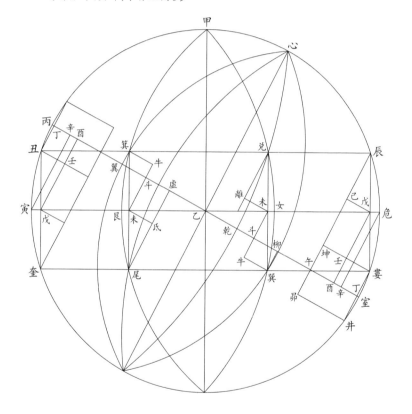

假如星在箕，用心甲箕鈍角形，有心箕邊，〔距黃極，對角邊也。其餘箕翼，即黃緯。〕有甲箕邊，〔距北極，即辰危之餘。〕有心甲邊，〔兩極距，寅丙及危室並同。〕求甲鈍角，爲赤道經。

兩極距危室之正弦危辛，餘弦辛乙。赤緯危辰之正弦辰戊，餘弦戊乙。

甲數戊酉。〔爲半徑危乙與二極距之正弦危辛，若赤緯餘弦戊乙與甲數戊酉也。〕

乙數辰己。〔或戊壬。◎爲半徑危乙與二極距之餘弦辛乙，若赤緯正弦辰戊與乙數辰己也。〕

依加減代乘除，以辰危、危室兩弧相加爲總弧辰室，其正弦辰午。又相減爲較弧婁室，其正弦婁丁。〔或丁井，即午昴。〕

以總弧正弦辰午加較弧正弦午昴，成辰昴，而半之爲甲數己午，〔己坤爲辰坤之半，坤午爲坤昴之半，合之爲己午。〕即戊酉。

又以甲數己午轉減正弦辰午，得辰己爲乙數。〔亦即戊壬。〕

星在箕，爲赤緯北，而黃緯亦在北，兩緯同向，宜相減而成次率。而乙數大，當以黃緯轉減之，成斗未。〔牛未乙數內減牛斗黃緯，餘斗未。〕

乙數大，受黃緯反減，而緯在北，赤經在北六宮，爲鈍角。

一　　甲數　　　　　　　酉戊
二　〔乙數內減黃緯正弦〕　斗未
三　　赤道半徑　　　　　寅乙
四　　甲角餘弦　　　　　艮乙

以艮乙餘弦查度，春分後用減象限，夏至後加象限，命爲距春分經度。

若星在尾,用心甲尾三角形,則爲南緯,而黄緯亦南,兩緯同向,宜相減成次率。而乙數小於黄緯,故以乙數減黄緯,成斗未。〔虛尾黄緯內減乙數氐尾,餘虛氐,即斗未。〕

其甲數、乙數等算並同。乙數小,去減黄緯,而緯在南,赤經必在北六宫,爲鈍角。

一　甲數　　　　　　酉戊

二　〔黄緯正弦內減乙數〕　斗未

三　赤道半徑　　　　寅乙

四　甲角餘弦　　　　艮乙

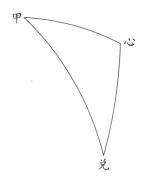

　　若星在兌,用心甲兌三角形,兌爲北緯,而黃緯亦北,兩緯同向,宜相減成次率。而乙數小於黃緯,故以乙數減黃緯,成未斗。〔兌乾黃緯內減乙數兌離,餘離乾,即未斗。〕甲數、乙數並同。乙數小,去減黃緯,而緯在北,赤經反在南六宮,爲銳角。

一　甲數　　　　　　　戊酉

二　〔黃緯正弦內減乙數〕　未斗

三　赤道半徑　　　　　危乙

四　甲角餘弦　　　　　女乙

　　以女乙餘弦度,秋分後減三象限,冬至後加三象限,命爲距春分赤經。〔下同。〕

　　若星在巽,用心甲巽三角形,赤緯南,黃緯亦南,兩緯同向,宜相減成次率。而乙數大,以黃緯轉減之,成未斗。〔未牛乙數內減黃緯斗牛,即柳巽,其餘即未斗。〕

　　乙數大,受黃緯轉減,而緯在南,赤經即在南六宮,爲銳角。

一	甲數	戊酉
二	〔乙數內減黃緯正弦〕	未斗
三	赤道半徑	危乙
四	甲角餘弦	女乙

第五圖〔一〕

赤緯小於二極距,甲數大,乙數小。

〔有黃緯、赤緯,求赤經角。〕

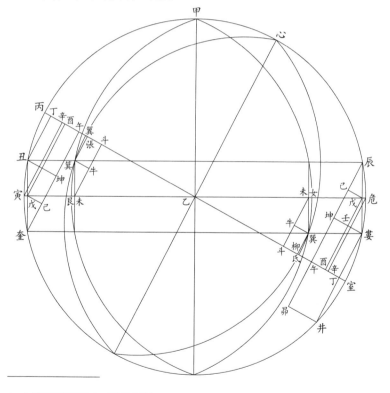

〔一〕第五圖至卷末,輯要本刪。

黃緯、乙數相加成次率。〔黃緯在南，角銳；黃緯在北，角鈍。〕

星在巽，用心甲巽三角形，有心甲邊，〔二極距。〕有巽甲邊，〔距北極度，爲過弧，其赤緯女巽在南。〕有巽心邊，〔距黃極度，其餘巽氐爲黃緯，在北。〕求對巽心弧之甲角。

心甲兩極距即危室，〔或寅丙。〕其正弦危辛，餘弦辛乙。女巽赤緯即危婁，〔或辰危，即丑寅。〕其正弦辰戊，餘弦戊乙。

甲數戊酉。〔兩極距正弦危辛乘赤緯餘弦戊乙，半徑危乙除之之數也。法爲危乙與危辛，若戊乙與戊酉。〕

乙數辰己。〔兩極距餘弦辛乙乘赤緯正弦辰戊，半徑危乙除之之數也。法爲危乙與辛乙，若辰戊與辰己。〕

依加減代乘除，改用辰危、危室，相加爲總弧辰室，其正弦辰午；又相減爲較弧婁室，其正弦婁丁。〔即午昴及丁井。〕

以總較兩正弦相加成辰昴，折半得己午，爲甲數，即戊酉。〔己坤爲辰坤之半，坤午爲坤昴之半，合之成己午。〕

甲數己午轉減總弧正弦辰午，得辰己爲乙數，即戊壬。

黃緯巽氐在北，赤緯女巽在南，兩緯異向，宜以乙數與黃緯正弦相加，成次率。〔以同黃緯正弦巽柳之牛斗加同乙數戊壬之未牛，成未斗。〕

乙數、黃緯正弦相加，而黃緯在北，其赤經必在南六宮，爲銳角。法爲甲數戊酉與未斗，若戊乙與未乙，亦即若危乙與女乙。

一　甲數　　　　戊酉
二　〔乙數加黃緯正弦〕　未斗
三　赤道半徑　　　危乙

四　甲角餘弦　　　女乙

以女乙查餘弦表得度,秋分後減,冬至後加,皆與三象限相加減,命爲其星距春分赤道經度。

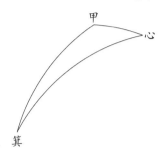

又如星在箕,用心甲箕三角形,有心甲邊,〔二極距。〕有箕甲邊,〔距北極度,其餘箕艮赤緯在北。〕有箕心邊,〔距黃極度爲過弧,其黃緯翼箕在南。〕求對箕心弧之甲角。

甲數、乙數同上。

惟黃緯翼箕在南,赤緯箕艮在北,兩緯異向,宜以乙數與黃緯正弦相加,成次率。〔以黃緯正弦箕張相同之牛斗,加乙數辰己相同之牛未,成斗未。〕

乙數與黃緯弦相加,而黃緯在南,其赤經必在北六宮,爲鈍角。法爲甲數酉戊與斗未,若戊乙與未乙,亦即若寅乙與艮乙。

一　甲數　　　　　戊酉

二　〔乙數加黃緯正弦〕斗未

三　赤道半徑　　　寅乙

四　甲角餘弦　　　艮乙

以艮乙查餘弦表得度,春分後減,夏至後加,皆加減象限，命爲其星距春分赤道經度。

求赤道經度約法。

用三邊求角，〔兩極距爲一邊，距北極爲一邊，此二邊爲角兩旁之弧。距黃極爲一邊，此爲對角之弧。〕以求到鈍角，赤道經度在北六宮；銳角，赤道經度在南六宮。

法爲甲數與次率，若赤道半徑與所求角之餘弦，其樞紐在次率也。

凡黃緯南北與赤緯同向者，並以乙數與黃緯相減而成次率。減有二法。

乙數小，去減黃緯正弦者	黃緯在北，其赤經必在南六宮。〔其角銳。〕
	黃緯在南，其赤經必在北六宮。〔其角鈍。〕
乙數大，受黃緯正弦減者	黃緯在北，其赤經即在北六宮。〔其角鈍。〕
	黃緯在南，其赤經即在南六宮。〔其角銳。〕

凡黃緯南北與赤緯異向者，並以乙數與黃緯相加而成次率。加惟一法。

不問乙數之大與小，但視	黃緯在北，其赤經必在南六宮。〔其角銳。〕
	黃緯在南，其赤經必在北六宮。〔其角鈍。〕

環中黍尺卷五

加減捷法

用加減則乘除省矣。今惟用初數,則次數亦省。又崇求矢度,省餘弦,則角之銳鈍得矢自知,邊之大小加較即顯,無諸擬議之煩,故稱捷法。

如法,角旁兩弧度相加爲總,相減爲存,視總弧過象限,以總存兩餘弦相加,不過象限則相減,並折半爲初數。

若總弧過兩象限,與過象限法同。〔其餘弦仍相加。〕過三象限,與在象限內同。〔其餘弦仍相減。〕若存弧亦過象限,則反其加減。〔總弧過象限,或過半周,宜相加,今反以相減。若總弧過於三象限,宜相減,今反以相加。〕並以兩餘弦同在一半徑相減,不然則加也。

乙丁丙三角形,丁爲鈍角,丁丙、丁乙爲角旁兩弧。丙卯爲總弧,其正弦卯戊,餘弦戊己。庚丙爲存弧,其正弦庚壬,餘弦壬己。兩餘弦同在丙己半徑,宜相減〔壬己餘弦內減戊己,成戊壬。〕折半,爲初數丑壬。〔即甲庚,亦即未酉。〕

總存兩餘弦同在一半徑當相減折半圖

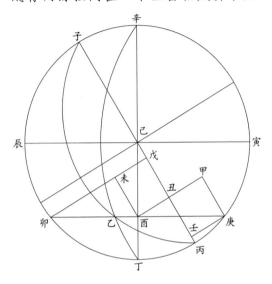

總存兩餘弦分在兩半徑當相加折半圖

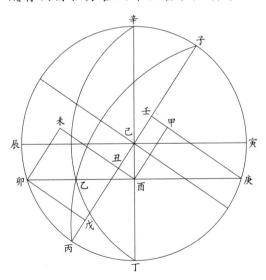

　　乙丁丙形，丁爲銳角，丁乙、丁丙爲角旁兩弧。庚丙爲總弧，其正弦庚壬，餘弦壬己。卯丙爲存弧，其正弦卯戊，餘弦戊己。兩餘弦分在丙己、子己兩半徑[一]，宜相加〔以戊己加壬己，成壬戊。〕折半，爲初數丑戊。〔即甲酉，亦即未卯。〕

　　三邊求角，初數恒爲法，以兩矢較乘半徑爲實。法爲初數與兩矢較，若半徑與角之矢也。

　　一　初數〔即角旁兩正弦相乘、半徑除之之數，今以加減得之。〕

　　二　兩矢較〔或兩俱正矢，或兩俱大矢，或存弧用正矢，對弧用大矢。〕

　　三　半徑

　　四　角之矢〔正矢角銳，大矢角鈍。〕

　　角求對邊，則以初數乘角之矢爲實，半徑爲法。法爲半徑與角之矢，若初數與兩矢較也。

　　一　半徑

　　二　角之矢〔或正矢，或大矢。〕

　　三　初數

　　四　兩矢較〔並以較加存弧矢，爲對弧矢。加滿半徑以上爲大矢，其對弧大；不滿半徑爲正矢，其對弧小。〕[二]

───────────

〔一〕徑，原作“經”，據康熙本、二年本、輯要本改。
〔二〕“總存兩餘弦同在一半徑當相減折半圖”至此，輯要本删。

乙丁丙形　三邊求丁角

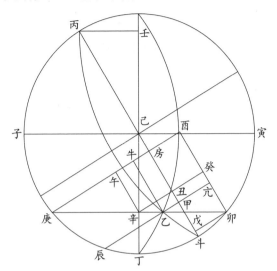

小邊乙丁,〔正弦卯辛。〕大邊丙丁。〔正弦壬丙。〕初數卯癸。〔兩正弦相乘,半徑除之也。〕

今改用加減。

總弧卯丙,餘弦己戊;存弧庚丙,餘弦己房。兩餘弦相減,〔餘房戊。〕折半得丑戊,即初數卯癸。〔與先所得同。〕

對弧〔乙丙〕大矢〔甲丙〕,存弧〔庚丙〕大矢〔房丙〕,兩矢較房甲。〔即牛乙。〕

一系　總弧過半周,而存弧亦過象限,則餘弦相減。

法爲卯癸初數與兩矢較牛乙,若卯辛正弦〔距等半徑。〕與乙庚,〔距等大矢。〕亦即若寅己半徑與角之大矢酉子。

一　初數　　卯癸〔即丑戊〕
二　兩矢較　牛乙〔即房甲〕

三　半徑　　　寅己

四　角之大矢　酉子

若先有丁鈍角，而求乙丙對邊，則反用其率。

一　半徑　　　寅己

二　角之大矢　酉子

三　初數　　　卯癸

四　兩矢較　　牛乙

以所得兩矢較加存弧大矢房丙，得大矢[一]甲丙。

乙丁丙形　三邊求丁角

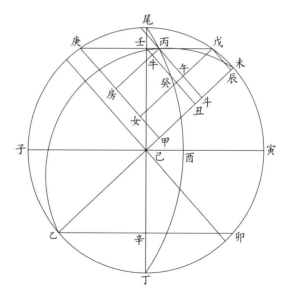

小邊乙丁，〔正弦乙辛。〕大邊丙丁。〔正弦戊壬。〕初數戊癸。

〔一〕康熙本"大矢"前有"對弧"二字，輯要本"大矢"前有"乙丙對邊"四字。

今用加減。

總弧乙戊，餘弦辰己；存弧乙庚，餘弦甲己。兩餘弦相減，〔餘辰甲。〕折半得辰丑，即初數戊癸。

對弧〔乙丙〕大矢斗乙，存弧〔乙庚〕〔一〕大矢甲乙，兩矢較斗甲。

法爲初數戊癸與兩矢較斗甲，若戊壬正弦〔距等半徑。〕與丙庚，〔距等大矢。〕亦即若寅己半徑與角之大矢酉子。

一　初數　　　戊癸〔即丑甲〕
二　兩矢較　　斗甲
三　半徑　　　寅己
四　角之大矢　酉子

論曰：此移小邊於外周，如法求之，所得並同，其故何也？先有之角及角旁二邊並同，則諸數悉同矣。然則句股之形不同，何也？曰：前圖是用乙丁小弧之正弦爲徑分大矢之比例，則所用句股是丁丙大弧之正弦；此圖是用丁丙大弧正弦爲徑分大矢比例，則所用句股是乙丁小弧正弦，故句股形異也。然句股形既異，而所得初數何以復同？曰：此三率之精意也。初數原爲兩正弦相乘、半徑除之之數，前圖用大弧正弦，偕半徑爲句與弦，而小弧正弦用爲大矢分徑之比例，是以大弧正弦爲二率，而小弧正弦爲三率也。今改用小弧弦爲二率，大弧弦爲三率，而首率之半徑不變，則四率所得之初數亦不變也，又何疑焉？

_____

〔一〕存弧乙庚，“乙庚”二字原無，據輯要本補。

一系　角旁二弧,可任以一弧之正弦爲全徑上分大小矢之比例,其餘一弧之正弦即用爲句股比例,不拘大小同異,其所得初數並同。

又論曰:以句股比例言之,則戊庚通弦爲弦,〔即距等圈全徑。〕戊女倍初數爲句,〔即總存兩餘弦相加減之數。〕一也。戊壬正弦爲弦,則戊癸初數爲句,二也。丙庚爲弦,〔通弦之大分,即距等大矢。〕則斗甲兩矢較爲句,〔即丙房。〕三也。丙壬爲弦,〔正弦之分綫,即距等餘弦。〕則斗丑爲句,〔對弧餘弦內減次數丑己,得斗丑,亦即丙牛。〕四也。戊丙爲弦,〔正弦之分綫,即距等小矢。〕則午戊爲句,五也。

以全與分之比例言之,則戊庚爲距等全徑,與寅子全徑相當,一也。戊壬正弦爲距等半徑,當寅己半徑,二也。丙庚如距等大矢,當酉子大矢,三也。丙壬如距等餘弦,當酉己餘弦,四也。戊丙如距等小矢,當寅酉正矢,五也。

一系　初數恒與角旁一弧之正弦爲句股比例,其正弦恒爲弦,初數恒爲句。而其全與分之比例俱等,又即與員半徑上全與分之比例俱等,若倍初數,即與全員徑上大小矢之比例等。

一系　角旁兩弧,任以一弧之正弦爲徑上全與分之比例,初數皆能與之等。

若先有丁鈍角,求對邊乙丙,則更其率。

一　半徑　　　己子

二　丁角大矢　酉子

三　初數　　　丑甲

四　兩矢較　　斗甲

以四率斗甲加存弧大矢乙甲,成斗乙,爲對弧大矢。
內減己乙半徑,得斗己,爲對弧餘弦。檢表得未丙弧度,
以減半周,得對弧丙乙度。

乙丁丙形　三邊求丁角

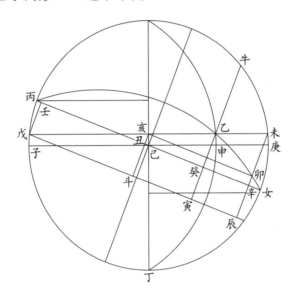

乙丁邊〔九十五度〕,丁丙邊〔一百一十二度〕,乙丙對弧
〔一百一十九度〕。

總弧丙未二百〇七度	餘弦辛己	八九一〇一
存弧丙戊一十七度	餘弦壬己	九五六三〇
兩餘弦相加	辛壬	一八四七三一
初數卯亥〔即半辛壬,丑辛。〕		九二三六五
對弧大矢癸丙		一四八四八一

存弧正矢壬丙　　　　　　　　〇四三七〇
兩矢較癸壬　　　　　　　　　一四四一一一

法曰：卯亥〔即丑辛。〕與癸壬，若未亥與乙戊，亦必若
庚己與申子〔一〕。

　一　初數　　卯亥　　九二三六五
　二　兩矢較　癸壬　一四四一一一
　三　半徑　　庚己　一〇〇〇〇〇
　四　角之矢　申子　一五六〇二二

　　四率大於半徑爲大矢，其角鈍，法當以半徑一〇〇
〇〇〇減之，餘五六〇二二，爲鈍角餘弦，檢表得餘弦度
五十五度五十六分，以減半周，爲丁角度。

　　依法求到丁鈍角一百二十四度〇四分。

　　論曰：試作辰戊綫，與倍初數辛壬平行而等。又引
未辛〔總弧正弦。〕至辰，成未辰戊句股形。又引牛乙癸〔對
弧正弦。〕至寅，作亥丑綫引至斗，各成句股形而相似，則其
比例等。

　　一未辰戊大句股，以辰戊倍初數爲句，未戊通弦爲弦。

　　一乙寅戊次句股，以寅戊兩矢較爲句，乙戊〔距等大矢〕
爲弦。

　　一〔未卯亥〕〔亥斗戊〕兩小句股，並以〔卯亥斗戊〕初數爲句，〔未亥亥戊〕正弦爲弦。

　　辰戊倍初數與寅戊兩矢較，若未戊通弦與乙戊距等
大矢，是以大句股比小句股也。

卯亥初數與癸壬兩矢較,若未亥正弦與乙戊距等大矢,是以小句股比大句股也。用亥斗戊形比乙寅戊,其理更著。

又未戊通弦上全與分之比例,原與全員徑上全與分之比例等,故三者之比例可通爲一也。

〔一大句股截數種小句股,故又爲全與分之比例。〕

仍用全圖,取乙丁女形,求丁銳角。

乙丁邊〔九十五度〕,女丁邊〔六十八度〕,女乙對弧〔六十一度〕。

總弧女戊〔一百六十三度〕		〔壬己〕	九五六三〇
存弧女未〔二十七度〕	餘弦	〔辛己〕	八九一〇一
兩餘弦并〔辛壬〕			一八四七三一
初數卯亥			九二三六五
存弧正矢〔辛女〕			一〇八九九
對弧正矢〔癸女〕			五一五一九
兩矢較〔癸辛〕			四〇六二〇

一	初數	卯亥	九二三六五
二	兩矢較	癸辛	四〇六二〇
三	半徑	己庚	一〇〇〇〇〇
四	角之矢	申庚	四三九七七

〔以減半徑,得丁角餘弦,入表得丁角度。〕

依法求得丁銳角五十五度五十六分[一]。

〔一〕“仍用全圖取乙丁女形”至此,輯要本刪。

辛丁乙形　三邊求丁角

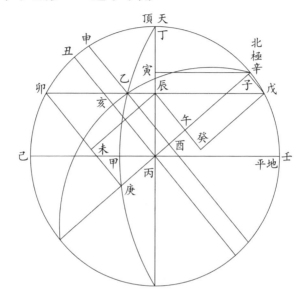

辛丁邊五十度一十分，乙丁邊六十度。

總弧卯辛〔一百一十度一十分〕　餘弦庚丙　三四四七五

存弧戊辛〔九度五十分〕　　　　餘弦子丙　九八五三一

餘弦并子庚　　　　　　　　　　　　　　一三三〇〇六

初數子午〔即戊癸〕　　　　　　　　　　六六五〇三

辛乙對弧八十度

對弧矢辛酉　　　　　　　　　　　　　　八二六三五

存弧矢辛子　　　　　　　　　　　　　　〇一四六九

兩矢較子酉　　　　　　　　　　　　　　八一一六六

　一　初數　　　子午　六六五〇三

　二　兩矢較　　子酉　八一一六六

三　半徑　　　壬丙　一〇〇〇〇〇
四　丁角大矢　壬甲　一二二〇五〇
〔用餘弦入表，得丁外角，減半周得丁角度。〕

依法求到丁鈍角一百〇二度四十四分。

論曰：此如以日高度求其地平上所加方位也，乙爲太
陽，乙甲其高度，其餘度丁乙，日距天頂也。亥乙赤道北
緯，辛乙爲距緯之餘，即去極緯度也。辛壬爲極出地度，
其餘辛丁，極距天頂也。所求丁鈍角百〇二度太，距正北
壬之度；外角七十七度少，距正南己之度也。算得太陽在
正東方過正卯位一十二度太。

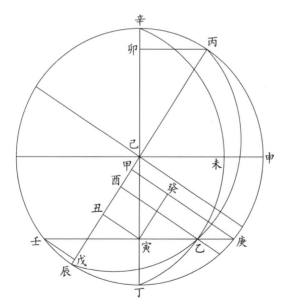

乙丙辛形，有〔辛丙三十三度，辛乙百卅二度〕，對弧乙丙〔百
〇八度〕，求辛角。

總弧丙壬〔一百六十五度〕　餘弦〔己戊〕九六五九三

存弧丙庚〔九十九度〕　　　餘弦〔己甲〕一五六四三

相減餘〔戊甲〕　　　　　　　　　　八〇九五〇

初數甲丑　　　　　四〇四七五

對弧大矢酉丙　　　一三〇九〇二

存弧大矢甲丙　　　一一五六四三

兩矢較甲酉　　　　一五二五九

一　初數甲丑　　　四〇四七五

二　兩矢較甲酉　　一五二五九

三　半徑申己　　　一〇〇〇〇〇

四　角之矢未申　　三五三五二

得辛銳角四十九度二十八分^{（一）}。

恒星歲差算例

老人星黃道鶉首宮九度三十五分二十七秒,爲庚角。
〔康熙甲申年距曆元戊辰七十七算,每年星行五十一秒,計行一度〇五分二十七秒。以加戊辰年經度鶉首八度三十分,得今數。〕

黃道南緯七十五度,距黃極一百六十五度,爲庚乙邊。

兩極距二十三度三十一分半,爲庚己邊。用己庚乙三角形,〔一角二邊。〕求對弧己乙。〔赤緯。〕

總〔己庚辛〕一百八十八度三十一分半

　　餘弦　丁丙　　　　　九八八九五

〔一〕"乙丙辛形有辛丙三十三度"至此,輯要本刪。

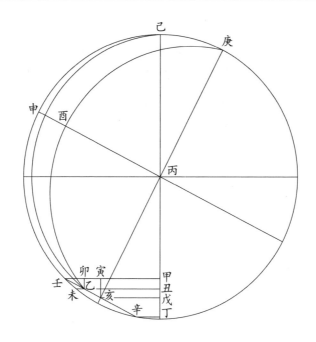

存己壬一百四十一度二十八分半

	餘弦	甲丙	七八二三四
	餘弦較	丁甲	二〇六六一
	初數	甲戊	一〇三三〇
	庚角正矢申酉		〇一三九八
一	半徑	申丙	一〇〇〇〇〇
二	庚角矢	申酉	〇一三九八
三	初數	甲戊	一〇三三〇
四	兩矢較	甲丑	一四四
	加存弧大矢己甲		一七八二三四
	得對弧大矢己丑		一七八三七八

　　大矢内減半徑,取餘弦檢表,得三十八度廿三分半。
以減半周,得星距北極一百四十一度三十六分半,爲對弧
己乙。

　　求到甲申年老人星赤緯在赤道南五十一度三十六分半。
〔以校曆元戊辰年緯五十一度三十三分,及儀象志康熙壬子年緯

五十一度三十五分,可以略見恒星赤緯歲差之理。〕

　　求己角。〔赤經。〕

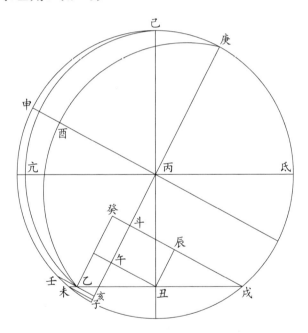

　　己庚角旁弧二十三度三十一分半,己乙角旁弧一百
四十一度三十六分半,庚乙對弧一百六十五度。三邊
求角。

　　總〔庚己未〕一百六十五度〇八分

餘弦子丙　　　九六六五三

存庚戌　一百一十八度〇五分

餘弦斗丙　　　四七〇七六

餘弦較子斗　　四九五七七

初數午斗　　　二四七八八

對弧大矢庚亥　一九六五九三

存弧大矢庚斗　一四七〇七六

兩矢較亥斗　　四九五一七

一　初數　　午斗　　二四七八八

二　兩矢較　亥斗　　四九五一七

三　半徑　　丙氐　　一〇〇〇〇〇

四　角大矢　亢氐　　一九九七六一

大矢內減半徑,得餘弦,檢表得度,以減半周,得己角度一百七十六度〇二分。置三象限,以己角度減之,得星距春分九十三度五十八分。

求到甲申年老人星赤道經度在鶉首宮三度五十八分。

〔以校戊辰年赤經九十三度三十九分,及儀象志壬子年赤經九十三度五十一分,可以見恒星赤經東移之理。〕

加減捷法補遺

捷法以兩餘弦相加減,以兩矢較備四率,其用已簡。然有闕餘弦無可加減,闕矢度無可較者,雖非恒用,而時或遇之,亦布算者所當知也。

一加減變例

凡餘弦必小於半徑，常法也。然或總弧適足半周，則餘弦極大，即用半徑爲總弧餘弦。法以存弧餘弦加減半徑，折半爲初數。〔視存弧不過象限則相加，存弧過象限則相減。〕

又若角旁兩弧同數，則無存弧，而餘弦反大，即用半徑爲存弧餘弦。法以總弧餘弦加減半徑，折半爲初數。〔視總弧過象限，或過半周，則相加；總弧在象限內，或過三象限，則相減。〕

以上用半徑爲餘弦者六。

凡加減取初數，必用兩餘弦，常法也。然或總弧適足一象限，或三象限；或存弧適足一象限，皆無餘弦。法即用一餘弦折半爲初數，不須加減。〔總弧無餘弦，即單用存弧餘弦；存弧無餘弦，即單用總弧餘弦。〕

又或總弧適足象限，或三象限，無餘弦，而兩弧又同數；〔準前論，即以半徑爲存弧餘弦。〕或存弧適足象限，無餘弦，而總弧又適足半周，〔即以半徑爲總弧餘弦。〕二者並以半徑之半爲初數，不須加減。

以上無加減者六。

一兩矢較變例

凡兩矢相較，常法也。然或其弧滿象限，則即以半徑爲矢。〔對弧滿象限，則以半徑爲對弧矢，與存弧矢相較。存弧滿象限亦然，亦即以半徑與對弧矢相較。〕捷法：視對弧、存弧但有一弧滿象限,即命其又一弧之餘弦爲兩矢較,不[一]更求矢。〔對弧滿象限,即用存弧餘弦;存弧滿象限,即用對弧餘弦。並即命爲兩矢較,與上法同。〕

凡以矢較加存弧矢,成對弧矢,〔正矢則對弧小,大矢則對弧大。〕常法也。然或有相加後適足半徑者,其對弧必適足象限。

又有四率中無兩矢較者,以無存弧矢故也。〔準前論,角旁兩弧同度,無存弧,則亦無存弧矢之可較。〕法即以對弧矢爲用,不必更求矢較。若角求對邊,其所得第四率即對弧矢。若三邊求角,其所用第三率亦對弧矢。〔餘詳後例。〕

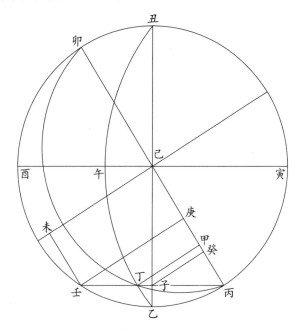

〔一〕輯要本"不"下有"用"字。

設角旁兩弧同度，總弧在象限以內，求對角之邊。

丙乙丁形，乙角一百十度，餘弦三四二〇二，乙丙、乙丁並三十度。

總丙壬六十度		五〇〇〇〇	庚己
存　　空	餘弦	一〇〇〇〇	即丙己半徑
	兩餘弦相減	五〇〇〇〇	丙庚
	半之爲初數	二五〇〇〇	丙癸
一　半徑	寅己	一〇〇〇〇〇	
二　初數	丙癸	二五〇〇〇	
三〔乙角大矢〕	寅午	一三四二〇二	
四〔對弧矢〕	丙甲	三三五五〇	〔四率本爲兩矢較，因無存弧矢，故即爲對弧之矢。〕
〔對弧餘弦〕	甲己	六六四五〇	

求到對弧丁丙四十八度二十二分。

論曰：以半徑爲存弧餘弦，何也？弧大者餘弦小，弧小者餘弦大。今存弧既相減而至於無，則小之至也，故其餘弦亦大之至而成半徑也。四率即爲對弧矢，何也？弧大矢亦大，弧小矢亦小。既無存弧，則亦無矢矣。無矢則無可較，故四率即對弧矢也。然則其比例奈何？曰：半徑寅己與大矢寅午，若正弦子丙與距等大矢丁丙，亦即若初數丙癸與對弧矢丙甲。

若三邊求角，則反其率。

　一初數　二半徑　三對弧矢　四乙角矢

若總弧過三象限，其法亦同。

前圖丁丑丙形，丑角同乙角，丑丁、丑丙並一百五十度。

總壬丑丙三百度　　　　五〇〇〇〇　　壬未,即庚己
　　　　　　　　　　餘弦
存　　空　　　　　　一〇〇〇〇　　即丙己半徑

其所用四率,以得對弧丁丙,並同上法。

若三邊求角,則反其率。

　　一初數　二半徑　三對弧矢　四丑角矢[一]

　　一系　兩邊同度,無存弧矢,則徑以對弧矢當兩矢較
之用。

設總弧滿半周,而較弧亦過象限,求對角之邊。

前圖卯丑丁形。

丑角	七十度餘弦		三四二〇二	午己
丑丁	一百五十度			
丑卯	三十度			
總卯丑丙	一百八十度	餘弦	一〇〇〇〇	丙己
存卯壬	一百二十度		五〇〇〇〇	庚己
		相減	五〇〇〇〇	庚丙
		初數	二五〇〇〇	庚癸
		存弧大矢	一五〇〇〇	庚卯
		丑角矢	六五七九八	午酉
一　半徑	酉己		一〇〇〇〇	
二　初數	丙癸〔即庚癸〕		二五〇〇〇	
三　丑角矢	午酉		六五七九八	
四　兩矢較	庚甲		一六四四九	

〔一〕"前圖丁丑丙形"至此,輯要本删。

加存弧大矢庚卯　　　　一五〇〇〇〇

得對弧大矢甲卯　　　　一六六四四九

求到對弧卯丁一百三十一度三十八分。

設三小邊同數，求角。

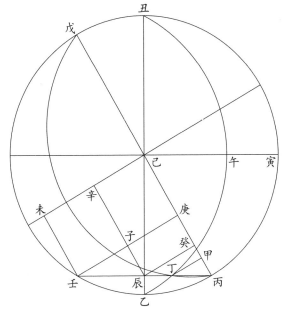

丙乙丁形，三邊並三十度，求乙角。

丁乙、丙乙並三十度。

總壬丙六十度		五〇〇〇〇	庚己
存　　空	餘弦	一〇〇〇〇〇	丙己
	相減	五〇〇〇〇	丙庚
	初數	二五〇〇〇	丙癸

對弧〔丁丙〕三十度餘弦		八六六〇三	甲己
	矢	一三三九七	丙甲
一　初數	丙癸	二五〇〇〇	
二　半徑	寅己	一〇〇〇〇	
三　對弧矢	丙甲	一三三九七	
四　乙角矢	寅午	五三五八八	
餘弦	午己	四六四一二	

求到乙角六十二度二十分,丁、丙二角同。

論曰:此亦因存弧無矢,故以對弧矢爲三率也。其比例爲初數丙癸與對弧矢丙甲,若乙丙正弦丙辰與丙丁距等矢,則亦若寅己半徑與乙角矢寅午。

一系　凡三邊等者,三角亦等。

前圖丁丑丙形,二大邊同度,一小邊爲大邊減半周之餘,三邊求角。

丑丁、丑丙並一百五十度。

總丙丑壬三百度	餘弦	五〇〇〇〇	庚己
存　空		一〇〇〇〇	丙己半徑

其對弧丁丙亦三十度,所用四率並同上法,所得丑角六十二度二十分,亦同乙角。惟餘兩角〔丁、丙〕並一百一十七度四十分,皆爲丑角減半周之餘。

若先有角,求對邊,則反其率。

又於前圖取丁丑戊形,丑丁一百五十度,丑戊三十度。

總戊丑丙一百八十度	餘弦	一〇〇〇〇	丙己,即半徑
存戊壬　一百二十度		五〇〇〇〇	庚己

其對弧戊丁〔一百五十度〕,爲丑戊〔三十度〕減半周之餘,
故所用四率亦同。但所得矢度爲丑外角之矢,當以其度
減半周,得丑角〔一百一十七度四十分〕。戊角同丑角。丁角
〔六十二度二十分〕即丑外角。

一系　凡二邊同度,其餘一邊又爲減半周之餘,與三
邊同度者同法。但知一角,即知餘角。其一角不同者,亦
爲相同兩角之外角。

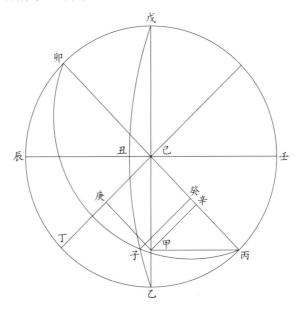

設角旁兩弧同數,而總弧適足一象限,求對角之邊。

子乙丙形,乙角一百度,餘弦一七三六五。子乙、丙
乙並四十五度。

總丁丙九十度　　　　空
存　　空　　　餘弦　一〇〇〇〇〇　　丙己〔即半徑〕

初數　　　五〇〇〇〇　丙辛〔即半徑之半〕

一　半徑　　壬己　一〇〇〇〇

二　初數　　丙辛　五〇〇〇〇

三　乙角大矢壬丑　一一七三六五

四　對弧矢　丙癸　五八六八二

　　餘弦　　癸己　四一三一八

求到對弧子丙六十五度三十六分。

論曰：半半徑爲初數，何也？準前論，半徑即存弧餘弦，而總弧無餘弦，無可相減，故即半之爲初數。問：總弧何以無餘弦？曰：弧大者餘弦小，總弧滿象限，則大之極也，故無餘弦。其比例可得言乎？曰：壬己與壬丑，若丙甲與丙子，則亦若丙辛與丙癸。

若所設爲子戊丙形，戊角同乙角一百度。戊子、戊丙同爲一百三十五度，總二百七十度。〔滿三象限。〕亦無餘弦，亦如上法，以半半徑爲初數，依上四率，求到對戊角之子丙弧六十五度三十六分。

若三邊求角，則反其率。

　一初數　二半徑　三對弧矢　四角之矢

設角旁兩弧之總滿半周，而存弧亦滿象限，求對角之弧。

用前圖子戊卯形。

戊角　　八十〇度　餘弦　一七三六五

子戊　　一百三十五度

卯戊　　四十五度

總卯丙一百八十度　　　餘弦　　一〇〇〇〇〇　即丙己半徑
存卯丁九十度　　　　　　　　　　空

餘弦無減,半半徑爲　初數　　五〇〇〇〇　己辛,即庚甲
存弧滿象限,半徑爲　正矢　　一〇〇〇〇〇　即卯己半徑

一　半徑　　　辰己　　一〇〇〇〇〇
二　初數　　　己辛　　五〇〇〇〇
三　戊角矢　　辰丑　　八二六三五
四　兩矢較　　己癸　　四一三一七即對弧卯子餘弦
　　對弧大矢卯癸　一四一三一七

〔以兩矢較加存弧矢,得對弧大矢〕

求到對弧卯子一百一十四度二十四分。

論曰:總弧以半徑爲餘弦,何也?凡過弧大者餘弦大,過弧[一]滿半周,則大之至也,故其餘弦亦最大,而即爲半徑也。

然則存弧又能以半徑爲矢,何也?弧大者矢大,存弧既滿象限,故其矢亦滿半徑矣。

問:兩矢較己癸即對弧之餘弦也,何以又得爲兩矢較?曰:他存弧之矢有大小,而不得正爲半徑,故其與對弧矢相較,亦有大小,而不得正爲餘弦。今矢既爲半徑,較必餘弦矣。

若三邊求角,則反其率。

一　初數　　　己辛

〔一〕過弧,原作"過弦",據康熙本、二年本、輯要本改。

二　半徑　　辰己
三　兩矢較　己癸
四　戌角矢　辰丑

其比例爲己辛與己癸，若丁甲與丁子，則亦若辰己與辰丑。

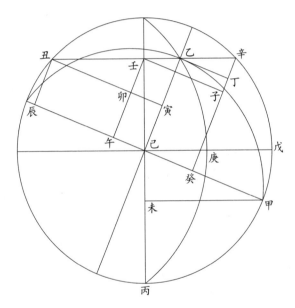

設對弧滿象限，三邊求角。

乙丙甲形，對弧乙甲九十度，無餘弦。角旁二邊，乙丙一百三十三度，甲丙六十八度。求丙角。

總甲丙丑	二百〇一度	餘弦	辰己	九三三五九
存甲辛	六十五度		癸己	四二二六二
		相加	辰癸	一三五六二一
		初數	午癸	六七八一〇

　　　對弧滿象限,矢即半徑　　己甲　一〇〇〇〇〇

　　用捷法,即以存弧餘弦癸己爲矢較。

一　初數　　　午癸　　六七八一〇

二　半徑　　　己戊　　一〇〇〇〇〇

三　矢較　　　己癸　　四二二六二　　即存弧餘弦

四　丙角矢　　庚戊　　六二九〇四

　　求到丙角六十八度一十四分。

　　其比例爲初數午癸與餘弦己癸,若正弦壬辛與距等矢乙辛也,亦必若半徑己戊與角之矢庚戊。

　　若先有丙角,求對弧,則反其率。

　　　一半徑〔戊己〕　　二初數〔午癸〕

　　　三丙角矢〔戊庚〕　四兩矢較〔己癸〕

　　以所得四率與存弧矢甲癸〔五七七三八〕相加,適足半徑,〔成己甲。〕命對弧乙甲適足九十度。

　　捷法:視所得四率矢較與存弧餘弦同數,即知對弧爲象限,不必更問存弧之矢。

　　設角旁兩弧同數,總弧過象限,求對角之弧。

　　辛乙丙形,乙角七十三度,餘弦二九二三七。乙辛、乙丙並六十五度。

總丙壬一百三十度　　　　　　　　六四二七九　庚己
　　　　　　　　　　　　餘弦
存　　空　　　　　　　　　　　一〇〇〇〇〇　丙己

　　相加折半爲　初數　　　　　八二一三九　癸丙

一　半徑　　　己戊　　一〇〇〇〇〇

二　初數　　　癸丙　　八二一三九

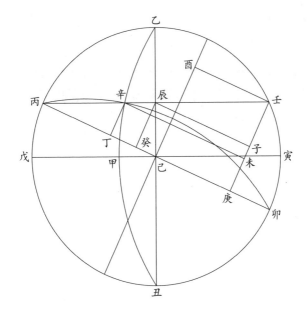

三　乙角矢　甲戊　七〇七六三

四　對弧矢　丁丙　五八一二四 (一)

　　餘弦　丁己　四一八七六 (二)

求到對弧辛丙六十五度一十五分 (三)。

若三邊求角，則反其率。

　一初數〔癸丙〕　　二半徑〔己戊〕

　三對弧矢〔丁丙〕　四乙角矢〔甲戊〕

設角旁弧同數，總弧過半周，其算並同。

前圖辛丑丙形，辛丑、丙丑並一百十五度。

〔一〕五八一二四，康熙本"五"誤作"六"。

〔二〕四一八七六，康熙本"四"誤作"三"。

〔三〕六十五度一十五分，康熙本誤作"七十一度二十五分"。

總弧丙丑壬二百三十度　餘弦　六四二七九　庚己丑角同乙角。

其所用四率求對弧，及三邊求角，並如上法。

設總弧滿半周，而存弧不過象限，求對弧。

前圖辛乙卯形。

乙角　　　一百〇七度餘弦　二九二三七　甲己

乙卯　　　一百十五度

乙辛　　　六十五度

總丙乙卯　一百八十度　　一〇〇〇〇〇　己丙，即半徑

存壬卯　　五十度餘弦　六四二七九　己庚

　　相加半之爲初數　　　八二一三九　癸庚，即子辰

一　半徑　　　寅己　　　一〇〇〇〇〇

二　初數　　　庚癸　　　八二一三九 [一]

三　乙角大矢　寅甲　　　一二九二三七

四　兩矢較　　庚丁　　　一〇六一五三 [二] 即辛未

　　加存弧正矢庚卯　　　三五七二一

　　得對弧大矢丁卯　　　一四一八七四 [三]

求到對弧卯辛一百一十四度四十五分 [四]。

〔一〕八二一三九，原作"八二三一九"，據康熙本、二年本改。

〔二〕一〇六一五三，康熙本誤作"九六一五五"。

〔三〕一四一八七四，康熙本誤作"一三一八七六"。

〔四〕一百一十四度四十五分，康熙本誤作"一百〇八度三十五分"。"設角旁兩弧同數總弧過象限"至此，輯要本刪。

加減又法〔解恒星曆指第四題三率法，與加
減捷法同理。〕

弧三角有一角及角旁二邊，求對角之弧。

法曰：以角旁大弧之餘度與小弧相加，求其正弦爲先
得弦。次以角旁兩弧相加，視其度若適足九十度，即半先
得弦爲次得弦。〔此大弧之餘弧與小弧等。〕

若角旁兩弧總大於象限，〔此大弧之餘弧小於小弧。〕則以
大弧之餘弧減小弧，而求其弦，以加先得弦，然後半之爲
次得弦。

若兩弧總不及象限，〔此大弧之餘弧大於小弧。〕則以小弧減
大弧之餘弧，而求其弦，以減先得弦，然後半之爲次得弦。

又以角之矢爲後得弦。

以後得弦乘次得弦爲實，半徑爲法除之，得數爲他弦。

一率　　全數

二率　　次得弦〔即初數〕

三率　　後得弦〔即角之矢〕

四率　　他弦〔即兩矢較〕

並以他弦與先得弦相減，爲所求對角弧之餘弦。若他
弦大於先得弦，即以先得弦減他弦。〔不問何弦，但以小減大。〕

〔右法不載測量全義，而附見曆指。人自江南來，得小兒以燕家信，以
此爲問，謂與環中黍尺有合也，乃爲摘錄以疏其義。〕

論曰：此亦加減代乘除之一種也。加減法以總弧、
存弧之餘弦相加減，以取初數。此則不用存弧，而用存弧

之餘度。〔以餘度取正弦,即存弧之餘弦故也。〕又不正用存弧之餘
度,而用大弧之餘度。〔以大弧之餘度加小弧,即存弧之餘弦故也。〕
至其加減,又不用總弧,而用大弧餘度與小弧相減之較弧。
〔以此較弧之正弦即總弧之餘弦故也。〕取徑迂迴,而理數脗合,非兩
法相提並論,不足以明其立法之意也。舉例如後。

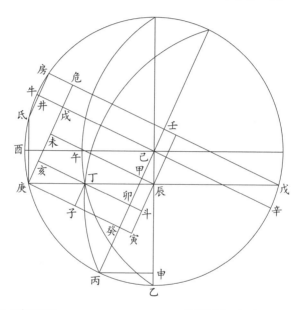

乙丙丁形,〔有乙角及角旁二邊。〕求對弧丁丙。〔以加減捷法
求得諸數,與恒星曆指法相參論之。〕

乙丙小弧	正弦	申丙
乙丁大弧		辰庚
總弧 戊丙	餘弦	壬己
存弧 庚丙		癸己
	餘弦并	癸壬

初數	癸甲	即辰寅
丁丙對弧	正矢	卯丙
庚丙存弧		癸丙
	兩矢較	卯癸
一	半徑	酉己
二	角之矢	酉午
三	初數	甲癸　即辰寅
四	兩矢較	卯癸　即丁子

〔末以卯癸加癸丙，得卯丙爲對弧矢。乃查其度，得對弧丁丙。〕

　右加減法也。

　今改用恒星曆指之法。先以酉庚爲角旁大弧〔乙丁〕之餘弧，〔乙庚同乙丁，大弧度也。乙酉同乙午，皆象限也。乙酉象限內減乙庚，猶之乙午內減乙丁也，故庚酉即乙丁之餘。〕又以牛酉當角旁小弧乙丙。〔乙酉與牛丙皆象限，內減同用之丙酉，則牛酉同乙丙。〕二者相加成牛庚，取其正弦戌庚，是爲先得弦。

　次視角旁兩弧〔乙丙、乙丁〕之總〔丙戌〕大於象限〔丙辛〕，法當以大弧餘度去減小弧得較，〔於同小弧之牛酉內，減同大弧餘度之氐酉，其較牛氐，與牛房等。〕而取其弦，〔牛氐較與牛房等，則氐井弦與房井等，而即與危戌等，是危戌即牛氐較之弦也。〕以加先得弦，〔以危戌加戌庚，成危庚。〕然後半之，〔危庚半之於未，成未庚。〕爲次得弦。

　又以乙角之矢〔午酉〕爲後得弦，與次得弦〔未庚〕相乘爲實，半徑爲法除之，得他弦〔亥庚〕。

　末以他弦〔亥庚〕減先得弦〔戌庚〕，其餘亥戌，爲對弧〔丁

丙〕之餘弦。〔查表得對弧。〕

論曰：牛庚之正弦戌庚與癸己平行而等，即存弧之餘弦也。〔牛庚爲小弧與大弧餘度之并，實即存弧丙庚之餘度，故戌庚即同癸己。〕次得弦未庚與甲癸平行而等，即初數也。〔以危戌加戌庚而成危庚，猶總存兩餘弦相加成癸壬也。危庚既同癸壬，則其半未庚亦同甲癸。〕他弦庚亥與卯癸平行而等，即兩矢較也。末以他弦與先得弦相減而得對弧餘弦，猶以兩矢較與存弧之矢相加而得對弧之矢也。〔兩矢較即兩餘弦較也，故加之得矢者，減之即得餘弦。〕然則此兩法者，固異名而同實矣。

又論曰：加減本法用大弧、小弧之總與較，取其餘弦以相加減。今此法則用大弧餘度與小弧之總與較，而取其正弦以相加減。〔如牛庚是大弧餘度與小弧之總，牛氏是大弧餘度與小弧之較。〕用若相反，而得數並同者，何也？曰：餘弧與正弧互爲消長，其數相待。是故大弧之餘度大於小弧，則總弧不及象限矣；大弧之餘度小於小弧，則總弧過象限矣。總弧過象限，宜相加，此條是也；總弧不及象限，宜相減，後條是也。宜加宜減之數，無一不同，得數安得而不同？〔得數謂初數也，在此法則爲次得弦。〕

又論曰：此法之於加減法，猶甲數乙數之於初數次數也。初數次數用餘弦，甲數乙數用正弦；加減法用餘弦，此法用正弦。所以然者，皆以角旁之弧半用餘度也。〔甲數乙數法內，一弧用本度，一弧用餘度；此法小弧用本度，大弧用餘度。〕一加減法乃有四用，其省乘除並同，而繁簡殊矣。

乙丙丁形，〔有乙角及角旁二邊，〕求對弧丁丙。

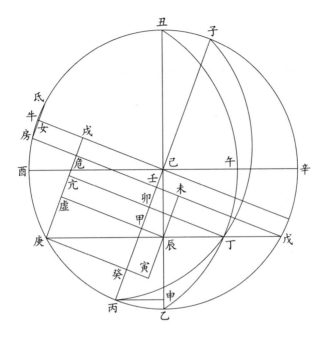

乙丙小弧	正弦	申丙
乙丁大弧		辰庚
總弧戊丙	餘弦	壬己
存弧庚丙		癸己
	餘弦較	壬癸
	初數	癸甲
丁丙對弧	正矢	卯丙
庚丙存弧		癸丙
	兩矢較	卯癸
一	半徑	酉己
二	角大矢	酉午

```
三　　　　　初數　甲癸
四　　　　　兩矢較　卯癸
```

〔末以卯癸加癸丙，成卯丙，爲對弧矢。查其餘弦，得對弧丁丙。〕

右加減法也。

今依恒星法，改用大弧之餘度〔庚酉，即午丁。〕與小弧〔牛酉，即乙丙。〕相加，〔成牛庚，即存弧丙庚之餘度。〕求其正弦，爲先得弦，〔戌庚。同己癸，即存弧之餘弦。〕次視兩弧之總〔戌丙〕不及象限，法當以小弧減大弧餘度，〔取氐酉如酉庚，以牛酉減之。〕得較。〔氐牛，與牛房等。〕取其正弦，〔女房，即女氐，亦即戌危。〕以減先得弦，〔戌危減戌庚，餘危庚，與癸壬等。〕然後半之，〔危庚半之於虛，成庚虛，與甲癸等。〕爲次得弦。又以〔乙〕鈍角大矢〔午酉〕爲後得弦，與次得弦相乘爲實，半徑爲法除之，得他弦。〔亢庚，與卯癸等。〕末以他弦〔亢庚〕減先得弦〔戌庚〕，其餘戌亢，〔即卯己。〕爲對弧餘弦，查表得對弧丁丙。

```
一率　半徑　　　酉己
二率　次得弦　　庚虛〔即初數甲癸〕
三率　後得弦　　午酉〔即角大矢〕
四率　他弦　　　亢庚〔即兩矢較卯癸〕
```

乙丙丁形，〔有兩角及角旁二邊。〕求對弧丁乙。

法以〔丁丙〕大弧之餘〔午丁，即酉甲。〕與小弧〔乙丙，即戌酉。〕相加，〔成甲戌。〕求其正弦〔庚甲〕，爲先得弦。次視兩弧之總〔丑乙〕適足象限，即半先得弦爲次得弦。〔癸甲，或癸庚。〕又以角之大矢〔午酉〕爲後得弦乘之，〔午酉乘癸甲。〕半徑〔酉己〕除之，得他弦。〔卯甲，即壬未。〕以減先得弦〔甲庚〕，得對弧

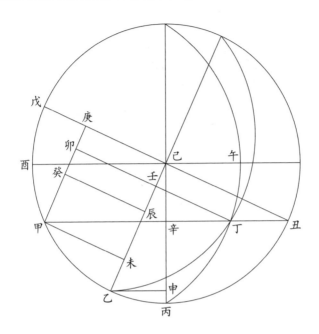

餘弦。〔卯庚,即壬己。〕查表度,得對弧〔丁乙〕。

解曰:此因大弧之餘〔酉甲〕與小弧〔戊酉〕同數,則無加減,故即半先得弦爲次得弦也。在加減法,則爲總弧無餘弦,而即半存弧餘弦爲初數。

丙戊丁形,〔有戊角及角旁二邊。〕求對弧丁丙。

如法以大邊〔丙戊〕之餘〔卯丙,即癸庚。〕與小弧〔丁戊,即癸辛。〕相加,〔成辛庚。〕取其正弦〔庚乙〕爲先得弦。次眂角旁兩弧之總〔辰丁〕大於象限,法當以癸庚減癸辛,得較子辛,〔即辛井。〕而取其正弦,〔子斗,即井斗,亦即乙甲。〕以加先得弦〔乙庚〕而半之,〔甲庚之半,爲甲丑。〕爲次得弦。又以角之大矢〔卯癸〕爲後得弦,以乘次得弦爲實,半徑爲法除之,得他弦

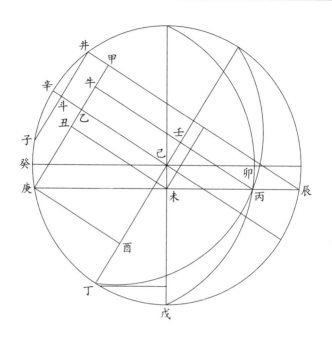

〔牛庚〕。末以他弦〔牛庚〕與先得弦〔庚乙〕相減，得〔牛乙，即壬己。〕爲對弧之餘弦。查餘弦度，以減半周，得對弧丁丙。

解曰：此爲他弦大於先得弦，故反減也。在加減法，則所得爲對弧大矢與存弧小矢之較，而兩矢較即兩餘弦并也，故減存弧餘弦，得對弧餘弦〔一〕。

補求經度法〔二〕

法用角旁兩弧〔大弧用餘度，小弧用本度。〕相加得數，取正

〔一〕“乙丙丁形有丙角及角旁二邊”至此，輯要本删。
〔二〕補求經度法，輯要本題作“補三邊求角法”，並删除算例，移第一段至前文“右法不載測量全義，而附見曆指”段後。

弦爲先得弦，又相減得較，取正弦以與先得弦相加減，〔角旁兩弧大於象限，則相加；若小於象限，則相減。〕而半之爲次得弦，〔若角旁兩弧并之，適足一象限，則徑以先得弦半之，爲次得弦，不須加減。〕用爲首率。次以對角弧之餘弦與先得弦相加減，得他弦爲次率。〔對弧大於象限，相加；小於象限，則相減。〕半徑爲三率。求得角之矢爲四率。〔正矢爲鋭角，大矢爲鈍角。〕

假如丙戊丁形，有三邊，求戊角。〔借用前圖。〕

一　次得弦　　甲丑〔乃先得弦甲庚之半。〕　即庚丑

二　他弦　　　壬酉〔即牛庚，乃對弧餘弦加先得弦，因對弧大，故相加。〕

三　半徑　　　己癸

四　鈍角大矢　卯癸〔卯癸大矢内減己癸半徑，爲餘弦，查表得度，以減半周，爲戊鈍角之度。〕

論曰：角求對邊者，求緯度也。三邊求角者，求經度也。二者之分，祇在四率中互換，無他繆巧。曆指注云："求緯用正弦，求經用切線。"殊不可曉。及查其後條用例，亦無用切綫之法，殆有缺誤。曆書中如此者甚多，故在善讀耳。

加減通法

加減代乘除之法，以算三邊求角，及二邊一角求對角之邊，皆斜弧三角之難者也。其算最難，而其法益簡，故凡算例中兩正弦相乘者，即可以加減代之。則雖正弧諸法，實多所通，故謂之通法。

法曰：凡四率中有以兩正弦相乘爲實，半徑爲法者，

皆可以初數取之；有以兩餘弦相乘爲實，半徑爲法者，皆可以次數取之；有以餘弦與正弦相乘爲實，半徑爲法者，皆可以甲乙數取之。

　　假如正弧形，有角，有角旁弧，而求對角之弧。〔此如有春分角，有黃道，而求距度。〕本法當以角之正弦與角旁弧之正弦相乘爲實，半徑爲法除之也。今以初數取之，即命爲所求度正弦。

　　設黃道三十度，求黃赤距度。

　　春分角　　二十三度三十一分半

　　黃道　　　三十〇度

　　總弧　　　五十三度三十一分半　　　五九四四七

　　存弧　　　　六度二十八分半　餘弦　九九三六二

　　　　　　　　　　　　　　　　相減　三九九一五

　　　　　　　　　　　　　　折半一九九五七〔即初數〕

　　用初數爲正弦，檢表得度，求到黃赤距度一十一度三十〇分四十二秒[一]。

　　又設黃道七十五度，求黃赤距度。

　　春分角　　二十三度三十一分半

　　黃道　　　七十五度

　　總弧　　　九十八度三十一分半　　　一四八二四

　　存弧　　　五十一度二十八分半　餘弦　六二二八五

　　　　　　　　　　　　　　　　相加七七一〇九

　　　　　　　　　　　　　　折半三八五五四

〔一〕三十〇分四十二秒，康熙本誤作“三十四分四十四秒”。

用初數爲正弦,檢表得度,求到黃赤距度二十二度四十分三十九秒。

又如句股方錐法,有大距,有黃道,而求距緯。本以大距正弦、黃道餘弦相乘,半徑除之也。今以甲數取之。

設黃道六十度〔一〕,求距緯。〔句股方錐黃道以距二至起算,下同〔二〕。〕

黃赤大距　　二十三度三十一分半

黃道　　　　六十〇度〔三〕

總弧　　　　八十三度三十一分半　　九九三六二

存弧　　　　三十六度二十八分半　正弦　五九四四七〔四〕

相減三九九一五

半之一九九五七〔爲甲數〕

用甲數爲正弦,檢表得度,求到距緯一十一度三十〇分四十二秒〔五〕。

設黃道　　一十五度〔六〕,求距緯。

黃赤大距二十三度三十一分半

黃道　　　一十五度〔七〕

總　弧　　三十八度三十一分半　　六二二八五

存　　　　〇〇八度三十一分半　正弦　一四八二四

〔一〕六十度,康熙本作“三十度”。

〔二〕“句股方錐”至“下同”,康熙本無。

〔三〕黃道六十〇度,康熙本作“黃道之餘六十〇度”。

〔四〕五九四四七,“九”原作“五”,據康熙本改。

〔五〕三十〇分四十二秒,康熙本誤作“三十四分四十四秒”。

〔六〕一十五度,康熙本作“七十五度”。

〔七〕黃道一十五度,康熙本作“黃道之餘一十五度”。

相加七七一〇九

半之三八五五四〔爲甲數〕

用甲數爲正弦,查表得度,求得距緯二十二度四十分三十九秒。

又如次形法,本以一正弦與一餘弦相乘,半徑除之,得所求之餘弦。今以初數取之。

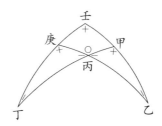

設甲丙乙形,有甲正角,有丙角,及甲丙邊,而求乙角。本法爲半徑與丙角正弦,若甲丙餘弦與乙角餘弦。今以初數,即命爲乙角餘弦。〔丙角度 甲丙餘度〕相〔并 減〕爲〔總 存〕弧,各取其餘弦,如法相加減而半之,成初數,即命爲乙角餘弦。

本法用正弦與餘弦相乘,而亦以初數取之,何也?曰:甲丙餘弦實次形丁丙正弦也,故仍用初數。

假如斜弧形作垂弧法,本爲半徑與角之正弦,若角旁弧之正弦與垂弧之正弦也。今以初數,即命爲垂弧正弦。

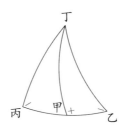

設丁乙丙形,有乙銳角,有丁乙邊,求作丁甲垂弧。

〔乙角度 乙丁弧〕相〔并 減〕爲〔總 存〕弧,而取其餘弦,如法相加減而半之,成初數,即命爲丁甲垂弧正弦。

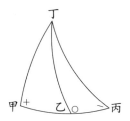

設丁乙丙形,乙爲鈍角,而先有丁乙邊,其法亦同。

〔乙外角 丁乙邊〕相〔并 減〕爲〔總 存〕弧,而各取其餘弦,如上法取初數,命爲甲丁垂弧正弦。

又如弧角比例法,本爲角之正弦與對角邊之正弦,若又一角之正弦與其對邊之正弦。今以初數進五位,即爲兩正弦相乘之實,可以省乘。

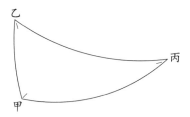

設乙甲丙形,有丙角、甲角,有乙甲邊,求乙丙邊。本以甲角正弦與乙甲正弦相乘爲實,丙角正弦爲法除之,得乙丙正弦。今以甲角度與乙甲弧相并減爲總、存弧,如法取初數。進五位爲實,以丙角正弦除之,亦得乙丙正弦。

〔若有乙丙邊求丙角,則以乙丙邊正弦爲法除之,即得丙角之正弦。〕

又如垂弧捷法，本以兩餘弦相乘爲實，又以餘弦爲法除之，而得所求之餘弦。今以次數進五位，爲兩餘弦相乘之實，即可省乘。

設甲丁亥鈍角形，有亥甲邊，有亥丁邊，有引長之丁己邊，而求甲丁邊。本法爲亥己邊之餘弦與亥甲邊之餘弦，若丁己邊之餘弦與甲丁邊之餘弦也。今以次數代乘。

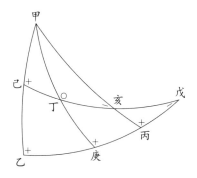

〔亥甲、丁己〕二弧相并爲總弧，相減爲存弧，而各取其餘弦，如法相加減而半之爲次數。下加五〇，即同亥甲與丁己兩餘弦相乘之實。但以亥己邊之餘弦爲法除之，即得甲丁邊之餘弦。

進五〇何也？曰：初數者，兩正弦相乘、半徑除之之數，故必進五位，即同兩正弦相乘之實矣。〔次數進位之理，倣此論之。〕

環中黍尺卷六⁽⁴⁾

環中黍尺補遺續增

補加減捷法

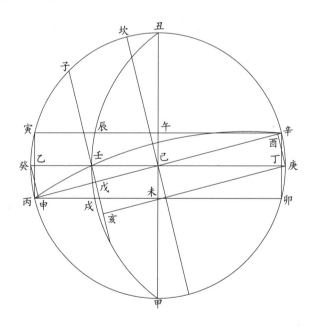

〔一〕原書無"環中黍尺卷六"六字，今據版心補。康熙本無此卷。刊謬云：
"第六卷係學山所輯。"輯要本截取部分内容，併入第五卷。

設壬丙甲弧三角形,甲壬邊適足九十度,丙甲邊八十三度,對弧壬丙五十九度,求甲角。

法曰:角旁有一邊適足九十度,則總存兩餘弦同數,當以餘弦即命爲初數。依法求得五十八度四十四分爲甲角。

丙庚總弧一百七十三度　　乙己同申己　　並九九二五五〔即爲初數〕

庚卯存弧	七度	餘弦	未卯即丁己	
		存矢	申丙	〇〇七四五
		餘弦	戊己	五一五〇四
壬丙對弧	五十九度	對弧矢	戊丙	四八四九六
		矢較	戊申	四七七五一
一	初數	九九二五五	己申	
二	矢較	四七七五一	戊申	
三	半徑	一〇〇〇〇〇	己癸	
四	角之矢	四八一〇九	壬癸	
	餘弦	五一八九一	壬己	

查表得五十八度四十四分。

論曰:此即算帶食法也。凡算帶食,其差角必在地平。壬甲九十度,即高弧全數。丙甲八十三度,月距北極也。癸丙七度,黃赤距度也〔一〕。壬丙對弧,極距天頂也,其餘弦己戊,即極出地正弦。所求甲角,月出地平時地經赤

〔一〕刊謬云:"卷首加減捷法論解頗欠明晰,似非先人原本。如謂癸丙存弧爲黃赤距度之類,初學未易領會,僅爲補解如後。(轉下頁)

道差也。

捷法：以黄赤距度餘弦與極出地正弦相減，餘進五位爲實，仍以距度餘弦除之，得差角矢。

解捷法曰：極出地正弦即對弧餘弦，黄赤距度餘弦即存弧餘弦，兩餘弦之較即矢較也。

又解曰：己乙即己申，亦即未丙，並小弧甲丙正弦也。〔即存弧癸丙之餘弦。〕未丙與戌丙，若己癸與壬癸，全與分之比例也。

又解曰：初數是兩正弦相乘、半徑除之之數，今甲壬邊之正弦即半徑，故省乘除，竟以甲丙正弦爲初數。

<hr>

（接上頁）

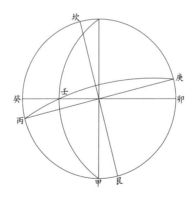

壬甲丙弧三角形，壬爲天頂，甲爲地平。帶食時月當地平如甲，故甲壬弧九十度，爲高弧全數。丙爲北極，坎艮爲赤道。丙甲弧爲月距北極八十三度，則月距赤道之甲艮弧必七度也。又因甲壬弧適足象限，與赤道距北極等，故甲壬弧減去月距北極之丙甲弧所餘癸丙存弧，即庚卯。必與月距北極之餘甲艮弧等。甲艮弧者，黄赤距度也。交食時月必當黄道，故月距赤道即黄赤距度。癸丙弧度與之等，故謂之癸丙爲黄道距度也。"部分内容爲輯要本採録。

又設壬甲辛鈍角形,〔即用前圖。〕壬甲邊適足九十度,辛甲邊九十七度,對邊辛壬一百二十一度,求甲角。依法求得甲鈍角一百二十一度一十六分。

總癸辛一百八十七度		丁己同酉己	並九九二五五〔即為初數〕
存癸丙	七度	餘弦乙己	
對弧辛壬一百廿一度		餘弦戊己	五一五〇四
	對弧大矢	戊辛	一五一五〇四
	存弧矢	癸乙同酉辛	〇〇七四五〔亦同丁庚〕
	兩矢較	戊酉同辰辛	一五〇七五九〔亦同丁壬〕
一	初數	丁己同午辛	九九二五五
二	矢較	丁壬同辰辛	一五〇七五九
三	半徑	己庚	一〇〇〇〇〇
四	角大矢	壬庚	一五一八九〇
	餘弦	己壬	五一八九〇

查表得五十八度四十四分,以去減半周,得甲角一百二十一度一十六分。

論曰:總弧過象限及過半周,宜以餘弦相加折半成初數。今兩餘弦相同,而徑用為初數,亦折半之理也。

嚮作加減法補遺,自謂已盡其變,不知仍有此法,故特記之。

因算帶食得此,其用捷法更奇,甚矣學問之無窮也。

壬甲丙鋭角形,壬甲邊適足九十度,丙甲邊六十七度，對弧壬丙五十度，求甲角[一]。

　依法求得甲角四十五度四十二分。

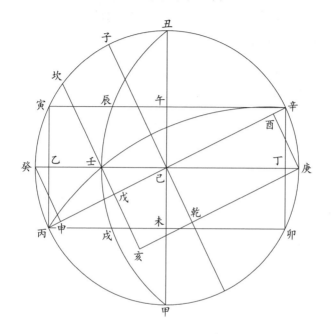

庚丙總	一百五十七度	乙己 (即申己，亦未丙)	並九二〇五 (即爲初數)
庚卯存弧	二十三度 餘弦	丁己 (即卯未，同未丙、酉己)	
壬丙對弧	五十〇度 餘弦六四二七九	己戊	
對弧矢	三五七二一	戊丙	
存弧矢	〇七九五〇	乙癸〔即申丙〕	
矢較	二七七七一	申戊	

〔一〕輯要本此算例擬目作"日月食地經赤道差算例"，移至卷五"加減捷法補遺"下"捷法視所得四率矢較與存弧餘弦同數"段後。

一	初數	九二〇五	申己
二	矢較	二七七七一〔一〕	申戌
三	半徑	一〇〇〇〇〇	己癸
四	角之矢	三〇一六九	壬癸
	餘弦	六九八三一	壬己

查表得四十五度四十二分。

因前圖丙癸度小，故復作此以明之〔二〕。

算甲餘角。

又於本圖取辛甲壬鈍角形，壬甲九十度，辛甲一百一十三度，壬丙五十度，求甲鈍角。依法求到甲鈍角度一百三十四度一十八分。

辛癸總	二百〇三度	丁己	並九二〇五〇
寅癸存	二十三度 餘弦	乙己	
壬辛對弧一百三十〇度餘弦		己戌	六四二七九
	大矢 辛戌		一六四二七九
	存弧矢 申丙〔即乙癸〕		〇七九五〇〔亦即酉辛〕
	矢較 酉戌		一五六三二九

一	初數	九二〇五〇	酉己〔即丁己〕
二	矢較	一五六三二九	酉戌
三	半徑	一〇〇〇〇〇	庚己
四	角大矢	一六九八三〇	庚壬

〔一〕二七七七一，原作"二七七一"，脫一"七"字，據輯要本補。

〔二〕輯要本將前例問一"論曰"以下三段、例問二"論曰"以下三段俱移至此後。

餘弦　　六九八三〇

查表得四十五度四十二分，以減半周，得甲鈍角一百三十四度一十八分。

論曰：試作庚亥線與辛丙徑平行，又引對弧坎戊正弦至亥，成庚亥壬句股形，即庚乾己亦同角之小句股形。而庚亥同酉戊，兩矢較也；庚乾同酉己，初數也。則初數〔庚乾小股。〕與兩矢較，〔庚亥大股。〕若半徑〔庚己小弦。〕與角之大矢。〔庚壬大弦。〕

凡角旁弧適足九十度，則總、存兩餘弦同數，法即以餘弦命爲初數。

日月食帶食出入地平，用此算其地經赤道差，甚捷。

補甲數乙數法

丁辛乙斜弧三角形，辛丁弧五十度一十分，辛乙弧八十度，丁乙對弧六十度，求辛角。

辛乙餘弧　　一十度

辛丁弧　　　五十度一十分

總弧　　　　六十度一十分

較弧　　　　四十度一十分

又若辛乙弧　八十度

辛丁餘弧　　三十九度五十分

總弧　　　　一百十九度五十分

較弧　　　　四十度一十分

正弦　　八六七四八
　　　　六四五〇一

所得兩正弦亦同。

兩正弦總　　　　一五一二四九

半之爲甲數　　　七五六二四

兩正弦較　　　　二二二四七

半之爲乙數　　　一一一二三

丁乙對弧餘弦五〇〇〇〇,内減乙數,餘三八八七七。

〔爲二率。〕

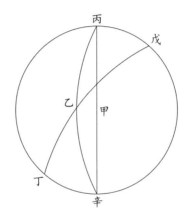

一　甲數　　　　七五六二四

二　　　　　　　三八八七七

三　半徑　　　一〇〇〇〇〇

四　辛角餘弦　　五一四〇八

　　查表得五十九度〇四分,爲辛角。

若前形有辛角,而求丁乙對弧。

一　半徑　　　一〇〇〇〇〇

二　辛角餘弦　　五一四〇八

三　甲數　　　　七五六二四

四　　　　　　　三八八七七

以加乙數一一一二三，成對弧餘弦五〇〇〇〇。

　查表得六十度。

　此因角旁餘弧小於正弧，故乙數亦小於甲數，而以所得四率加乙數，爲對弧餘弦。

　丙乙丁形，乙鈍角一百一十度，〔乙丙、乙丁〕二弧並三十度，求丁丙對弧。

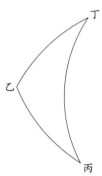

乙丙餘弧　　六十度

乙丁弧　　　三十度

總弧　　　　九十度　　　　　　　　一〇〇〇〇

　　　　　　　　　　　　正弦

較弧　　　　三十度　　　　　　　　五〇〇〇〇

　　　　　　　相加　　一五〇〇〇〇

　　　　半之爲乙數　　七五〇〇〇

　　　　　　　相減　　　五〇〇〇〇

　　　　半之爲甲數　　二五〇〇〇

一　半徑　　　　　　　一〇〇〇〇〇

二　乙角餘弦　　　　　三四二〇二

三　甲數　　　　　　　　二五〇〇〇

四　　　　　　　　　　　〇八五五〇

以減乙數七五〇〇〇,得對弧餘弦六六四五〇。

查表得四十八度二十一分。

此因角旁乙丙餘弧大於乙丁正弧,故乙數大於甲數,而以所得四率反減乙數,爲對弧餘弦。

前例轉求乙鈍角,〔乙丙、乙丁〕二弧並三十度,丁丙對弧四十八度二十一分[一],求乙角。

一　甲數　　　　　　　　　　二五〇〇〇

二　對弧餘弦減乙數之餘　　〇八五五〇

三　半徑　　　　　　　　　一〇〇〇〇〇

四　鈍角餘弦　　　　　　　三四二〇二

查表得七十度,以減半周,得一百一十度,爲乙角。

總論曰:甲數乙數原以角旁兩弧之正弦[二]錯乘而得,今改用加減,故角旁兩弧一用正,一用餘。然有時餘弧大於正弧者,角旁兩弧之合數必過象限也;有時餘弧小於正弧者,角旁兩弧之合必不及象限也。若角旁兩弧之合適足象限,則餘弧必與正弧等,而無較弧。

又設子乙丙形,乙鈍角一百度,〔乙丙、乙子〕二弧並四十五度,求對角。

〔一〕四十八度二十一分,原作"六十度",據四庫本改。

〔二〕正弦,據本書卷三"加減法",甲數"係原設大弧正弦乘小弧餘弦、半徑除之之數",乙數係"原設小弧正弦乘大弧餘弦、半徑除之之數",則此處"正弦"當作"正餘弦",角旁兩弧之正餘弦交錯相乘而成甲乙數。

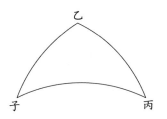

乙丙餘弧　　四十五度

乙子　弧　　四十五度

總弧　　　　九十度　　　　一〇〇〇〇〇〔即半徑〕

較弧　　　　空　　正弦　空

　　　　　　半之爲甲數　　五〇〇〇〇

　　　　　　亦爲乙數　　　五〇〇〇〇

　無較弧正弦,則無可加,亦無可減,故皆用總弧正弦折半爲甲數,亦爲乙數。

　　一　半徑　　　　一〇〇〇〇〇

　　二　鈍角餘弦　　一七三六五

　　三　甲數　　　　五〇〇〇〇

　　四　　　　　　　〇八六八二

　　　　加乙數共　　五八六八二〔命爲對弧矢〕

　　　　得對弧餘弦　四一三一八

　查表得對弧子丙六十五度三十六分。

　若前例三邊求乙角,乃置對弧六十五度三十六分之餘弦四一三一八,求其矢得五八六八二,內減乙數五〇〇〇〇,仍餘〇八六八二。〔爲二率。〕

　　一　甲數　　　　五〇〇〇〇

二　　　　　　　　〇八六八二
三　半徑　　　　一〇〇〇〇〇
四　鈍角餘弦　　一七三六四

查表得八十度，以減半周，得一百度，爲乙角之度。

補先數後數法

前式丙乙丁形，乙角一百一十度，〔乙丙、乙丁〕並三十度，求丁丙對弧。

一　半徑方　　一〇〇〇〇〇〇〇〇〇
二　正弦方　　二五〇〇〇〇〇〇〇
三　乙角大矢　一三四二〇二
四　兩矢較　　三三五五〇
　　對弧餘弦　六六四五〇

查表亦得四十八度二十一分。

此因角旁兩弧同度，則無較弧之矢，故徑以所得矢較命爲對弧之矢。

前式子乙丙形，乙角一百度，〔乙丙、乙子〕二弧並四十五度，求對弧。

一　半徑方　　一〇〇〇〇〇〇〇〇〇
二　正弦方　　五〇〇〇〇〇〇〇〇
三　角大矢　　一一七三六五
四　矢較　　　五八六八二〔因無較弧矢，故即爲對弧矢。〕
　　對弧餘弦　四一三一八

查表亦得對弧子丙六十五度三十六分。

若先有對弧子丙而求乙角。

一　正弦方　　五〇〇〇〇〇〇〇〇〇

二　半徑方　　一〇〇〇〇〇〇〇〇〇

三　對弧矢　　五八六八二〔因無較弧矢，故即以對弧矢爲矢較。〕

四　角大矢　　一一七三六五

　　餘弦　　　一七三六五

查表得八十度，以減半周，得乙鈍角一百度。

又設乙角六十度，角旁〔乙丙、乙子〕二弧並四十五度，求子丙對弧。

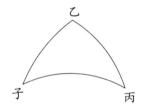

一　半徑方　　一〇〇〇〇〇〇〇〇〇

二　正弦方　　五〇〇〇〇〇〇〇〇〇

三　銳角矢　　五〇〇〇〇

四　矢較　　　二五〇〇〇〔無較弧，即用爲對弧矢。〕

　　對弧餘弦　七五〇〇〇

查表得對弧五十三度〇八分[一]。

〔一〕五十三度〇八分，按查表應得對弧四十一度二十四分。

兼濟堂纂刻梅勿菴先生曆算全書

塹堵測量 ^(一)

〔一〕勿庵曆算書目算學類著録,爲中西算學通續編一種,康熙四十三年前後,初刻於李光地 保定府邸。四庫本收入卷六十。梅氏叢書輯要收入卷三十九至四十,卷前有塹堵測量序目一篇,録自勿庵曆算書目 塹堵測量解題。

塹堵測量目録

塹堵測量卷一^{〔一〕}

宣城梅文鼎定九著

柏鄉魏荔彤念庭輯　男　乾數一元

士敏仲文

士說崇寬同校正

錫山後學楊作枚學山訂補

總　論

　　塹堵測量者，句股法也；以西術言之，則立三角法也。古九章以立方斜剖成塹堵，其兩端皆句股。再剖之則成錐體，而四面皆句股矣。任以此錐體之一面平置爲底，則其銳上指，環而視之，皆成立面之句股，而各有三角三邊，故謂之立三角也。

　　立三角之法以測體積，方圓斜側，靡所不通。其測渾圓之弧度，則有二理。其一用視法，如弧三角所詮，用三角三弧之正弦切線移於平面，〔謂渾圓立剖之平面。〕即成三層句股相似之比例，今謂之渾圓容立三角也。其一不用視法而用實數，如句股錐形等法，用三弧三角之割線、餘弦，各於其平面自成相似之句股以爲比例，〔三弧直剖至渾圓之心，即各成句股形之面。〕今謂之塹堵測量也。〔渾圓内容之立三角，亦塹

堵之分形〔一〕,而塹堵測量所測,亦渾圓之度。因書匪一時所爲,而意各有屬,其名遂別,二而一、一而二者也。〕

　　以上通論立三角及塹堵測量命名之意,并其同異之處。〔因立三角有塹堵之名,因渾圓內三層勾股生塹堵之用,故存此二者以爲塹堵測量基本。〕

　　凡數之可算者,皆可作圖以明之,故渾圓可變爲平圓,如古者蓋天之圖是也。數之可算可圖者,皆可製器以象之,故渾圓可剖爲錐體,塹堵測量之儀器是也。

　　凡測算之器,至今日大備,且益精益簡。古者渾儀經緯相結,爲儀三重。至郭太史之簡儀、立運儀,則一環而已足。今則更省之爲象限儀,是益簡益精之效也。至於渾象,無與於測而有資於算,所以證理也。西法之簡平、渾蓋,以平寫渾,亦可謂工巧之至,獨未有器以證八線。夫用句股以算渾圓,其法莫便於八線。然八線之在平圓者可以圖明,在渾圓者難以筆顯。〔鼎〕蓋嘗深思其故,而見渾圓中諸線犁然,有合於古人塹堵之法。乃以堅楮肖之,爲徑寸之儀,而三弧三角各線所成之句股,了了分明,省筆舌之煩,以象相告,於作圓布算不無小補,而又非若渾象之難成,因名之曰塹堵測量,從其質也。

　　塹堵形析渾象之一體,亦如象限儀割渾儀之一隅。環而測之,則象限即渾儀之全周也;周徧析之,則塹堵即渾象之全體也。是故塹堵形可析爲兩,可合爲一。其析

────────────

〔一〕分形,輯要本作"小形"。

者,一爲句股錐,〔亦曰立三角儀。〕則起二分訖二至;一爲句股方錐,〔亦曰方直儀。〕則起二至訖二分。起二分者西率,起二至者古率也。是兩者,九十度中皆可爲之。〔自分訖至九十度,並可爲句股錐;自至訖分九十度,並可爲句股方錐。〕然至半象以上,割切二線太長,溢出於方塹堵之外,故又有互用之法也。其合者近分度用句股錐,近至度用句股方錐,以黃道四十七度、赤道四十五度爲限,過此者互用其餘,如是則兩錐形合之成方塹堵矣。

方塹堵內又成圓塹堵二:其一下爲赤道圓象限,而上爲橢形之象限,距度之割、切二線所成也。其一下爲橢形象限,而上爲黃道之圓象限,距度正弦、黃道半徑所成也。〔兩圓塹堵之用,已括於兩錐形內。〕兩圓塹堵內又以黃道正弦、距度正弦成小方塹堵之象,則郭太史圓容方直本法也。於是又有圓容方直儀簡法,而立三角之儀遂有三式。〔一句股錐,其形四鋭;一方直儀,其底長方;一圓容方直簡法儀,其底爲渾圓冪之分。〕之三者,或兼用割、切,或專用正弦,而並不用角,合渾圓內三層句股觀之,可以明立法之根。

　　以上論塹堵測量儀器。〔句股錐形及句股方錐形二種,爲塹堵測量正用。而圓容方直形專用正弦成小塹堵,尤正用中之正用也。此小塹堵在兩重圓塹堵內,故兼論之。又此小塹堵足闡授時弧矢之秘,因[一]遂以郭法附焉。〕

　　問:八線生於角,用八線而不用角,何也?曰:角與弧

─────────────

〔一〕因,康熙本作“故”。

相應,故用角即用弧也,用弧即用角也。明於斯理,而後可以用角,渾圓内三層句股是也;明於斯理,而後可以不用角,塹堵三儀是也。用角者西法也,而用角即用弧,則通於古法也;不用角者古法也,而用弧即用角,則通於西法也。於是而古法西法,可以觀其會通,息其煩啄矣。

以上論角即弧解之理。

立三角法序

立三角者,量體之法也。西學以幾何原本言度數,而所譯六卷之書止於測面,其測體法則未之及,蓋難之也。余嘗以句股法釋幾何,而稍爲推廣其用,謂之幾何補編。亦曰立三角法,本爲體積而設,然其中義類頗有與渾員弧度之法相通者,故摘録之,以明塹堵測量之理。

立三角法摘録

總論

一立三角爲有法之形。

立三角之面皆平三角也。平三角不拘斜正,皆爲有法之形,故立三角亦不拘斜正,而皆爲有法之形。

一立三角爲量體之密率。

凡量體者必析之，析之成立三角形，則可以知其容積，可得而量矣。若不可以立三角析者，則爲無法之形，不可以量。

一立三角即錐體。

立三角任以一面平安如底，則餘三面皆斜立，〔亦有一面正立者。〕而銳必在上，即成三角立錐。

一各種錐體皆立三角之合形。

凡錐體必上尖下闊，任取其一面觀之，皆斜立之平三角也。凡錐形自其尖切至底，則其中剖之立面亦平三角也。錐體之底或四邊五邊，以至多邊，若以對角綫分其底，又即皆成平三角也。故四稜錐可分爲兩，五稜錐可分爲三，六稜以上，無不可分。分之皆立三角形，故知一切錐體皆立三角之合形也。

底之邊多至於三百六十，又析之爲分爲秒，以此爲底，皆可成錐體。再析之至於無數，即成平員底，可作員錐。要之，皆小平三角面無數以成之者也。

一各種有法之形亦皆立三角之合形。

如立方體依其稜剖至心，成六分體，皆扁方錐，其斜面輳心，皆成立三角。長方體亦然。

四等面體從其稜剖至心，成四分體，八等面則成八分體，二十等面成二十分體，皆立三角錐。

十二等面依稜剖至心，成十二分體，皆五稜錐，其立面五，皆立三角。

渾員形以渾員面冪爲底，半徑爲高，作大員錐，而成渾積。準前論，皆無數立三角所成，然則渾員亦立三

角也。

　　渾員既爲立三角所成，則半之而爲半渾員，〔一平員面，一半渾員面，如員瓜中剖。〕或再分之而爲一象限，或更小於象限之渾員，〔細分弧面，自象限以內至於一度，或一度內若干分秒，如剖橘瓤，並一弧面、兩半平員面。〕以渾員之理通之，皆立三角所成。

　　一無法之形有面有稜，即皆爲立三角所成。

　　準前論，各依其楞線割之至底，或依對角線斜剖之，即皆成立三角，而無法之形皆可爲有法之形。

　　一立三角體之形不一，而皆有三角三邊。

　　非四面不能成體，故立三角必四面。非三角三邊不能成面，故立三角體之面皆三角三邊。

　　約舉其類，有四面相等者，即四等面形也。〔其面冪等，其稜之長短亦等。〕

　　有三面相等而一面不等者，其不等之一面必三邊俱等，餘三稜則自相等。

〔側視之形〕　　　　〔正視之形〕

〔以上皆正形也，四等面任以一面爲底，其錐尖正立居中。三等面形以等邊之一面爲底，錐尖亦正立居中。〕

有二面兩兩相等者。

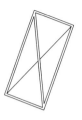

有二面相等,餘二面不等者。

有四面各不相等者。

有三面非句股,而一面成句股者。有兩面成句股者。

〔其句股或等或否。〕

有四面並句股者,句股立錐也。

〔以上不皆正形,而皆爲有法之形。〕

一立三角形有實體,有虛體。

實者如臺如塔如堤,虛者如井如池。又如隔水測物,皆自其物之平面角，作直線至人目，即成虛立錐體。以人目爲其頂鋭，而所測平面則其底也，所作直線皆爲其稜。若所測平面爲四邊、五邊以上，皆可作對角線，分爲立三角錐形。〔虛體、實體並同一法。〕

立三角又有三平面一弧面者，如自地心作三直線至星宿所居之度，則此三星之相距皆弧度也。三弧度爲邊，即成弧三角形，以爲之底；其三直綫皆大員半徑，以爲之稜；而合於地心，以爲之頂鋭，亦立三角之虛形。〔即弧三角錐體。〕

若於渾球體作三大圈相交，成弧三角形。從三角作直線至員心，依此析之，即成實體，與上法並同一理。

一立三角形有立有眠，有倒有倚。

立者以底平安，則其鋭尖上指，如人之立。眠者以底側立如堵牆，而錐形反横，如人之眠。此惟正形之錐則有之，〔既定一面爲底，則底在下者爲立，在旁者爲眠。〕如虛形則不拘正斜，皆以所測爲底。

又如弧三角錐，以渾員面上所成之弧三角爲底，以三

直線輳於渾體之心爲其頂銳，則四面八方皆可爲底，而銳常在心，不特能眠能立，亦且能倒能攲。〔亦惟有底有銳之正形則然，若他形底無定名，隨人所置。〕眠體、倒體以及他形之攲側不同，而皆爲有法之形者，三角故也。

　　一古法有塹堵、陽馬、鼈臑、芻甍等法，皆可以立三角處之。〔塹堵，一作"塹堵"。〕

　　凡立方體從其面之一稜，依對角斜線剖至其底相對之　稜，則其積平分，而成塹堵形。

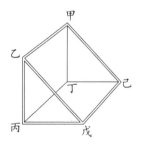

〔甲乙爲頂，有袤無廣。丙丁戊己爲方底，或長方，則丙丁同己戊爲袤，丁己仝丙戊爲廣，乙丙同甲丁爲其高。甲丁乙丙爲立面，甲乙戊己爲斜面，皆長方。乙丙戊同甲丁己，爲兩端立面，皆句股形，而相對相等。〕

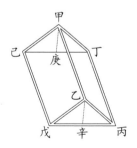

〔塹堵形有如屋者，甲乙頂袤如屋脊，甲乙丙丁及甲乙戊己兩長方皆斜

面而相等。丙丁戊己爲底。乙丙戊與甲己丁兩圭形相對而等,而以乙辛爲其高,其辛丙及辛戊俱平分而等。〕

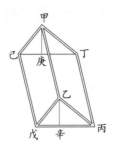

〔又或甲乙頂袤不居正中而近一邊,然甲乙與丁丙及己戊俱平行而等。其甲丁乙丙及甲己乙戊兩斜面雖有大小,而並爲長方形。乙辛垂線不能分丙辛及辛戊爲平分,而必與丙戊底爲十字正角,則乙辛爲正高。〕

以上三者,皆塹堵之正形,並以高乘底折半見積,何也?皆立方之半體,其兩端皆立三角形也。〔第一形兩端爲句股,第二、第三皆以乙辛中剖,成兩句股。〕

凡塹堵形,亦可立可眠。立者以甲乙爲頂長,丙丁戊己爲底。眠者以戊己爲頂長,反以甲乙丙丁爲底,如隔水測懸崖之類。

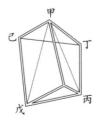

〔又有斜塹堵形,其各線不必平行,底不必正方,但俱直線,則底與兩斜面皆可作對角綫,以分爲三角形,而諸數可測。實體虛體並有之,於測量之用尤多。〕

　　斜塹堵本爲無法之形,而亦能爲有法之形者,可析之成三角也。

　　凡塹堵形,從頂上一角依對角線斜剖之爲兩,則成一立方錐,一句股錐。

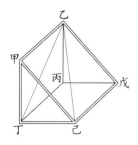

〔塹堵形從乙角作乙己、乙丁兩對角線,依線剖之,則成兩形。〕

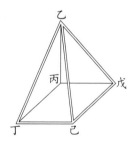

〔立方錐,一名陽馬。〕

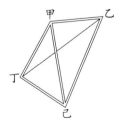

〔句股錐,一名鱉臑。〕

陽馬形〔以丙丁戊己方形爲底，以乙爲頂銳而偏居一角，故乙丙直立如垂線以爲之高，其四立面皆成句股形，故又名句股立方錐。〕

論曰：陽馬形從塹堵第一正形而分，故其高線直立於一隅，乃立方之稜線，四面句股形因此而成，是爲句股方錐之正體。若斜塹堵等形之分形，則但可爲斜立方錐，而不得爲句股方錐，亦非陽馬。

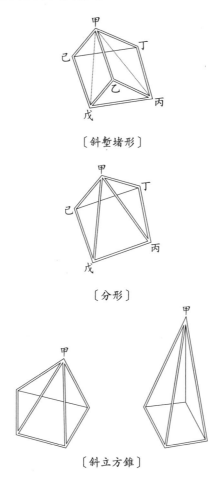

〔斜塹堵形〕

〔分形〕

〔斜立方錐〕

〔斜立方錐者，其頂不居正中，然又不能正立一隅，故非句股立錐，而但爲斜立方錐。如上二形，頂既偏側，底亦非方，亦斜立錐形也。然其立面皆三角，故亦爲有法之形。〕

〔斜立方錐亦可立可眠，皆可以立三角法御之，但不如句股立方錐之有一定比例。〕

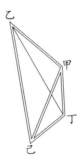

鱉臑形〔以甲乙爲上裒而無廣，以丁己爲下廣而無裒，故稱鱉臑，象形也。其各面或句股，或不爲句股，而皆三角，故又名三角錐。〕

句股立錐形〔其上有裒而無廣，下有廣而無裒，並同鱉臑。所異者，甲角正方，故乙甲丁立面、乙甲己斜面並成句股。又丁角正方，故甲丁己平面、乙丁己斜面並成句股。是四面皆句股也，故謂之句股方錐，而不得僅名鱉臑。〕

論曰：鼈臑中有句股立錐，猶斜立方錐中之有句股方錐也。立三角皆有法之形，而此二者尤可以明測量比例之理。

又論曰：立三角所以爲有法形者，謂其可施八線也，而八線原爲句股之比例。此二者既通體皆句股所成，故在有法形中，尤爲有法矣。

又論曰：若於句股方錐再剖之，即又成二句股錐而皆等積。故陽馬爲立方三之一，句股錐則爲六之一，皆立方之分體也。

又論曰：句股方錐及句股錐皆生於塹堵，故塹堵形爲測量之綱要。

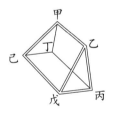

〔芻甍形亦如屋，而兩端漸殺，故頂窄而底寬。其丙丁戊己底，或正方，或長方。甲乙頂小於丙丁，或居正中，或稍偏，然皆與丙丁及戊己平行。〕

芻甍蓋取草屋之象，乃塹堵形之一種，亦可分爲三鼈臑。

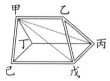

〔芻甍從甲丙、甲戊二斜線剖之，成一鼈臑、一立方錐。〕

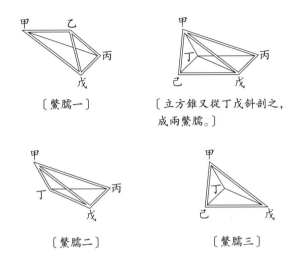

〔鼈臑一〕　　　　〔立方錐又從丁戊斜剖之，
　　　　　　　　　成兩鼈臑。〕

〔鼈臑二〕　　　　　〔鼈臑三〕

又有芻童者，形如方臺，皆立方之變體。方臺面與
底俱正方，芻童則長方，而面小底大則同，亦皆可分爲立
三角。

〔方臺〕　　　〔芻童，下同。〕

準前論，方臺作對角線，並可分爲兩芻甍，即可再分
爲六鼈臑，即皆立三角錐也。

論曰：量面者必始於三角，量體者必始於鼈臑，皆有
法之形也。量面者析之至三角而止，再析之仍三角耳。
量體者析之至鼈臑而止，再析之仍鼈臑耳。面之可以析
爲三角者，即爲有法之面；體之可以析之爲鼈臑者，即爲

有法之體。蓋鱉臑即立三角之異名也，量體者必以立三角，非是則不可得而量。

算法：

凡算立三角體，須求其正高。以正高乘底，以三而一見積。其法有三：其一頂居一角，其稜直立，即用爲正高；其二頂鋭不居一角，而在三角之間；其三頂斜出底三邊之外，並以法求其垂線爲正高。

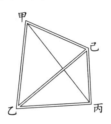

假如己甲乙丙立三角體，甲乙丙爲底，己爲頂鋭，正居丙角之上，己丙如垂線爲高。先以乙丙五十六尺，甲乙邊〔六十一尺〕，甲丙邊〔七十五尺〕，求其冪積〔一千六百三十尺〕。以乘己丙高〔四十尺〕，得〔六萬七千二百尺〕爲實。以三爲法除之，得〔二萬二千四百尺〕，爲立三角錐體。若欲知己乙、甲己兩斜弦，依句股求弦即得。〔己丙既直立，則恒爲股。以股自乘冪加乙丙句冪爲弦冪，開方得己乙弦。又以股冪加甲丙句冪爲弦冪，開方得甲己弦。〕

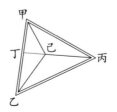

　　若己頂不居一角，而在三角之中，則己丙非正高，乃斜稜也。法當分爲兩形，其法依丙己稜直剖至底。

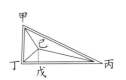
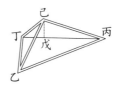

　　以上二形，乃中剖爲二之象。其中剖之立面，亦成丁己丙三角形，如平三角法，求得己戊垂線，即爲正高。如上法，先求甲乙丙冪，以乘己戊高，得數爲實，三除見積。

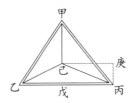
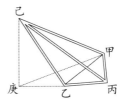

　　又法：不必剖形，但於形外任依一稜如丙己，於庚作垂線至丙，以法取庚點，與己頂平行，即庚丙爲正高，與己戊等。〔或量得庚己橫距爲句，以己丙爲弦，求其股，即得庚丙正高，亦同。〕

　　立三角之頂有斜出者，或在底外，則於己頂作垂線至庚，與甲乙丙底平行。乃任用相近一稜如己乙爲弦，量庚乙之距爲句，依法求其股，得己庚爲其正高，以乘底，三除見積。

　　問：己頂既居形外，己庚何以得爲正高也？曰：此易知也。但補作甲庚虛線，成四邊形爲底，則爲四稜立錐，而己庚爲其正高，甲乙丙底乃其底之分也，亦必以己庚爲正高矣。

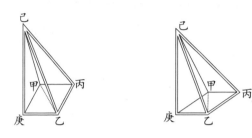

假如乙庚丙甲爲底，丙甲與乙庚等，丙乙與甲庚等，或斜方，或正方，其己庚一稜正立如垂，則即爲正高。正高乘方底，三除之，即體積也。若從甲乙對角線分其底爲均半，又依甲己、甲乙二稜，從頂直剖之至底，則分爲兩三角形，而各得其積之半矣。〔底既平分爲兩，則其積亦平分爲兩。〕其己庚乙甲形與己甲乙丙形既皆半積，則相等。而庚乙甲底與甲乙丙底又等，則其高亦等。而己庚乙甲形既以己庚爲高矣，則己甲乙丙形之高非己庚而何？

又論曰：量體積者必先知面，猶量面冪者必先知綫也，然則量體者亦先知線矣。是故量體之法，可轉用之以求線也。〔量體者有先知之面冪，有求而得之面冪。夫求之而得面者，必先求其面冪之界，界即線也，故量體之法可用之以求線也。〕何謂以量體之法求綫？曰：測量是也。前論立三角有虛體，爲測量之用。夫虛體者，無體也。無體而有線，如實體之有稜，故可以量體之法求之也。如所測之物有三點，即成三邊三角，當以三直線測之，則立三角錐形矣。所測有四點，當以四直線測之，則四稜立錐形矣。兩測則又爲塹堵形矣，故測量之法可以求線也。

又論曰：用立三角以量體者，所用者仍平三角也。而用三角以量面者，所用者仍句股也。吾以是而知聖人立法之精深廣大。

渾圓内容立三角體法

總圖

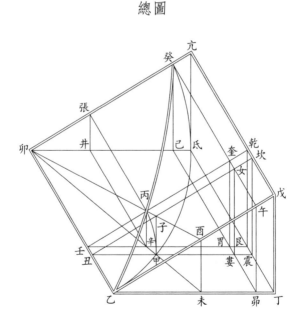

全形爲塹堵。

分形爲鼈臑，即立三角體，又爲句股立錐，西法所用。

若内切小塹堵，則爲圓容方直形，即郭太史弧矢法。

先解全形　塹堵體

亢戊乙卯爲塹堵斜面，其形長方。

卯乙爲渾圓半徑，〔卯爲渾圓之心。〕亢戊爲四十五度切線，與卯乙同度，同爲橫邊。亢卯爲乙角割線，與戊乙同度，同爲直邊。

亢氐戊丁爲塹堵立面，其形橫長方。

亢氐者，乙角切線也，與戊丁同度，以爲之高。亢戊及氐丁皆四十五度切線，與半徑同度，以爲之闊。

亢氐卯、戊丁乙皆塹堵兩和之牆，其形皆立句股。

氐卯同丁乙，皆半徑，爲句。亢氐同戊丁，皆乙角切線，爲股。亢卯同戊乙，皆乙角割線，爲弦。

卯乙丁氐爲塹堵之底，其形正方。

卯乙及卯氐皆渾圓半徑，其對邊悉同。

法曰：先爲立方體，以容渾球，使北極在上，南極在下，皆正切於立方底蓋之中心，則赤道平安，而赤道之二分二至亦皆在立方四面之中心矣。

次依赤道橫剖方體爲均半，而用其上半爲半立方容半渾圓形，則二分二至皆在半立方之底線各中心，而赤道全圈居其底。

次依二分二至，從北極十字剖之，又成四小立方，各得原立方八之一，而小立方內各容渾圓分體八之一。此小立方有一角之楞直立爲北極之軸，上爲北極，下即渾圓心卯角也，其立方根皆渾圓半徑。

次依黃赤道大距取切線爲高，作橫線於小立方夏至之一邊,即亢戊線。

次依亢戊橫線斜剖至對邊之足,則成塹堵矣。〔對邊之足即卯乙也,本爲黃赤道半徑,今在小立方體,爲方底之邊,故云足也。〕

塹堵體有五面,其一斜面,〔亢戊乙卯長方。〕其三立面,〔一亢氐戊丁長方,二亢氐卯、戊丁乙相等兩句股〕,其一方底。〔卯乙氐丁平方。〕

底面總形

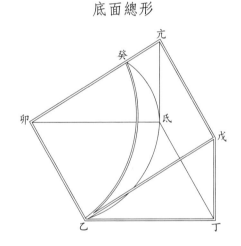

塹堵形面,有赤道象弧在方底,有黃赤大距弧在立句股邊,即兩和之牆。

底形

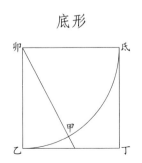

底形正方,其卯角即黄赤道心,氐甲乙爲赤道一象限,乙爲春分,氐爲夏至赤道,卯氐及卯乙皆赤道半徑,其對邊氐丁及乙丁皆四十五度切線。

立句股面形一

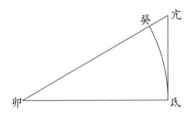

立句股之面有二,〔一亢氐卯,一戊丁乙。〕皆同角同邊。亢氐卯形内有氐癸弧,爲夏至黄赤大距二十三度半強。氐卯爲赤道半徑,癸卯爲黄道半徑,卯角爲黄赤大距角。〔氐癸弧之角。〕亢氐者,氐癸弧之切線。〔亦即卯角切線。〕亢卯者,氐癸弧之割線。〔亦即卯角割線。〕

立句股面形二

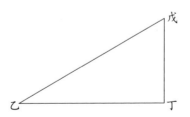

戊乙丁形即前圖亢氐卯形之對面,戊丁高同亢氐切線,〔如股。〕戊乙斜線同亢卯割線,〔如弦。〕丁乙橫線同氐卯,〔如句。〕乙角同卯角。

又有黃道象弧在斜面。

斜面形

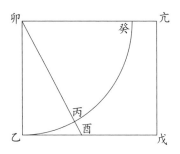

斜面形長方,〔其斜立之勢依黃道。〕其卯角爲黃道心,〔即
赤道心。〕乙丙癸爲黃道一象限。乙爲春分,〔與赤道同用。〕癸
爲黃道夏至。卯癸及卯乙皆黃道半徑,〔内卯乙與赤道同用。〕
亢卯爲二十三度半強之割線,〔夏至黃赤大距割線。〕其相對戊
乙邊與亢卯割線同度,亢戊邊與卯乙半徑相對同度,乃
四十五度之切線。〔與底上切線氐丁相應。〕

立面形

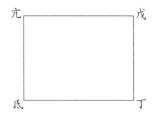

立面形亦長方,其勢直立。亢戊及氐丁二邊爲其闊,
皆四十五度切線,與半徑同度。亢氐及戊丁爲其高,皆
二十三度半之切線。〔夏至黃赤大距切線。〕以亢戊邊庋起斜面
之亢戊邊,而成角體,仍以氐丁邊聯於方底之氐丁邊,則

其形直立矣。

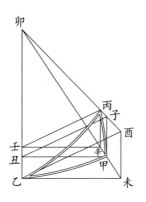

次解分形　立三角體〔古謂鼈臑，即句股錐。〕

內含乙甲丙弧三角形及乙甲丙卯弧三角錐體。

卯爲渾圜心，〔黃赤同用。〕卯乙渾圜半徑，〔黃赤同用。〕乙
丙弧爲黃道經度，丙卯爲黃道半徑，乙甲弧爲赤道經度，
甲卯爲赤道半徑，丙甲弧爲黃赤距緯，乙爲春分點。酉乙
未角爲春分角二十三度半，與二至大距之緯度相應，此角
不動。丙爲所設黃道度距春分後之點，此點移則丙之交
角變，而諸數皆從之而變。

法曰：於前圖全形塹堵斜面黃道象弧内尋所設黃道
經度，自春分〔乙〕起，數設度至丙，從丙向圜心卯作丙卯
半徑，遂依半徑引長至塹堵之邊〔酉〕，成酉卯直線。依酉
卯直線直剖至底，〔未卯線爲底，酉未線爲邊。〕成酉未乙卯立三
角體。此立三角體有四面，而皆句股，故又曰句股立錐。

立句股之錐尖爲酉，其斜面爲酉乙卯句股形。〔乙正

角,乙酉爲股,乙卯爲句,酉卯爲弦。〕

其立面二:

一爲酉未乙句股形。〔未正角,酉未垂線爲股,未乙爲句,酉乙爲弦。〕

一爲酉未卯句股形。〔未正角,酉未垂線爲股,未卯爲句,酉卯爲弦。〕

其底爲未乙卯句股形。〔乙正角,未乙爲股,乙卯爲句,未卯爲弦。〕

以上四句股面,凡楞線六。

卯乙,半徑也。酉乙,黄道丙乙弧之切線也,而酉卯則其割線也。未乙,赤道乙甲弧之切線也,而未卯則其割線也。惟酉未垂線於八線無當,今名之曰錐尖垂線,亦曰錐尖柱,亦曰外線,以其離於渾圜之體也。

句股面有四,而用者一,酉未乙也,以其能與乙角之大句股爲比例也。

楞線六,而用者二,酉乙及未乙也,以其爲二道之切線,爲八線中有定數,可爲比例也。

第一層句股比例圖

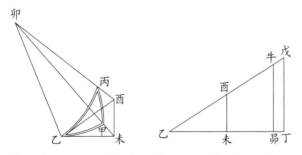

酉未乙句股形,以黄道切線〔酉乙〕、赤道切線〔未乙〕相連於乙角,〔成銳角。〕則酉乙爲弦,未乙爲句,而戊丁乙及牛昴乙二句股形同在一立面,又同用乙角,故可以相爲比例。

術爲以赤道半徑〔丁乙〕比乙角之割線〔戊乙〕,若赤道切線〔未乙〕與黃道切線〔酉乙〕也。〔此爲以句求弦。〕

又以黃道半徑〔牛乙〕比乙角之餘弦〔昴乙〕,若黃道切線〔酉乙〕與赤道切線〔未乙〕也。〔此爲以弦求句。〕

解曰:丁乙與氐昴同大,則皆赤道半徑也。戊乙與亢卯同大,則皆乙角割線也。牛乙與癸卯同大,皆黃道半徑。昴乙與己卯同大,皆乙角餘弦也。從乙窺卯,則成一點,而乙角、卯角合爲一角。其角之割線、餘弦盡移於塹堵之第一層,而同在一立面,爲句若弦。〔觀總圖自明。〕

以赤道求黃道:　　　以黃道求赤道:

一　赤道半徑　　　一　黃道半徑

二　乙角割線　　　二　乙角餘弦

三　赤道切線　　　三　黃道切線

四　黃道切線　　　四　赤道切線

若求角者,反用其率。

一　赤道切線　　　半徑

二　黃道切線

三　半徑　　　　　赤道餘切

四　乙角割線

又法:

一　黃道切線　　　半徑

二　赤道切線

三　半徑　　　　　黃道餘切

四　乙角餘弦

第二層句股比例圖

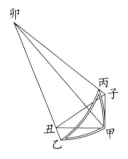 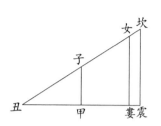

子甲丑句股形,以黃赤距度之切線〔子甲〕、赤道之正弦〔甲丑〕相連於甲,成正角,則子甲爲股,甲丑爲句,而與坎震丑及女婁丑二句股形同在一立面,又同丑角,故可相求。

術爲以赤道半徑〔震丑〕比乙角之切線〔坎震〕,若赤道正弦〔甲丑〕與距度之切線〔子甲〕也。〔是爲以句求股。〕

又爲以乙角之正弦〔女婁〕與乙角餘弦〔婁丑〕,若距度之切線〔子甲〕與赤道之正弦〔甲丑〕也。〔是爲以股求句。〕

解曰:震丑即氐卯,赤道半徑也。坎震即亢氐,乙角之切線也。女婁即癸己,而婁丑即己卯,乙角之正弦、餘弦也。從乙窺卯,則乙丑卯成一點,而合爲一角,其角之切線、正弦、餘弦盡移於塹堵第二層立面,爲句與股。

以赤道求距度:　　　　以距度求赤道:

一　半徑　　　　　　　一　乙角正弦

二　乙角切線　　　　　二　乙角餘弦

三　赤道正弦　　　　　三　距度切線

四　距度切線　　　　　四　赤道正弦

又法：

一　乙角切線　　半徑

二　半徑　　　　乙角餘切

三　距度切線

四　赤道正弦

若求角，則反用其率。

一　距度切線　　半徑

二　赤道正弦

三　半徑　　　　距度餘切

四　乙角餘切

又法：

一　赤道正弦　　半徑

二　距度切線

三　半徑　　　　赤道餘割

四　乙角切線

第三層句股比例圖

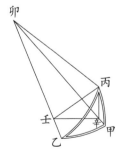
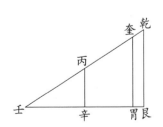

丙辛壬句股形，以距度正弦〔丙辛〕、黃道正弦〔丙壬〕相連於丙，而成銳角，則丙壬爲弦，丙辛爲股，而與乾艮壬及

奎胃壬二句股同在一立面,同用壬角,故可相求。

術爲以黄道半徑〔奎壬〕比乙角之正弦〔奎胃〕,若黄道正弦〔丙壬〕與距度之正弦〔丙辛〕也。〔是爲以弦求股。〕

又爲以乙角之切線〔乾艮〕比乙角之割線〔乾壬〕,若距度之正弦〔丙辛〕與黄道正弦〔丙壬〕也。〔是爲以股求弦。〕

解曰:奎壬即癸卯,黄道半徑也。奎胃即癸己,距度正弦也。乾艮即亢氐,而乾壬即亢卯,則乙角之切線、割線也。從乙窺卯,則乙丑壬卯半徑因直視成一點,而合爲一角,其角之正弦、切割線盡移於塹堵之第三層立面,以爲弦爲股。

以黄道求距度：　　　　以距度求黄道：
一　半徑　　　　　　　一　乙角切線
二　乙角正弦　　　　　二　乙角割線
三　黄道正弦　　　　　三　距度正弦
四　距度正弦　　　　　四　黄道正弦
又法：
一　乙角正弦　半徑
二　半徑　　　　乙角餘割
三　距度正弦
四　黄道正弦
若求角,則反用其率。
一　距度正弦　半徑
二　黄道正弦
三　半徑　　　　距度餘割

四　乙角正割

又法：

一　黄道正弦　半徑

二　距度正弦

三　半徑　　黄道餘割

四　乙角正弦

弧三角錐體〔即割渾圜體之一分。〕

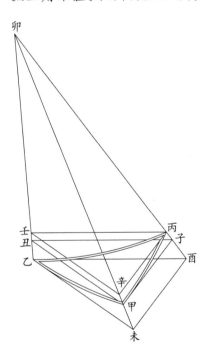

法曰：依前論，從丙點對卯直剖至底，則截黄道於丙，截赤道於甲，得丙乙及甲乙二弧，所剖渾圜之跡又成丙甲弧，〔爲兩道距緯。〕三弧相湊，成丙甲乙弧三角面。丙卯、甲卯、乙卯同爲半徑，三半徑爲楞，輳於卯心。卯爲三角之尖，乙甲丙弧三角面爲底，成乙甲丙卯弧三角錐體，爲割渾圓體之一分也。

此弧三角錐體含於句股立錐體内，準前論可以明之。

因此弧三角錐與句股錐同銳〔卯尖。〕異底，〔一以弧三角面爲底，一以句股平面爲底。〕故以弧三角變爲句股，以求其比例，而有三法。〔即前條所論三層句股。〕

其一爲酉未乙句股形。

用酉乙弦[一]、〔爲黄道丙乙弧切線。〕未乙句，〔爲赤道乙甲弧切線。〕以當乙角之弦與句。

其一爲子甲丑句股形。

用子甲股、〔爲距度丙甲弧切線。〕甲丑句，〔爲赤道乙甲弧正弦。〕以當乙角之股與句。

其一爲丙辛壬句股形。

用丙辛股、〔爲距度丙甲弧正弦。〕丙壬弦，〔爲黄道丙乙弧正弦。〕以當乙角之股與弦。

問：兩弧求一弧，非句股錐乎？與此所用同耶？異耶？曰：形不異也，乃法異耳。何言乎法異？曰：句股錐一也，而有用角不用角之殊。此用角度，其句股在錐形之底，〔以卯心爲錐形之銳，則三層句股皆爲其底。〕而遥對渾體之心，以視法成比例。兩弧求一弧不用角度，其句股同在錐形之一面，無假視法，自成比例，所以不同。然其爲句股之

─────────────

〔一〕弦，原作“弧”，據四庫本、輯要本改。

比例，一而已矣。

　　然則兩弧求一弧，惟用割線、餘弦，此所用者惟正弦、切線，又何不同若是耶？曰：角之句股在心，〔如卯元氐等形，皆依極至交圈平剖渾圜成平面，其象始著，是在渾圜之心。〕與爲比例之句股在面，〔如酉未乙等形，皆以一角連於渾圜之面。〕二者相離，以視法相疊，如一平面。然惟正弦、切線能與之平行，〔從凸面平視，則設度之正弦、切線皆與渾圜中剖之平面諸線平行。〕若割線、餘弦，皆非平行，因視法而躋縮，失其本象，〔或斜對則長線成短線，或對視則直線成一點。〕不能爲比例，無所用之矣。若兩弧求一弧，則其句股自相垛疊於一平面，〔平、立、斜三面各具三句股，而如相垛疊，並以一大句股橫截成三。〕皆以本數自相爲比例，全不關於視法，故無躋縮。而其算皆割線、餘弦所成，於正弦、切線反無所取，所以不同。若以量體之法言之，割線、餘弦爲量立楞、斜楞之法，正弦、切線則量底之法也。〔兩弧求一弧，法見二卷。〕

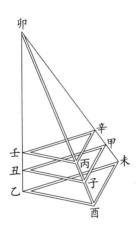

如圖，以卯爲句股立錐之頂，卯乙爲直立之楞，如渾圜半徑，卯未、卯酉爲斜面之楞，並如割線。酉乙、未乙兩底線並如切線。若依底線平截之，成大小三形，則比例見矣。

剖渾圜用餘度法

塹堵內割句股方錐之眠體

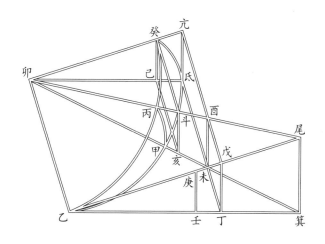

乙丙黃道弧在四十五度以上，求甲乙赤道弧。〔即同升度。〕

依前法，半徑〔癸卯，亦即庚乙。〕與乙角〔春分〕之餘弦，〔乙壬，亦即卯己。〕若乙丙〔黃道〕之切線〔尾乙〕與乙甲〔赤道〕之切線〔箕乙〕。

此法無誤，但如此則兩切線大於塹堵，須引之於形外，是以小比例例大比例也。若至八十度，切線太大，不可作圖矣。

今改用餘度，法自卯渾圜心遇黃道設弧丙，作線至酉。〔剖至底。〕以乙丙黃道之餘弧癸丙，取其切線於斜面如癸斗。又以乙甲赤道之餘弧甲氐，取其切線於底如氐未。即以氐未移至斜面之楞如亢酉，變立句股〔尾箕乙〕爲平斜句股。〔酉亢卯及斗癸卯，兩形皆相似。〕法爲半徑〔癸卯〕與乙角之正割線，〔乙角即卯角，其割線戊乙，亦即卯亢。〕若乙丙黃道之餘切線〔癸斗〕與乙甲赤道之餘切線也。〔亢酉，亦即氐未。〕

按：此法從亢戊邊剖塹堵，成句股方錐之眠體。

其剖形以亢氐酉未長方形爲底，以卯爲錐尖，以斜面之卯亢酉句股形及平面之卯氐未句股形爲相對之二邊，又以卯氐亢之立面句股形及卯未酉之斜立面句股形爲相對之二邊。其四面皆句股，其底長方，而以卯爲尖，故曰眠形。

不直曰方錐者，以面皆句股，而卯氐線正立，故不得僅云陽馬，謂之句股方錐可也，亦如句股錐立三角不得僅謂鼈臑。

塹堵測量卷二

句股錐形序〔即兩弧求一弧。〕

正弧三角之法，即郭太史側視圖也。郭法以側視取立句股，又以平視取平句股，故有圓容方直之法，而不須用角。西法專以側視之圖爲用，故必用角，用角即用弧也。惟其用角，故所用者皆側立之句股也。余此法則兼用平、立、斜三種句股，而其大小句股之比例並在一平面，尤爲明白易見。而不更言角，既與授時之法相通，其兼用割線，起算春分，又西曆之理也。蓋義取適用，原無中外之殊；苐不違天，自有源流之合。敬存此稿，以質方來。其授時曆側視、平視之圖，詳具別卷。

正弧三邊形以兩弧求一弧法〔句股錐形之理。〕

用割線、餘弦，以弧度求弧度，而不言角，其理與郭法相通。

丙甲乙三角弧形，甲爲正角，卯爲渾員心，丙乙爲黃道距春分之一弧，甲乙爲赤道同升之弧，丙甲爲黃赤距度，〔即過極圈之一弧。〕丙卯爲黃道半徑，甲卯爲赤道半徑，卯

句股錐形乃割員諸線所成

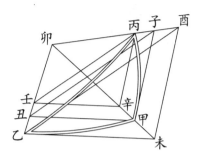

乙爲黃赤兩道之半徑，壬卯爲丙乙黃道之餘弦，〔以丙壬爲其正弦故。〕丑卯爲甲乙赤道之餘弦。〔以甲丑爲其正弦故。〕辛卯爲丙甲距度之餘弦，〔以丙辛爲其正弦故。〕子卯爲丙甲割線，〔以子甲爲切線知之。〕酉卯爲丙乙割線，〔以酉乙爲切線知之。〕未卯爲甲乙割線。〔以未乙爲切線知之。〕

斜面酉乙卯及子丑卯及丙壬卯皆句股形，乙、丑、壬皆正角，又同用卯角，角之弧爲丙乙黃道。平面未乙卯及甲丑卯及辛壬卯皆句股形，乙、丑、壬皆正角，又同用卯角，角之弧爲甲乙赤道。立面酉未卯及子甲卯及丙辛卯皆句股形，未、甲、辛皆正角，又同用卯角，角之弧爲丙甲距度。〔其又一立面酉未乙及子甲丑及丙辛壬三句股形爲切線、正弦所作，玆不論。〕

論曰：因諸線成平面句股形爲底，兩立面句股形爲牆，斜面句股形爲面，則四面皆句股形矣。而酉未聯線及子甲切線、丙辛正弦皆直立，上對天頂，下指地心，故謂之句股錐形也。既成句股，則其相等之比例可以相求。

用法：

半徑與赤道之餘弦，若黃道之割線與距度之割線。

　一　半徑　　　　乙卯大句　　二　甲乙餘弦　丑卯小句

　三　丙乙割線　酉卯大弦　　四　丙甲割線　子卯小弦

斜面四率圖

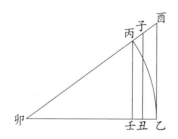

反之，則赤道餘弦與半徑，若距度割線與黃道割線。

　一　甲乙餘弦　丑卯小句　　二　半徑　　　　乙卯大句

　三　丙甲割線　子卯小弦　　四　丙乙割線　酉卯大弦

又更之，則黃道割線與半徑，若距度割線與赤道餘弦。

　一　丙乙割線　酉卯大弦　　二　半徑　　　　乙卯大句

　三　丙甲割線　子卯小弦　　四　甲乙餘弦　丑卯小句

　右取斜面酉乙卯、子丑卯兩句股形，以乙卯半徑爲比例，偕一餘弦兩割線而成四率。

半徑與距度之割線，若黃道之餘弦與赤道之餘弦。

　一　半徑　　　　丙卯小弦　　二　丙甲割線　子卯大弦

　三　丙乙餘弦　壬卯小句　　四　甲乙餘弦　丑卯大句

反之，則距度割線與半徑，若赤道餘弦與黃道餘弦。

　一　丙甲割線　子卯大弦　　二　半徑　　　　丙卯小弦

三　甲乙餘弦　丑卯大句　四　丙乙餘弦　壬卯小句

又更之，則黃道餘弦與半徑，若赤道餘弦與距度割線。

一　丙乙餘弦　壬卯小句　二　半徑　　　丙卯小弦

三　甲乙餘弦　丑卯大句　四　丙甲割線　子卯大弦

　右取斜面丙壬卯、子丑卯二句股形，以丙卯半徑偕一割線兩餘弦而成四率。

半徑與赤道割線，若距度割線與黃道割線。

一　半徑　　　甲卯小句　二　甲乙割線　未卯大句

三　丙甲割線　子卯小弦　四　丙乙割線　酉卯大弦

立面四率圖

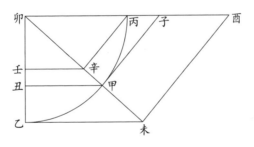

平面四率圖

更之，則赤道割線與半徑，若黃道割線與距度割線。

一　甲乙割線　未卯大句　二　半徑　　　甲卯小句

三　丙乙割線　酉卯大弦　四　丙甲割線　子卯小弦

又更之，則距度割線與半徑，若黃道割線與赤道割線。

一　丙甲割線　子卯小弦　二　半徑　　　甲卯小句

三　丙乙割線　酉卯大弦　四　甲乙割線　未卯大句

　右取立面酉未卯、子甲卯二句股形，以甲卯半徑偕三割線而成四率。

半徑與黃道餘弦,若赤道割線與距弧餘弦。

　一　半徑　　　　乙卯大句　二　丙乙餘弦　壬卯小句

　三　甲乙割線　未卯大弦　四　丙甲餘弦　辛卯小弦

更之,則黃道餘弦與半徑,若距弧餘弦與赤道割線。

　一　丙乙餘弦　壬卯小句　二　半徑　　　　乙卯大句

　三　丙甲餘弦　辛卯小弦　四　甲乙割線　未卯大弦

又更之,則赤道割線與半徑,若距弧餘弦與黃道餘弦。

　一　甲乙割線　未卯大弦　二　半徑　　　　乙卯大句

　三　丙甲餘弦　辛卯小弦　四　丙乙餘弦　壬卯小句

　右取平面未乙卯、辛壬卯二句股形,以乙卯半徑偕兩餘弦一割線,而成四率。

半徑與距度餘弦,若赤道餘弦與黃道餘弦。

　一　半徑　　　　甲卯大弦　二　丙甲餘弦　辛卯小弦

　三　甲乙餘弦　丑卯大句　四　丙乙餘弦　壬卯小句

平面四率圖

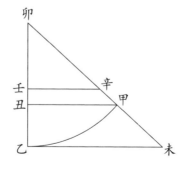

更之,則距度餘弦與半徑,若黃道餘弦與赤道餘弦。

一　丙甲餘弦　辛卯小弦　二　半徑　　　甲卯大弦

三　丙乙餘弦　壬卯小句　四　甲乙餘弦　丑卯大句

又更之，則赤道餘弦與半徑，若黃道餘弦與距度餘弦。

一　甲乙餘弦　丑卯大句　二　半徑　　　甲卯大弦

三　丙乙餘弦　壬卯小句　四　丙甲餘弦　辛卯小弦

　　右取平面〔甲丑卯、辛壬卯〕二句股，以甲卯半徑偕三餘弦而成四率。

半徑與黃道割線，若距弧餘弦與赤道割線。

一　半徑　　　丙卯小弦　二　丙乙割線　酉卯大弦

三　丙甲餘弦　辛卯小句　四　甲乙割線　未卯大句

立面四率圖

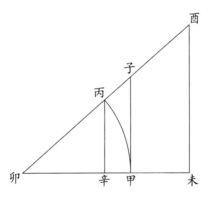

更之，則黃道割線與半徑，若赤道割線與距弧餘弦。

一　丙乙割線　酉卯大弦　二　半徑　　　丙卯小弦

三　甲乙割線　未卯大句　四　丙甲餘弦　辛卯小句

又更之，則距弧餘弦與半徑，若赤道割線與黃道割線。

一　丙甲餘弦　辛卯小句　二　半徑　　　丙卯小弦

三　甲乙割線　未卯大句　四　丙乙割線　酉卯大弦

　　右取立面酉未卯、丙辛卯二句股形,以丙卯半徑偕兩割線一餘弦而成四率。

作立三角儀法〔即句股錐形。〕

　　法以堅楮依各線畫成句股,而摺轉之,則各線之在渾員者,具可覩矣。任取黃道之一弧爲例,則各弧並同。

展形〔展之則成四句股。〕

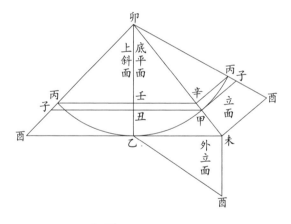

合形〔合之則成立錐。〕

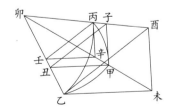

　　底上甲乙弧，赤道同升度也，赤道各線俱在平面爲底。面上丙乙弧，黃道度也，黃道各線俱在斜面。立面丙甲弧度，黃赤距緯也，距緯各線俱在立面。外立面爲黃赤兩切線之界。

　　論曰：此即郭若思太史員容方直之理也。太史法從二至起算，先求大立句股。依距至黃道度，取其正半弦爲界，直切至赤道平面，截黃赤道兩半徑成小立句股。以此爲法，求得平面大句股，則赤道之正半弦也。其直切兩端下垂之跡，在二至半徑者既成小立句股，其在所求本度者又成斜立句股，此斜立句股之股，則本度黃赤距度之正半弦也。於是直切之跡，有黃道正半弦爲其上下之橫長，有黃赤距度之正半弦爲兩端之直闊，成直立之長方形，而在渾體之中，故曰弧容直闊也。此側立長方之四角，各有黃赤道之徑爲其楞，以直湊渾體之心，成眠體之句股方錐。句股方錐者，底雖方而錐尖偏在一楞，則其四面皆成句股，此郭太史之法也。今用八線之法，以句股御渾體，其意略同。但其法主於用角，故從二分起算，遂成立句股錐形。立句股錐形亦可以卯心爲錐尖，是爲眠體錐形，如此則兩錐形之尖皆在員心，〔一郭法，一今法。〕而可通爲一法。是故用郭太史法，則以句股方錐爲主，而句股錐形，其餘度所成之餘形。今以句股錐形爲主，則員容直闊所成句股方錐，又爲餘度餘形矣。然則此兩法者不惟不相違，而且足以相發，古人可作，固有相視而笑，莫逆於心者矣。余竊怪夫世之學者入主出奴，不能得古人之深而輕肆詆訶者,皆是也。吾安得好學深思其人,與之上下其議哉?

句股方錐序

　　塹堵虚形以測渾員,原有二法:一爲句股錐形,一爲
句股方錐。其句股錐之法,嚮有尚論。方錐之法,亦略見
於諸篇,而未暢厥旨,故復著之。其法以弧求弧,而不言
角,與句股錐同,而起算二至,則<u>郭太史</u>本法矣。方錐與
錐形互相爲正餘,故亦可以算距分之度也。

算黃赤道及其距緯以兩弧求一弧又法〔用句股方錐形,亦塹堵形之分。〕

　　以八綫法立算,起數二至,本<u>郭太史</u>員容方直之理,
而稍廣其用,亦不言角。

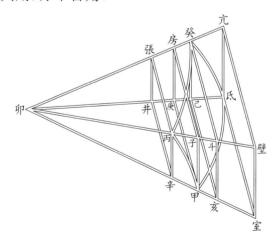

如圖，癸爲二至黃道，癸丙爲距至黃道之一弧，〔如所設。〕氐爲二至赤道，氐甲爲距至赤道之一弧，〔與癸丙黃道相應。〕癸氐爲二至黃赤大距弧，〔二十三度半强。〕丙甲爲所設各度之黃赤距緯，〔即過極圈之一弧。〕卯爲渾圓心。

黃道癸丙之正弦丙張，餘弦張卯，正矢癸張，切綫癸斗，割綫斗卯。

赤道氐甲之正弦甲庚，餘弦庚卯，正矢氐庚，切綫氐室，割綫室卯。

大距度癸氐之正弦癸己，餘弦己卯，正矢氐己，切綫氐亢，割綫亢卯。

距緯丙甲之正弦丙辛，餘弦辛卯，正矢甲辛，切綫甲子，割綫子卯。

論曰：因諸綫成各句股形，爲句股方錐之面，其銳尖皆會於卯心，又成方直形以爲之底，遂成句股方錐之眠體。

一斜平面。有黃道弧諸綫，成句股形二；〔一丙張卯，一斗癸卯。〕又有相應之赤道諸綫，亦成句股形二。〔一壁亢卯，一子房卯。〕四者皆形相似而比例等。

一平面。有赤道弧諸綫，成句股二；〔一甲庚卯，一室氐卯。〕又有相應之黃道諸綫，亦成句股二。〔一辛井卯，一亥己卯。〕四者皆形相似而比例等。

一立面。有大距弧諸綫，成句股二；〔一癸己卯，一亢氐卯。〕又有相對之距緯諸綫，亦成句股二。〔一張井卯，一房庚卯。〕四者皆形相似而比例等。

一斜立面。有黃赤距度諸綫，成句股二；〔一丙辛卯，一

子甲卯。〕又有相對之大距度諸綫，亦成句股二。〔一斗亥卯，一
壁室卯。〕四者皆形相似而比例等。

論曰：斜平面、平面、立面、斜立面各具四句股，而並
爲相似之形者，皆以一大句股截之成四也。其股與弦並
原綫，而所截之句又平行，其比例不得不等。

一内外兩方直形，〔一在渾員形内，即郭法所用，乃黄道及距緯
兩正弦所成。一在渾員形外，乃赤道及大距兩切綫所成。〕有平立諸綫
爲各相似相連句股形之句，亦即爲相似兩方錐之底而比
例等。

一不内不外兩方直形，〔一跨黄道内外，乃赤道正弦及距緯
切綫所成。一跨赤道内外，乃黄道切綫及大距正弦所成。〕有平立諸綫
爲各相似相連句股形之句，亦即爲相似兩方錐之底而
比例等。

論曰：方錐眠體以平行之底横截之，〔即四種方直形，皆方
錐之底。〕成大小四方錐，其錐體之頂鋭〔卯〕與其四稜皆不
動，所截之底又平行，故其比例相似而等。

又論曰：黄道在斜平面，赤道在平面，而其綫互居者，
以方直形故也。大距度在立面，距緯度在斜立面，而其綫
畢具者，亦以方直形故也。蓋形既方直，則横綫直綫兩兩
相對而等。

用法：

斜平面比例

黄道半徑與黄道正弦，若距緯割綫與赤道正弦。

一　半徑　　　丙卯小弦　二　黃道正弦　丙張小股

三　距緯割綫　子卯大弦　四　赤道正弦　子房大股

斜平面四率圖一

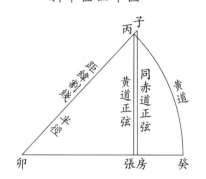

更之，黃道正弦與黃道半徑，若赤道正弦與距緯割綫。

一丙張小股　二丙卯小弦　三子房大股　四子卯大弦

又更之，距緯割綫與黃道半徑，若赤道正弦與黃道正弦。

一子卯大弦　二丙卯小弦　三子房大股　四丙張小股

右取斜平面張丙卯、房子卯二句股形，以丙卯半徑偕一割綫兩正弦而成四率。

黃道半徑與黃道切綫，若大距割綫與赤道切綫。

一　半徑　　　癸卯小句　二　黃道切綫　癸斗小股

三　大距割綫　亢卯大句　四　赤道切綫　亢壁大股

斜平面四率圖二

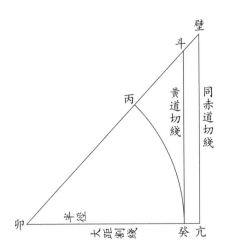

更之，黃道切綫與黃道半徑，若赤道切綫與大距割綫。

　一癸斗小股　　二癸卯小句　　三亢壁大股　　四亢卯大句

又更之，大距割綫與黃道半徑，若赤道切綫與黃道切綫。

　一亢卯大句　　二癸卯小句　　三亢壁大股　　四癸斗小股

　右取斜平面斗癸卯、壁亢卯二句股形，以癸卯半徑偕一割綫兩切綫而成四率。

平面比例

赤道半徑與赤道正弦，若距緯餘弦與黃道正弦。

　一　半徑　　　　甲卯大弦　　二　赤道正弦　　甲庚大股

　三　距緯餘弦　　辛卯小弦　　四　黃道正弦　　辛井小股

平面四率圖一

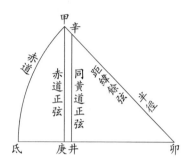

　　更之，赤道正弦與赤道半徑，若黃道正弦與距緯餘弦。

　　一甲庚大股　　二甲卯大弦　　三辛井小股　　四辛卯小弦

　　又更之，距緯餘弦與赤道半徑，若黃道正弦與赤道正弦。

　　一辛卯小弦　　二甲卯大弦　　三辛井小股　　四庚甲大股

　　右取平面井辛卯、庚甲卯二句股形，以甲卯半徑偕一餘弦兩正弦而成四率。

　　赤道半徑與赤道切綫，若大距餘弦與黃道切綫。

　　一　半徑　　　氐卯大句　　二　赤道切綫　　氐室大股

　　三　大距餘弦　己卯小句　　四　黃道切綫　　己亥小股

平面四率圖二

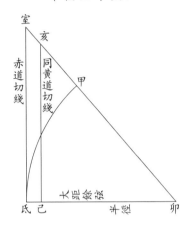

更之，赤道切綫與赤道半徑，若黃道切線與大距餘弦。

一氐室大股　二氐卯大句　三己亥小股　四己卯小句

又更之，大距餘弦與赤道半徑，若黃道切綫與赤道切綫。

一己卯小句　二氐卯大句　三己亥小股　四氐室大股

右取平面亥己卯、室氐卯二句股形，以氐卯半徑偕一餘弦兩切綫而成四率。

立面比例

黃道半徑與大距正弦，若黃道餘弦與距緯正弦。

一　半徑　　　癸卯大弦　二　大距正弦　癸己大股

三　黃道餘弦　張卯小弦　四　距緯正弦　張井小股

立面四率圖一

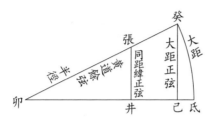

更之，大距正弦與黃道半徑，若距緯正弦與黃道餘弦。

一癸己大股　二癸卯大弦　三張井小股　四張卯小弦

又更之，黃道餘弦與黃道半徑，若距緯正弦與大距正弦。

一張卯小弦　二癸卯大弦　三張井小股　四癸己大股

　右取立面己癸卯、井張卯二句股形，以癸卯半徑偕一餘弦兩正弦而成四率。

赤道半徑與大距切綫，若赤道餘弦與距緯切綫。

一　半徑　　　氐卯大句　二　大距切綫　氐亢大股

三　赤道餘弦　庚卯小句　四　距緯切綫　庚房小股

立面四率圖二

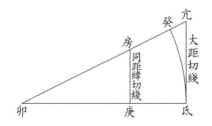

更之，大距切綫與赤道半徑，若距緯切線與赤道餘弦。

一氐亢大股　　二氐卯大句　　三庚房小股　　四庚卯小句

又更之，赤道餘弦與赤道半徑，若距緯切綫與大距切綫。

一庚卯小句　　二氐卯大句　　三庚房小股　　四氐亢大股

　右取立面房庚卯、亢氐卯二句股形，以氐卯半徑偕一餘弦兩切綫而成四率。

斜立面比例

黃道半徑與距緯正弦，若黃道割綫與大距正弦。

一　半徑　　　　丙卯小弦　　二　距緯正弦　　丙辛小股

三　黃道割綫　　斗卯大弦　　四　大距正弦　　斗亥大股

斜立面四率圖一

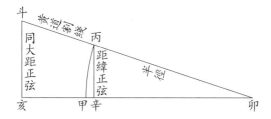

更之，距緯正弦與黃道半徑，若大距正弦與黃道割綫。

一丙辛小股　　二丙卯小弦　　三斗亥大股　　四斗卯大弦

又更之，黃道割綫與黃道半徑，若大距正弦與距緯正弦。

一斗卯大弦　　二丙卯小弦　　三斗亥大股　　四丙辛小股

　右取斜立面辛丙卯、亥斗卯二句股形，以丙卯半徑偕一割綫兩正弦而成四率。

赤道半徑與距緯切綫，若赤道割綫與大距切綫。

一　半徑　　甲卯小句　二　距緯切綫　甲子小股

三　赤道割綫　室卯大句　四　大距切綫　室壁大股

斜立面四率圖二

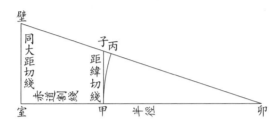

更之，距緯切綫與赤道半徑，若大距切綫與赤道割綫。

一甲子小股　二甲卯小句　三室壁大股　四室卯大句

又更之，赤道割綫與赤道半徑，若大距切綫與距緯切綫。

一室卯大句　二甲卯小句　三室壁大股　四甲子小股

　右取斜立面子甲卯、壁室卯二句股形，以甲卯半徑借一割綫兩切綫而成四率。

　以上方錐形之四面，每面有大小四句股形，即各成四率比例者六，合之則二十有四，並以兩弧求一弧，而不言角。

方直形比例

黃道正弦與距緯正弦，若赤道切綫與大距切綫。

一　黃道正弦　井辛小句

二　距緯正弦　張井小股

三　赤道切綫　氐室大句

四　大距切綫　亢氐大股

方直形四率圖一

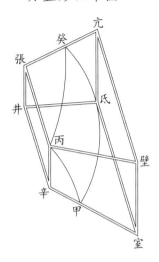

更之，距緯正弦與黃道正弦，若大距切綫與赤道切綫。

一張井小股　二井辛小句　三亢氐大股　四氐室大句

又更之，赤道切綫與大距切綫，若黃道正弦與距緯正弦。

一氐室大句　二亢氐大股　三井辛小句　四張井小股

再更之，大距切綫與赤道切綫，若距緯正弦與黃道正弦。

一亢氐大股　二氐室大句　三張井小股　四井辛小句

　　右取渾體內所容方直形上黃道及距緯兩正弦，偕渾體外所作方直形上赤道及大距兩切綫而成四率。

赤道正弦與距緯切綫，若黃道切綫與大距正弦。

一　赤道正弦　庚甲小句　二　距緯切綫　房庚小股

三　黃道切綫　己亥大句　四　大距正弦　癸己大股

方直形四率圖二

更之，距緯切綫[一]與赤道正弦，若大距正弦與黃道切綫。

一房庚小股　二庚甲小句　三癸己大股　四己亥大句

又更之，黃道切綫與大距正弦，若赤道正弦與距緯切綫。

一己亥大句　二癸己大股　三庚甲小句　四房庚小股

再更之，大距正弦與黃道切綫，若距緯切綫與赤道正弦。

一癸己大股　二己亥大句　三房庚小股　四庚甲小句

右取方直形上黃道切綫、大距正弦，偕又一方直形上赤道正弦、距緯切線而成四率。

〔一〕距緯切綫，"緯"原作"綫"，據輯要本改。

以上大小方錐形之底各成方直形，而兩兩相偕，即各成四率比例者四，合之則八，並以三弧求一弧，而不言角。

凡句股方錐形所成之四率比例，共三十有二，皆不言角。內四率中有半徑者二十四，並兩弧求一弧；四率中無半徑者八，以三弧求一弧，其不言角則同。

問：各面之句股形並以形相似而成比例，若方直形所用，皆各形之大小句，然不同居一面，又非相似之形，何以得相爲比例？曰：句股形一居平面，一居立面，而能相比例者，以有棱綫爲之作合也。何以言之？如亢卯割綫爲方錐形之一棱，而此綫既爲斜平面句股形〔壁亢卯〕之股，又即爲立面句股形〔氐亢卯〕之弦，故其比例在斜平面爲亢卯與張卯，若亢壁與張丙也，而在立面爲亢卯與張卯，若亢氐與張井也，合而言之，則亢壁與張丙，亦若亢氐卯與張井。餘倣此。

問：此以方直相比，非句股本法矣。曰：亦句股也。試平置方錐，〔以方底著地，使卯銳直指天頂，而卯氐棱綫正立如垂。〕而從其卯頂俯視之，則卯井庚己氐棱綫上分段之界，因對視而成一點，亢卯棱線與亢氐線相疊，室卯綫與室氐相疊，皆胐合爲一。惟亢壁室氐直方形因平視而得正形，其壁卯稜綫則成壁氐，而斜界於對角，分直方形爲兩句股形矣。又其分截之三方直形，亦以平視得正形，亦各以棱綫分爲兩句股，而大小相疊，成相似之形，而比例等矣。

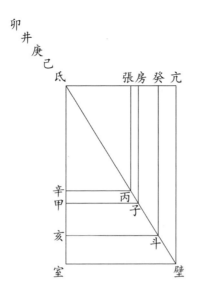

　　如圖，亢氐室壁長方以壁氐綫成兩句股，而張井辛丙長方〔即張氐辛丙。〕亦以丙卯綫〔即丙井，亦即丙氐。〕成兩句股，並形相似，則亢壁與張丙，若亢氐與張井。〔張井即張氐。〕

　　又癸己亥斗長方〔即癸氐亥斗。〕以斗卯綫〔即斗己，又即斗氐。〕成兩句股，而房庚甲子長方〔即房氐甲子。〕亦以子卯綫〔即子庚，又即子氐。〕成兩句股，而形相似，則癸斗與房子，若癸己與房庚。〔癸己與房庚，即癸氐與房氐。〕

展形〔展之成四句股面、一方直底。〕

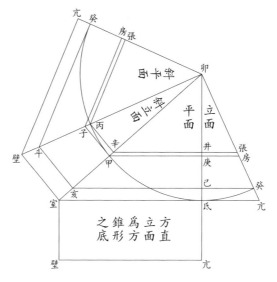

合形〔合之則成句股方錐。〕

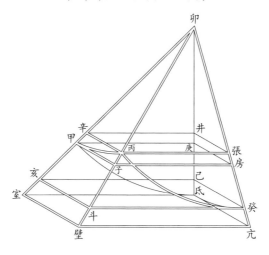

作方直儀法〔即句股立方錐。〕

法以竪楮依黃赤大距二十三度半，畫成立面。再任設赤道距至度，畫成平面。再依法畫距緯斜立面及黃道距至度斜平面，并方直底。然後依棱摺輚，即渾員上各綫相爲比例之故，了然共見。

任指黃道或赤道之距至一弧爲式，即各弧可知。其所用距至弧，或在至前，或在至後，或冬至，或夏至，並同一理。

方塹堵內容員塹堵法

先解方塹堵

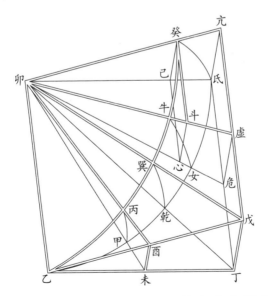

塹堵以正方爲底，〔氐卯丁乙形。〕其上有赤道象限。〔氐

乾乙弧,乙春分,氐夏至。〕以長方爲斜面,〔亢卯戊乙形。〕其上有黃
道象限。〔癸巽乙弧,乙春分,巽夏至。〕底與面一邊相連,〔卯乙邊
爲底,與斜面所同用,故相連,乃黃赤道之半徑。〕一邊相離,〔氐丁邊在
底,與赤道平行,亢戊邊在斜面,故相離,其距爲亢氐,爲戊丁,皆大距度癸氐
弧之切線。〕其形似斧。

　　從斜面作戊卯對角線切至底,〔戊丁卯對角線於底。〕分塹
堵爲兩,則赤道爲兩平分,〔赤道平分於乾,乾乙距春分,乾氐距夏
至,各得四十五度。〕而黃道爲不平分。〔黃道分於巽,則巽乙距春分
四十七度二十九分弱,而巽癸距夏至四十二度三十一分强。〕於是黃道
切線〔戊乙〕與大距度割線〔亢卯〕等,而方塹堵之形以成。
〔亢卯爲大距二十三度三十一分半之割線,其數一〇九〇六五。戊乙爲黃道
四十七度二十九分之切線,其數亦一〇九〇六五。兩數既同,故能作長方斜
面,而成塹堵。〕乃黃道求赤道,用兩切線之所賴也。〔若赤道求
黃道,則反用其率。〕

　　法曰:自黃道四十七度二十九分以前,用正切,是立
面句股比例。〔戊丁乙句股比例,即亢氐卯,或用癸己卯,皆大句股也,其
酉未乙則爲小句股。〕

一	戊乙	〔即巽乙黃道之切線,而與大距割線亢卯等〕	癸卯黃道半徑	大弦
二	丁乙	〔即乾乙赤道之切線,而與赤道半徑氐卯等〕	己卯大距餘弦	大句
三	酉乙	〔丙乙黃道之正切〕		小弦
四	未乙	〔甲乙赤道之正切〕		小句

　　右黃道求赤道,爲以弦求句。

一	赤道半徑氐卯	大句
二	大距割線亢卯	大弦

三　赤道切線未乙〔甲乙赤道〕　小句

四　黃道切線酉乙〔丙乙黃道〕　小弦

右赤道轉求黃道，爲以句求弦。

自黃道四十七度二十九分以後，用餘切，是斜平面句股比例。〔斜面亢虛卯爲大句股，癸斗卯爲小句股，在平面則爲氐危卯大句股、己心卯小句股。〕

一　黃道半徑癸卯　小股

二　大距割線亢卯　大股

三　黃道餘切癸斗　小句〔牛乙黃道，其餘弧牛癸〕

四　赤道餘切亢虛　大句〔女乙赤道，其餘弧女氐〕

右黃道求赤道，爲以股求句。

一　赤道半徑氐卯　　大股

二　大距餘弦己卯　　小股

三　赤道餘切危氐〔即亢虛〕　大句〔女氐，即女乙赤道之餘〕

四　黃道餘切心己〔即癸斗〕　小句〔牛癸，即牛乙黃道之餘〕

右以赤道轉求黃道，亦爲以股求句。

論曰：赤道求黃道，用句股於赤道平面，即郭太史員容方直之理。但郭法起二至，則此所謂餘弧，乃郭法之正弧。又郭法只用正弦，而此用切線，爲差別耳。

又論曰：正切線法亦可用於半象限以上，餘切線亦可用於半象限以下，此因方塹堵之底正方，則所用切線至方角而止，故各用其所宜。〔云半象限者，主赤道而言。若黃道以四十七度二十九分爲斷，一平一斜，故其比例如弦與句。〕

又論曰：正切線法即句股錐形也，餘切線法即句股方錐也。以對角斜線分塹堵爲兩，成此二種錐形，遂兼兩法。

圓塹堵圖一

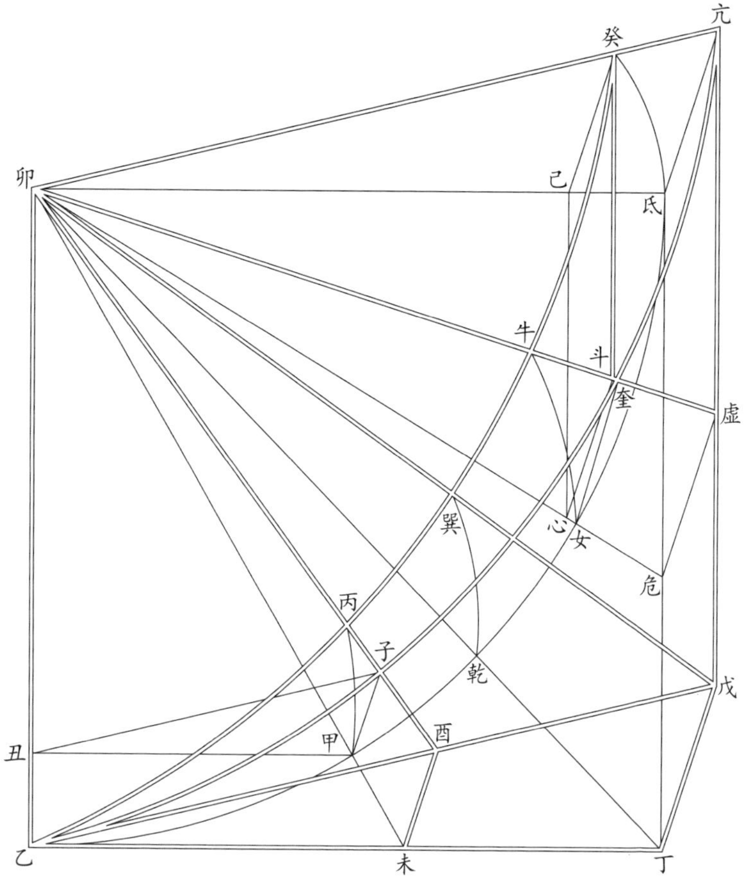

次解員塹堵

方塹堵内容割渾員之分體，以癸牛丙乙黄道爲其斜面之界，以氐女甲乙赤道爲其底之界，而以癸氐大距弧及牛女、丙甲等逐度距弧爲其高，高之勢曲抱，如渾員之分。斜面、平面皆爲平員四之一。〔其高自癸氐大距漸殺至春分乙角，而合爲一點。〕

員塹堵者，雖亦在方塹堵之内，然又在所容割渾員分體之外，與割渾員體同底，亦以赤道爲界，而不同面。其面自乙春分過子過奎至亢，其形卯乙短而亢卯長，如割平橢員面四之一。其橢員邊之距心，皆以逐度距緯〔如丙甲、牛女等。〕之割線所至爲其界，〔如卯子爲丙甲距弧割線、卯奎爲牛女距弧割線之類。〕而以逐度距緯之切線爲其高。〔如子甲爲丙甲距弧切線、奎女爲牛女距弧切線之類。〕

法以赤道爲圍作員柱，置渾員在員柱之内，對赤道橫剖之，則所剖員柱之平員底，即赤道平面也。又自夏至依大距二十三度三十分半之切線爲高，斜對春秋分剖至心，則黃道半周在所剖之斜面矣。

然黃道半周雖在所剖斜面，而黃道自爲半平員，所剖斜面則爲半橢員。黃道平員在橢員内，兩端同而中廣異，〔兩端是二分如乙，爲平、橢同用之點。中廣是夏至，如黃道癸在橢面亢之内，其距爲癸亢。〕此員塹堵之全體也。

於是又從亢癸對卯心直剖到底，則成員塹堵之半體，即方塹堵所容也。此員塹堵斜面之高，俱爲其所當距緯弧之切線。渾員上弧三角法，以距緯切線與赤道平面之正弦相連爲句股而生比例，是此形體中所具之理。

此塹堵體與前圖同，惟多一亢奎子乙橢弧。以此爲

橢員界，立剖至底，令各度俱至赤道，而去其外方，則成員
塹堵真體。

　　此員塹堵爲用子甲丑句股形之所賴，子甲爲距弧切
線，甲丑爲赤道正弦也，又子甲如股，甲丑如句，法爲子甲
與甲丑，若亢氐與氐卯。

圓塹堵圖二

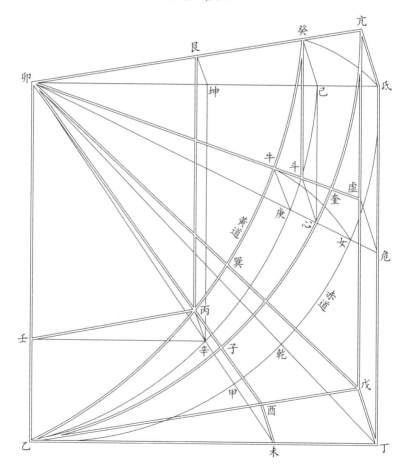

前圖爲從心際邊，此爲從邊際心。蓋因欲顯圓塹堵內方直形，故爲右觀之象，與前圖一理，惟多一己庚辛乙橢弧。〔前圖亢奎子乙橢弧在黃道斜面，此圖己庚辛乙橢弧在赤道平面。〕

員塹堵有二

若自斜面之黃道象限各度直剖至赤道平面，亦成員塹堵象限，然又在剖渾員體分之內。其體以斜面爲正象限，但斜立耳，其底在赤道者轉成橢員。

此橢員形在赤道象限之內，惟乙點相連，此即簡平儀之理。

其橢之法，則以卯乙半徑爲大徑，癸氐距弧之餘弦卯己爲小徑，小徑當二至，大徑當二分，與前法正相反，然其比例等，何也？割線與全數，若全數與餘弦也。

此員塹堵以橢形爲底，象限爲斜面，以距度逐度之正弦爲其高，乃黃道距緯相求用兩正弦之所賴也。

此員塹堵內又容小方塹堵，乃郭太史所用員容方直也。

渾員因斜剖作角而生比例，成方員塹堵形。其角自〇度一分以至九十度，凡五千四百，則方員塹堵亦五千四百矣。〔乙角以春分爲例，則其度二十三度半強。其實自一分至九十度，並得爲乙角，合計之則五千四百。〕

每一塹堵依度對心剖之，成立句股錐及方句股錐之眠體，自〇度一分至大距止，亦五千四百。

以五千四百自乘，凡二千九百一十六萬，而渾員之體之勢乃盡得其比例。烏虖至矣！

每度分有方甎堵，方甎堵內函赤道所生橢體，赤道橢體內又函黃道所生橢體，黃道橢體內又函小方甎堵。每度分有此四者，則一象限內爲五千四百者四，共二萬一千六百。〔以乙角五四〇〇乘之，則一一六六四〇〇〇〇。〕

每度有正有餘，對心斜分，則正度成句股錐，餘度成方底句股錐之眠體，一象限凡四萬三千二百。〔以五四〇〇乘之，則二三三二八〇〇〇〇。〕

員容方直簡法序

古未有預立算數以盡句股之變者，有之自西洋八綫表始。古未有作爲儀器以寫渾員內句股之形者，自愚所撰立三角始。立三角之儀，分之曰句股錐形，曰句股方錐形，合之則成甎堵形。其稱名也小，其取類也大，徑寸之物以狀渾員，而弧三角之理如指諸掌，即古法之通於弧三角者，亦如指諸掌矣。雖然，猶無解於古法之不用割切也，故復作此簡法，以互徵之，而授時曆三圖附焉。蓋理得數而彰，數得圖而顯，圖得器而眞。草垫無諸儀象，藉茲以自釋其疑。不敢自私，故以公之同好云爾。〔句股錐形是以西法通郭法，句股方錐形是以郭法通西法。今此簡法是專解郭法，而兩法相同之故自具其中。〕

員容方直儀簡法〔即句股方錐之方直儀,而不用割切綫,衹以各弧正弦、矢度相求,其用已足,亦不須用角。〕

分形

〔一立面句股,二至大距度所成。〕

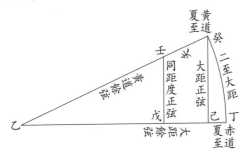

〔一斜立面距度正弦,移於立面成句股。〕

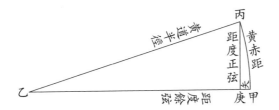

立面中有句股形二,其一大句股形〔癸己乙〕,以黄道半徑〔癸乙〕爲弦,大距度正弦〔癸己〕爲股,大距度餘弦〔己乙〕爲句。其一小句股形〔壬戊乙〕,以黄道餘弦〔壬乙〕爲弦,距緯正弦〔壬戊〕爲股,楞綫〔戊乙〕爲句。

〔一平面句股,赤道上度分所成。〕

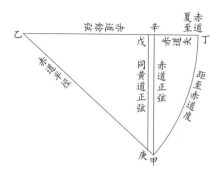

〔一斜平面黃道正弦，移於赤道成句股。〕

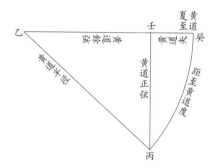

　　平面中亦有句股形二，其一小句股形〔庚戊乙〕，以距緯丙甲之餘弦〔庚乙〕爲弦，以黃道正弦〔戊庚〕爲股，楞綫〔戊乙〕爲句。其一大句股形〔甲辛乙〕，以赤道半徑〔甲乙〕爲弦，以赤道正弦〔甲辛〕爲股，赤道餘弦〔辛乙〕爲句。〔戊乙綫於弧度無取，然平、立二形並得此補成句股，謂之楞綫。〕

黄道正弦本在斜平面，而能移於平面者，有相望兩立綫〔丙庚、壬戊〕爲之限也；距度正弦本在斜立面，而能移於立面者，有上下兩橫綫〔丙壬、庚戊〕爲之限也。此四綫〔兩立兩橫。〕相得成長方，其立如堵，故又曰弧容直闊也。

聯形

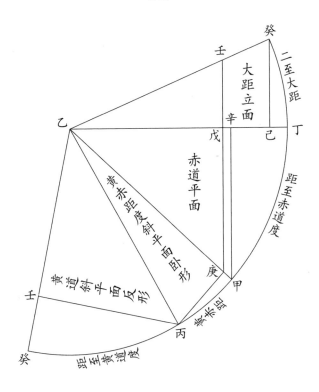

合形

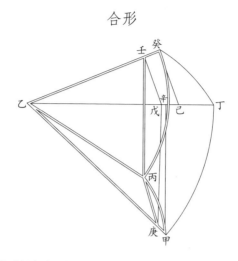

作儀法與前同。

用法：

有大距有黃道而求距緯		更之可求大距		反之可求黃道	
一	半徑　　　癸乙	一	黃道餘弦	一	大距正弦
二	大距正弦　癸己	二	距緯正弦	二	半徑
三	黃道餘弦　壬乙	三	半徑	三	距緯正弦
四	距緯正弦　壬戊	四	大距正弦	四	黃道餘弦
有赤道有距緯而求黃道		更之可求赤道		反之可求距緯	
一	半徑　　　甲乙	一	距緯餘弦	一	赤道正弦
二	赤道正弦　甲辛	二	黃道正弦	二	半徑
三	距緯餘弦　庚乙	三	半徑	三	黃道正弦
四	黃道正弦　庚戊	四	赤道正弦	四	距緯餘弦

郭太史本法

弧矢割員圖〔見授時曆草，下並同。〕

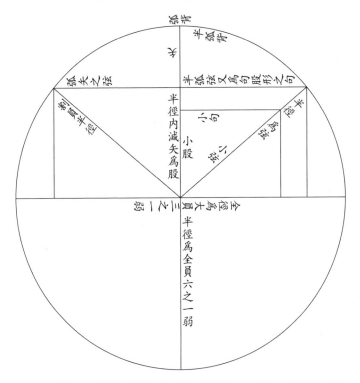

凡渾員中割成平員，任割平員之一分，成弧矢形，皆有弧背，有弧弦，有矢。割弧背之形而半之，則有半弧背，有半弧弦，有矢。因弧矢生句股形，以半弧弦爲句，〔即正弦。〕矢減半徑之餘爲股，〔即餘弦。〕半徑則常爲弦。句股內又成小句股，則有小句、小股、小弦，而大小可以互求，或立或平，可以互用。〔平視、側視二圖皆從此出。〕

側視之圖

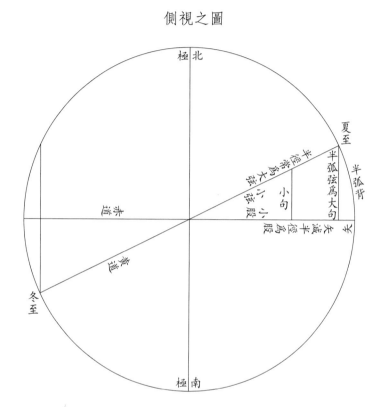

橫者爲赤道。〔赤道一規因旁視如一直綫，黃道同。〕

斜者爲黃道。

因二至黃赤之距成大句股。〔即外圈。〕

因各度黃赤之距成小句股。

平視之圖

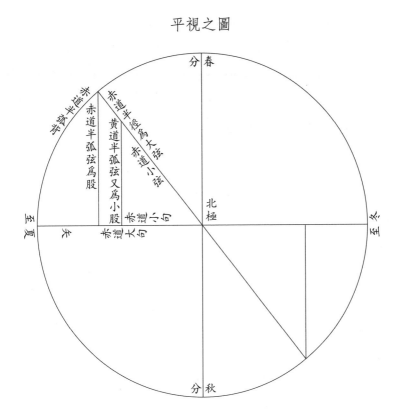

外大員爲赤道。

內橢者黃道。〔從兩極平視，則黃道在赤道內，而成橢形。〕

有赤道各度，即各有其半弧弦，以生大句股。

又各有其相當之黃道半弧弦，以生小句股。

此二者皆可互求。

授時曆求黃赤內外度及黃赤道差法

置黃道矢，〔本法用帶從三乘方，求各度矢。〕去減周天半徑，

〔即立面黃道半徑。〕餘爲黃赤道小弦。〔即黃道餘弦也。半徑爲大弦，故此爲小弦。〕置黃赤道小弦，以二至内外半弧弦〔即二至大距度正弦，當時實測爲二十三度九十分。〕乘之爲實，黃赤大弦〔即周天半徑，以其爲立面大句股之弦，故稱大弦。〕爲法除之，得黃赤道内外半弧弦。〔即各度黃赤距度正弦也。原法以矢度求半背弦差，加入半弧弦，得内外半弧背，今省。〕

又置黃赤道小弦，以黃赤道大股〔即二至内外度餘弦也，在立面大句股形爲大股。〕乘之爲實，黃赤道大弦爲法除之，〔解見前。〕得黃赤道小股。〔即立面、平面兩小句股同用之楞線，在立面與大股相比，故稱小股。〕置黃道半弧弦，〔即黃道正弦也。原法以黃道矢求半背弦差，減黃道度得之。〕自乘爲股幂，黃赤小股自乘爲句幂，〔即楞綫也。先在立面爲小句股形之股，今又爲平面句股形之句，故其幂稱句幂。〕兩幂並之爲實，開平方法除之，爲赤道小弦。〔即各度黃赤距度餘弦也。周天半徑爲平面上大句股之弦，故稱大弦，則此爲小句股弦，當稱小弦。〕置黃道半弧弦，以周天半徑乘之爲實，赤道小弦爲法除之，得赤道半弧弦。〔即赤道正弦也。原法求半背弦差，以加半弧弦，得赤道，今省。〕

論曰：弧矢割員者，平員法也。以測渾員，則有四用。一曰立弧矢，勢如張弓，以量黃赤道二至内外度，即側立圖也。一曰平弧矢，形如伏弩，以量赤道，即平視圖也。一曰斜弧矢，與平弧矢同法，而平面邊高邊下，其庋起處如二至内外之度，以量黃道，即平視圖中小句股也。一曰斜立弧矢，與立弧矢同法，而其立稍偏，以量黃赤道各度之内外度，即側立圖中小句股也。自離二至一度起，至近二分一度止,一象限中逐度皆有之,但皆小於二至之距。邢臺 郭太史弧矢平立三圖中具此四法,即弧三角之理,無不可通。言簡而意盡,包舉無窮,好古者所當寶愛而潛翫也。

又論曰:割員之算,始於魏 劉徽,至劉宋 祖冲之父子,尤精其術。唐 宋以算學設科,古書猶未盡亡,邢臺蓋有所本。厥後授時曆承用三百餘年未加修改,測算之講求益稀。學士大夫既視爲不急之務,而臺官株守成法,鮮諳厥故,驟見西術,群相駭詫,而不知舊法中理本相同也。疇人子弟多不能自讀其書,又忌人之讀,而各私其本,久之而書亦不可問矣。攷元史曆成之後,所進之書凡百有餘卷,〔郭守敬傳有修改源流及測驗等書,齊履謙傳有經串演撰諸書,明曆法之所以然。〕今其存軼,並不可攷,良可浩嘆。然天下之大,豈無有能藏弆遺文以待後學者? 庶幾出以相證,予於斯圖之義類多通,而深有望於同志矣。

問:元初有回回曆法,與今西法大同小異,邢臺蓋會通其説而爲之,故其法相通若是與? 曰:九章句股作於隸首,爲測量之根本。三代以上,學有專家,大司徒以三物教民,而數居六藝之一。秦火以後,吾中土失之,而彼反存之。至於流遠派分,遂以各名其學,而不知其本之同也。況東西共戴一天,即同此句股測員之法,當其心思所極,與理相符,雖在數萬里,不容不合,亦其必然者矣。攷元初有西域人進萬年曆,未經施用。迨明 洪武年間,始命詞臣吳伯宗、西域大師馬沙亦黑等譯回回曆書三卷。然

亦粗具算法立成，並不言立法之原，究竟不知其所用何
法，或即今三角八綫，或更有他術，俱無可攷，雖其子孫，
莫能言之。攷元史所載西域人晷影堂諸製，與郭法所用
簡儀、高表諸器無一同者，或測量之理，觸類增智，容當有
之，然未見其有會通之處也。徐文定公言回回曆緯度凌
犯，稍爲詳密，然無片言隻字言其立法之故，使後來入室
無因，更張無術，蓋以此也。又據曆書言新法之善，係近
數十年中所造，則亦非元初之西法矣，而與郭圖之理反有
相通，豈非論其傳，各有本末，而精求其理，本無異同耶？
且郭法用員容方直，起算冬至；西法用三角，起算春分。
郭用三乘方，以先得矢；西用八綫，故先得弦。又西專用
角，而郭只用弧；西兼用割、切，而郭只用弦。種種各別，
而不害其同，有所以同者在耳。且夫數者所以合理也，曆
者所以順天也。法有可采，何論東西？理所當明，何分新
舊？在善學者知其所以異，又知其所以同，去中西之見，
以平心觀理，則弧三角之詳明，郭圖之簡括，皆足以資探
索而啓深思，務集衆長以觀其會通，毋拘名相而取其精
粹，其於古聖人創法流傳之意，庶幾無負，而羲和之學，無
難再見於今日矣。

角即弧解

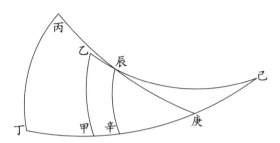

問：古法只用弧，而西法用角，有以異乎？曰：角之度在弧，故用角實用弧也。何以明其然也？假如辰庚己三角形，有庚鈍角，有己庚、辰庚二邊，欲求諸數。依垂弧法，於不知之辰角打虛線，先補求辰辛及辛庚，成辰辛庚三角虛形。此必用庚角以求之，而庚角之度爲丙丁，是用庚角者，實用丙丁也。其法庚丙九十度之正弦〔即半徑。〕與丙丁弧之正弦，〔即庚角正弦。〕若庚辰正弦與辰辛正弦，是以大句股之例例小句股也。又丙丁弧之割線〔即庚角割線。〕與庚丁九十度之正弦，〔亦即半徑。凡角度所當弧，其兩邊並九十度。〕若庚辰之切線與庚辛之切線，亦是以大句股之例例小句股也。

既補成辰辛己三角形，可求己角，而己角之度爲乙甲，是求己角者，實求乙甲也。其法辛己弧之正弦與辰辛弧之切線，若己甲象弧之正弦〔即半徑。〕與乙甲弧之切線，〔即己角切線。〕是以小句股例大句股也。

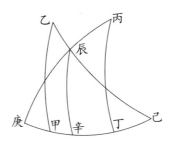

又如己辰庚形,庚爲銳角,當自不知之辰角打線,分爲二形,以求諸數。

其一辰辛庚分形,先用庚角,而庚角之度爲丙丁,用庚角,實用丙丁也。法爲丙庚象弧之正弦〔即半徑。〕與丙丁弧之正弦,〔即庚角正弦。〕若辰庚之正弦與辰辛之正弦,又丙庚象弧之正弦〔即半徑。〕與丙丁弧之餘弦,〔即庚角餘弦。〕若辰庚之切線與辛庚之切線,是以大句股例小句股也。

其一辰辛己分形,〔以庚辛減己庚,得己辛。〕有辰辛、己辛二邊,可求己角,而己角之度爲乙甲,求己角,實求乙甲也。法爲己辛之正弦與辰辛之切線,若己甲象弧之正弦〔即半徑。〕與乙甲弧之切線,〔即己角切線。〕是以小句股例大句股也。

一系　用角求弧,是以大句股比例比小句股;用弧求角,是以小句股比例比大句股。

兼濟堂纂刻梅勿菴先生曆算全書

方圓冪積 [一]

[一] 勿庵曆算書目算學類著錄爲二卷，今傳本皆作一卷。四庫本收入卷五十六。梅氏叢書輯要删去卷末"橢圓算法"，收入卷二十六。

方圓冪積説

　　曆書周徑率至二十位，然其入算，仍用古率，〔十一與十四之比例，本祖冲之徑七周二十二之密率。〕豈非以乘除之際難用多位歟？今以表列之，取數殊易。乃爲之約法，則徑與周之比例，即方圓二冪之比例，〔徑一則方周四，圓周三一四一五九二六五，而徑上方冪與員冪亦若四與三一四一五九二六五，尾數八位，並以表爲用。〕亦即爲立方立圓之比例，〔同徑之立方與圓柱，若四與三一四有奇，則同徑之立方與立員，若六與三一四有奇。〕殊爲簡易直截。癸未歲，匡山隱者毛心易乾乾偕其壻中州謝野臣惠訪山居，共論周徑之理，因反覆推論方員相容相變諸率。庚寅在吳門，又得錫山友人楊崑生定三方員訂注圖説，益覺精明。甚矣！學問貴相長也。

方圓冪積一卷

宣城梅文鼎定九著　男以燕正謀參

柏鄉魏荔彤念庭輯

孫　　　穀成玉汝
　　　　玕成肩琳
男　　　乾斀一元
　　　　士敏仲文
　　　　士説崇寬同校

錫山後學楊作枚學山訂補

方圓相容

新法曆書曰"割圓亦屬古法，蓋人用圭表等測天，天圓而圭表直，與圓爲異類，詎能合歟？此所以有割圓之法也。新法名爲八線表"云。

又云："徑一圍三，絕非相準之率。然徑七圍二十二則盈，徑五十圍百五十七則朒。或詳繹之，則徑一萬，圍三萬一四一五九〔一〕。雖亦小有奇零不盡，然用之頗爲相近。"

今算得平方與同徑之平圓，其比例若四〇〇〇〇〇〔二〕與三一四一五九〔三〕。平方内容平員，平員内復容平方，則内方與外方、内員與外員之冪，皆加倍之比例。

〔一〕三萬一四一五九，原脱下"一"字，據輯要本補。
〔二〕四〇〇〇〇〇，原作"四〇〇"，據輯要本補末三位。
〔三〕三一四一五九，原脱下"一"字，據輯要本補。

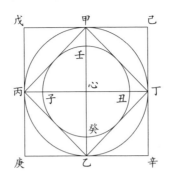

假如戊己庚辛平方，內容甲乙丙丁員，員內又容甲乙丙丁小平方，小方內又容壬丑癸子小平員，如此遞互相容，則其冪積皆如二與一也。

假如[一]外大平方〔戊己庚辛〕之積一百，則內小平方之積〔甲丁乙丙〕必五十，平員亦然。

若求其徑，則成方斜之比例，大徑如斜，小徑如方。

假如內小平方積一百，以甲丁或丙乙爲徑，〔甲丙或丁乙並同。〕開方求一百之根，得徑一十。其外大平方積二百，以甲乙或丁丙爲徑，〔或用戊庚，或己辛，或己戊，或辛庚爲徑，並同。〕開方求二百之根，得徑一十四一四有奇。

甲乙爲甲丁方之斜，故斜徑自乘之冪[二]與其方冪若二與一，而其徑與斜徑若一十與一十四〔一四奇〕也，折半則爲五與七〔○七奇〕，故曰方五則斜七有奇也。

〔一〕假如，原脱“如”字，據刊謬補。
〔二〕冪，原作“冞”，“冪”之異體，今改從正字。後文統改。

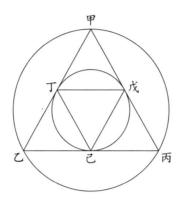

　　三邊形內容平員，平員內又容三邊，則其冪之比例爲四與一。

　　甲乙丙三邊形內容丁戊己平員，平員內又容丁戊己小三邊，則內小三邊形爲外大三邊形四之一，內外兩平員之冪，其比例亦爲四與一。

　　若有多層，皆以此比例遞加。

　　渾員內容立方，立方內又容渾員，如此遞互相容，則外員徑上冪與內員徑上冪，爲三倍之比例，外立方與內立方之徑冪亦然。丙庚丁渾員內容丙甲丁乙立方，丙戊及戊甲皆立方邊，〔丙辛及甲辛並同，丙乙及甲丁等亦同。〕丙戊甲辛爲立方面，〔餘六面並同〔一〕。〕丙甲〔爲方面斜線〕，丙丁〔爲立方體內對角線〕，即渾員徑，〔乙甲同。其辛壬及己戊皆亦對角，若作線亦同。〕丙乙〔二〕及甲丁等，又皆爲立楞。〔戊壬及辛己同。〕

――――――――

〔一〕立方面共計六面，前已舉丙戊甲辛面，尚餘五面，此處"餘六面"似當作"餘五面"。
〔二〕丙乙，原作"丙丁"，據輯要本、四庫本及刊謬改。

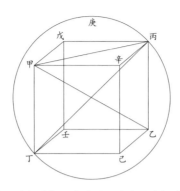

解曰：立方面上斜徑之冪，爲方冪之倍。〔句股法也。斜爲弦，方爲句，又爲股，併句股實成弦實，故倍方冪，即成斜徑之冪。〕又以斜徑爲股，立方之立楞爲句，求得立方體內兩對角之斜徑爲弦。此弦實內有股實，〔即面上斜徑之冪，爲方冪者二。〕有句實，〔即立楞之冪，立楞原即方邊，故其冪即立方面冪。〕共得方冪三。而此兩對角斜徑即渾員之徑。內小員徑又在立方體內，即以方徑爲徑，其徑之冪即立方面也，故曰三倍比例也。

立方內又容立員，則內員徑即立方之徑。

若求其徑，則外徑大於內徑，若一十七有奇與一十。

內徑之冪百，開方得一十爲徑，則外徑之冪三百，開方得一十七〔又三十五之一十一〕爲徑。若有幾層互容，皆以此比例遞加即得。

若求其體積，則爲五倍有奇之比例。〔若有多層，亦以此比例遞加。〕

假如內容立方積一千，則外大立方積五千一百九十四有奇。

解曰：立積一千，則其徑冪一百，而外大立積之徑冪三百，又以徑一十七〔又三十五之一十一〕乘之，得五千一百九十四〔又七之二〕。此言大方積，又在圖上渾員之外。

積之比例：

立方同徑之立員，其比例爲六〇〇與三一四。

立方同徑之員柱，其比例爲四〇〇與三一四。

員柱與同徑之立員，其比例爲三與二。

方圓周徑相求

同積較徑　爲方變員、員變方之用。

凡方圓同積，則員徑大，方徑小，其比例若一一二八三七九與一〇〇〇〇〇〇。

解曰：員徑一一二八三七九，則方徑一〇〇〇〇〇〇也。

法曰：有員徑求其同積之方徑，當以一〇〇〇〇〇〇乘，以一一二八三七九除。

有方徑求其同積之員徑，當以一一二八三七九乘，以一〇〇〇〇〇〇除。

凡方員同積，則員徑上平方與方徑上平方，其比例若四〇〇〇〇〇〇〇與三一四一五九二六五。

解曰：員徑自乘四〇〇〇〇〇〇〇，則方徑自乘三一四一五九二六五。

法曰：有員徑求其同積之方徑，當以三一四一五九二六五乘之，四〇〇〇〇〇〇〇除之，得數平方開之，得方徑。

有方徑求其同積之員徑，當以四〇〇〇〇〇〇〇乘,三一四一五九二六五除,得數平方開之,得員徑。

凡方員同積,則員徑與方徑,若一〇〇〇〇〇〇與〇八八六二二六。

解曰:員徑一〇〇〇〇〇,則方徑八八六二二六也。

法曰:有員徑求同積之方徑,以八八六二二六乘員徑,一〇〇〇〇〇除之,即得方徑。

有方徑求同積之員徑,以一〇〇〇〇〇乘方徑,八八六二二六除之,即得員徑。

約法:

以一一二八二七九乘方徑,去末六位,得同積之員徑。

以〇八八六二二六乘員徑,去末六位,得同積之方徑。

同積較周

凡方員同積,則員周小,方周大,其比例若一〇〇〇〇〇〇與一一二八三七九,亦若八八六二二六與一〇〇〇〇〇〇。

解曰:員周一〇〇〇〇〇〇,則方周一一二八三七九也。

方周一〇〇〇〇〇〇,則員周八八六二二六也。

約法:

以一一二八三七九乘員周,去末六位,得同積之方周。

以〇八八六二二六乘方周,去末六位,得同積之員周。

凡方員同積,則其徑與徑、周與周,為互相視之比例。

解曰:方周與員周之比例,若員徑與方徑也。

論曰:凡同積之周,方大而員小;同積之徑,則又方小而員大,所以能互相為比例。

約法：

以方周乘方徑爲實，員周除之得員徑；若以員徑除實，亦得員周。

以員周乘員徑爲實，方周除之得方徑；若以方徑除實，亦得方周。皆用異乘同除，例如左。

一　員周一〇〇〇〇〇

二　方周一一二八三七九

三　方徑〇二八二〇九四〔七五〕

四　員徑〇三一八三〇九〔八八〕

　　積七九五七七四七〇〇〇〇[一]

一　方周一〇〇〇〇〇

二　員周〇八八六二二六

三　員徑〇二八二〇九四〔七五〕

四　方徑〇二五〇〇〇〇

　　積六二五〇〇〇〇〇〇〇

一　員徑一〇〇〇〇〇

二　方徑〇八八六二二六

三　方周三五四四九〇四

四　員周三一四一五九二

　　積七八五三九八一六〇〇〇〇

〔一〕四七〇〇〇〇，原作“〇〇〇〇〇〇”，上兩“〇”右側小字旁書“四七”，四庫本改“四七”作“四四八”，輯要本作小字“四四七九七八”。按底本積數係由圓周所推，四庫本與輯要本所改之積數係由方周所推，二者略有出入。後文“同周較積較徑”下即作“四七〇〇〇〇”，與底本同。

一　方徑一〇〇〇〇〇〇
二　員徑一一二八三七九
三　員周三五四四九〇四
四　方周四〇〇〇〇〇〇
　　積一〇〇〇〇〇〇〇〇〇〇〇〇

第四率並與一率乘，得四倍積，四除之得本積。

論曰：以上皆方員周徑互相求，乃同積之比例，方員交變用之，即比例規變面線之理。

同徑較積較周　即方内容員、員外切方。

凡方員同徑，則方積大，員積小，周亦如之，其比例若四〇〇〇〇〇〇〇與三一四一五九二六五。

方徑一〇〇〇〇　周四〇〇〇〇　　積一〇〇〇〇〇〇〇〇
員徑一〇〇〇〇　周三一四一五奇　積〇七八五三九八一六
方徑二〇〇〇〇　周八〔一〕〇〇〇〇　積四〇〇〇〇〇〇〇〇
員徑二〇〇〇〇　周六二八三一奇　積三一四一五九二六五

凡徑倍者，周亦倍，而其積爲倍數之自乘，亦謂之再加比例，授時曆謂之平差。

徑二倍，周亦二倍，而其積則四倍。徑三倍，周亦三倍，而其積九倍。乃至徑十倍，周亦十倍，而積百倍；徑百倍，周亦百倍，而積萬倍，皆所加倍數之自乘數，亦若平方，謂之再加也。

〔一〕八，原作“四”，據輯要本及刊謬改。

同周較積較徑

凡方員同周，則員積大，方積小，徑亦如之，其比例若四〇〇〇〇〇〇〇〇與三一四一五九二六五。

方周一〇〇〇〇〇　徑〇二五〇〇〇〇

積六二五〇〇〇〇〇〇〇

員周一〇〇〇〇〇　徑〇三一八三〇九八八

積七九五七七四七〇〇〇〇

方周四〇〇〇〇〇　徑一〇〇〇〇〇

積一〇〇〇〇〇〇〇〇〇〇〇〇

員周四〇〇〇〇〇　徑一二七三二三九五四

積一二七三二三九五四〇〇〇〇

論曰：周四則徑與積同數，但其位皆陞，皆視周數之位。今用百萬爲周，則積陞六位，成萬億矣。故雖同而實不同，不惟不同，而且懸絕。定位之法，所以當明也。

問：位既大陞而數不變，何耶？曰：周徑相乘，得積之四倍，於是四除其積，即得所求平積，此平幂之公法也。兹方員之周既爲四，則以乘其徑，而復四除之，即還本數矣。惟周數之四，或十或百或千萬億無定，而除法之四定爲單數，故無改數而有進位也。

又論曰：周四倍之，徑與周一之徑爲四倍，其積則十六倍，所謂再加之比例。

渾圓內容立方徑一萬寸，求圓徑。法以方斜一萬四千一百四十二寸爲股，自乘得二億爲股實；以方徑一萬寸爲勾，自乘得一億爲句實。併句股實爲三億，爲弦實。開方得弦一萬七千三百二十〇半寸，命爲渾圓之徑。

又以渾圓徑求圍，得五萬四千四百十四寸弱。周徑相乘，得九億四千二百四十七萬六九九四寸爲渾幂。四除渾幂，得二億三千五百六十一萬九千二百四十八寸奇，爲大平圓幂，即立方一萬寸外切渾圓之腰圍平幂也。

圓柱積四萬〇千八百十〇億四三一八四九八四寸，以渾圓徑乘平圓幂得之。

倍圓柱積，以三除之，得渾圓積二萬七千二百〇六九五四五六六五六寸。

約法：

立方徑一十尺，其積一千尺。外切之渾圓徑一十七尺三二〇五，渾圓積二千七百二十〇尺六九五四，約爲二千七百廿一尺弱。

試再用徑上立方求渾圓積法，〔即立方内求所容渾圓。〕以渾圓徑自乘再乘，得渾圓徑上立方，以圓率〔三一四奇〕乘之得數，六除之，得渾積，並同。

立方與員柱，若四〇〇與三一四奇。〔同徑之員柱也。〕

立方爲六方角所成，員柱爲六員角所成，其所容角體並六，而方與員異，故其比例如同徑之周。此條爲積之比例。

員周上自乘之方與渾員面幂，若三一四奇與一〇〇。

渾員面幂與員徑上平方形，亦若三一四奇與一〇〇。

皆員周與徑之比例。

渾員面幂與員徑上平員，若四與一。

員柱面冪與員徑上平員,若六與一。〔六員角之底皆外向,合成此數。〕

平員並爲一,而員柱冪爲其六倍,渾員冪爲其四倍,渾員爲員柱三之二,即此可徵積之比例如其面也。以上四條,並面冪之比例。

渾員體與員角體,若四與一。

渾員面既爲平員之四倍,從面至心,皆成角體,故體之比例亦四倍。

立方面與徑上平方,若六與一。〔六面故也。〕

立方體與渾員體,若六〇〇與三一四奇。

渾員面與徑上平方,既若三一四奇與一〇〇,而立方面與徑上平方,若六與一。平方同爲一〇〇,而立方面爲其六倍,渾員面爲其三倍一四奇,故立方之面與渾員之面,亦若六〇〇與三一四奇也,而體之比例同面,故亦爲六〇〇與三一四奇。

立員得員柱三之二

圓柱形

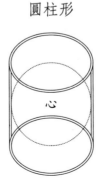

論曰：凡員柱之面及底，皆立員徑上平員也。旁周似員箇，亦如截竹，周圍並以員徑爲高，即員徑乘員周冪也，爲徑上平員之四倍，與渾員面冪同積。〔半徑乘半周得平員，則全徑乘全周，必平員之四倍。〕合面與底，共得平員之六倍，而渾員面冪原係平員之四倍，是員柱冪六，而渾員冪四也。而體積之比例準此可知，亦必爲三之二矣。〔三之二即六之四之半。〕

圓柱內截兩圓角體

圓柱內截去兩圓角體之餘

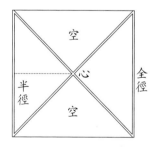

長方錐形

問：體積之比例，何以得如面冪？曰：試於員柱心作員角體至面至底，成員角體二，皆以半徑爲高，平員爲底。其餘則外如截竹，而內則上下並成虛員角。於是縱剖其一邊，而令員箭伸直，以其冪爲底，以半徑爲高，成長方錐。〔底闊如全徑，直如員周，高如半徑，錐只一點。〕此體即同四員角，〔或縱剖爲四方錐，亦同，皆以周四分之一爲底闊，以全徑爲底長，以半徑爲高，其體並同員角，何也？以周四之一乘全徑，與半徑乘半周同，故方底同員底，而其高又同，則方角同員角。〕合面底二員角，共六員角矣。而渾員體原同四員角，〔渾員面爲底，半徑爲高，作員錐，即同四員角。〕是員柱、渾員二體之比例，亦三與二也。

員角體得員柱三之一　凡角體並同。

準前論，員柱有六員角，試從中腰平截爲兩，則有三員角。而員箭體原當四員角，今截其半，仍爲二員角，或面或底原係一員角，合之成三員角，以爲一扁員柱。然則員角非員柱三之一乎？

　　若立方形,各從方楞切至心,則成六方角。〔皆以方面
爲底,半徑爲高。〕從半徑平切之,爲扁立方,則四周之四方角
皆得一半,成兩方角。而或底或面原有一方角,亦是三方
角,合成一扁立方,而方角體亦三之一矣。

渾員體分爲四,則所分角體各所乘之渾幂,皆與員徑上平員幂等

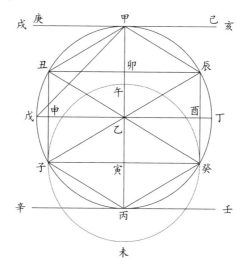

　　甲戊丙丁渾員體,從丑乙、辰乙、癸乙、子乙、卯乙、寅
乙[一]等各半徑,各自其渾幂透至乙心,而以半徑旋行而割
切之,則成上下兩員角體,一甲卯辰丑乙,〔以甲丑卯辰割渾員
之面爲底,乙爲其銳,此割員曲徑自丑而甲而辰,居員周三之一。〕一丙癸

―――――――――――――――――――――

〔一〕從丑乙辰乙癸乙子乙卯乙寅乙,二年本"從丑乙"前有"乙爲心"三字,無
"癸乙""卯乙"四字。

寅子乙。〔以子丙寅癸渾員之割面爲底，乙爲其銳，此割員曲徑亦三之一，
如三百六十之一百二十。〕此上下兩角體相等，皆居全渾體四之
一。中腰成鼓形，而上下兩面並挖空，各成虛員角。〔其外
則周遭皆凸面，如丑戊子及辰丁癸之割員狀。此割員曲徑自辰而丁而癸，居
員周六之一，爲三百六十之六十。〕

　　此鼓形體倍大於上下兩角體，居渾員全體之半。若從
戊乙丁腰橫截[一]之爲二，則一如仰盂，一如覆碗，而其體亦
渾員四之一也。

　　如此四分渾體，而其割員之面冪即各與員徑上之平
員冪等，故曰渾員面冪與徑上平員，若四與一也。

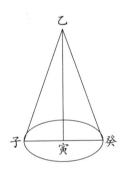

　　問：何以知中腰鼓體能倍大於上下兩角體？曰：試於
子丙乙癸角體從子寅癸橫切之，則成子未癸午小員面，爲
所切乙子寅癸小員角體之底，乃子寅小半徑乘子未癸小
半周所成也。然則以子寅小半徑乘子未癸小半周，又以
乙寅半半徑爲高乘之，而取其三之一，即小角體矣。

────────────

〔一〕截，輯要本作“絕”。

覆碗

内形

仰盂

長方角體

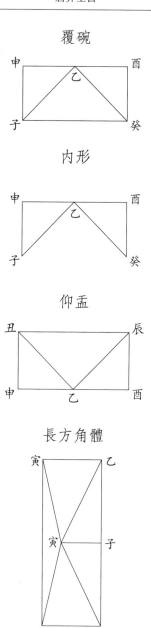

　　試又於中腰鼓體，從丑子及卯寅及辰癸諸立線周遭直切之，脫去其外鼓凸形，即成員柱體之外周截竹形。又從酉乙申橫切之爲兩，〔一仰盂，一覆碗。〕則此覆碗體舉一式爲例，可直切斷而伸之，亦可成方角體。此體以乙寅半半徑乘子未癸午小員全周爲底，〔其形長方。〕又以小半徑子寅〔子寅即乙申。〕爲高而乘之，取三之一爲長方角體。此長方角體必倍大於小員角體，何也？兩法並以小半徑及半半徑兩次連乘，取三之一成角體，而所乘者，一爲小員全周，一爲小員半周，故倍大無疑也。

　　又丙癸寅子亦可成角體，與乙子寅癸等。覆碗體既倍大，則兼此兩角體矣。

　　準此而論，仰盂體必能兼甲丑卯辰及乙辰卯丑兩角體，亦無疑也。

　　又角體內既切去一小角體，又挖去一相同之小角體，則所餘者爲丙癸寅子員底仰盂體。

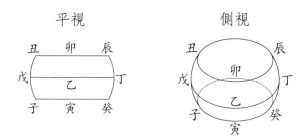

平視　　　　　　　　　側視

鼓體内既挖去如截竹之體,則所餘者爲内平〔如丑子及
辰癸。〕外凸〔如子戊丑及辰丁癸。〕之空圈體,而此體必倍大於
員底仰盂體,何以知之?蓋兩體並以半徑爲平面,〔丑子與
癸丙並同。〕並以員周六之一爲凸面。而腰鼓之平面以半徑
循員周行,員底仰盂之平面則以半徑自心旋轉。周行者,
兩頭全用;旋轉者,在心之一頭不動,而只用一頭,則只得
其半矣,故決其爲倍大也。

　　準此而甲丑卯辰亦爲挖空之員覆碗體,而只得鼓體
之半矣。由是言之,則上下角體各得中腰鼓體之半,而鼓
體倍大於角形,渾體平分爲四,夫復何疑?

　　曰:渾體四分如此,真無纖芥之疑。體既均分爲
四,則其渾體外冪亦勻分爲四,亦無可復疑。但何以知
此所分四分之一必與徑上平員相等耶?曰:此易明也。
凡割渾員一分而求其冪,法皆從其所切平面員心作立
線至凸面心,而以其高爲股,員面心至邊之半徑爲勾,
勾股求其斜弦,用爲半徑,以作平員,即與所割圓體之
凸面等冪。

　　假如前圖所論上下兩角體,從丑卯辰橫線切之,則以

甲卯爲股，卯丑爲句，求得甲丑弦與半徑同。以作平員，與丑卯辰甲凸面等。然則此角體之凸面豈不與徑上平員等冪乎？

甲亢半徑與甲丑同，以作丑亢平員，與甲丑卯辰凸面等冪。

試又作甲戊線，爲半徑之斜線，〔甲乙與戊乙皆半徑，爲句爲股故也。〕以爲半徑而作平員，必倍大於半徑所作之平員，而渾員半冪與之等，則渾員半冪不又爲平員之倍乎？

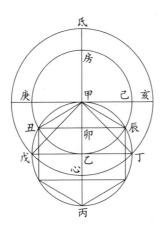

如圖，〔甲丑爲半徑，作乙庚房平員，與丙戊甲平員等，亦與甲辰卯丑割員凸面等，爲渾冪四之一也〕。

〔甲戌爲半徑,作戌心亥平員,與甲丁乙戌半渾冪等,而倍大於乙庚房,亦倍大於丙戌甲平員,則平員居渾冪四之一。〕

如是宛轉相求,無不脗合,則平員爲渾員冪四之一,信矣。

取渾冪四之一法

當以半徑爲通弦,以一端抵圓徑之端爲心,旋而規之,則所割渾冪爲四之一,而其渾冪與圓徑上平員冪等。

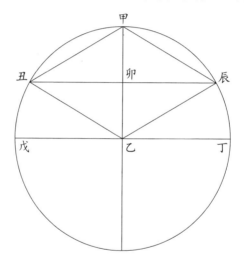

甲辰〔即丁乙。〕之自冪一百,辰卯之自乘冪〔七十五〕,如四與三,則辰丑通弦爲徑以作平員,亦丁戌全徑上平員四分之三也。大小兩平員各爲底,以半徑爲高,而作員角體,其比例亦四與三也。

今渾員徑上平員〔即丁戌徑上平員。〕所作之員角體,既爲渾積四之一,則辰丑通弦徑所作之員角體,即渾體十六之三矣。〔即甲丑卯辰角體及乙丑卯辰角體之合。〕若以丑辰通弦上平員爲底，半半徑爲高，而作角體，即渾體卅二之三。

分渾體爲四又法

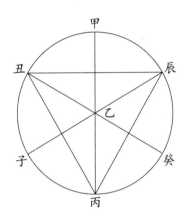

甲乙丙渾員體，從員周分爲三。〔一丑甲辰，一辰癸丙，一丙子丑，各得周三之一。〕又從辰從丙從丑，依各半徑〔辰乙、丙乙、丑乙皆是。〕至乙心，旋而切之，則成三角體者三，各得渾體四之一，〔一辰甲丑乙，一丑子丙乙，一丙癸辰乙，說見前。〕則其所餘亦渾體四之一也。〔此餘形有三平員面，以辰丑、丑丙、辰丙爲員徑，而並挖空至乙心，如員錐之冪；有兩凸面，以辰丑、丑丙、辰丙之員周爲界，以乙爲頂，皆弧三角形，三角並銳。〕兩凸面各得渾員冪八之一。

按：辰丑即一百二十度通弦也。準前論，以此通弦爲圓徑作平員爲底，半半徑爲高，而成員角體，此員角體積即爲渾員體積三十二分之三。〔即先所論員角體八之三。〕

若依此切渾員體成半平半凸之體，其積爲渾積三十二之五。〔即員角體八之五。〕

環堵形面幂　錐形面幂

有正方、正員面,欲於周作立圍之堵牆,而幂積與之倍。法於方面取半徑爲高,即得。

平方

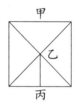

方圈環堵

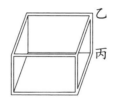

甲乙丙平方,於其周作立起之方圍,形如環堵。取平方乙丙半徑爲高,則方圍面幂倍大於平方。

論曰:從平方心乙對角分平方爲四,成四三角形,並以方根爲底,半徑爲高。於是以此四三角形立起,令乙銳上指,則皆以乙丙半徑爲高,而各面皆半幂。故求平方,以半徑乘周得幂也。然則依方周作方牆,而以半徑爲高,豈不倍大於平方幂乎?

準此論之,凡六等邊、八等邊,以至六十四等邊,雖至多邊之面,而從其各周作牆,各以其半徑爲高,則其冪皆倍於各平冪矣。然則平員者,多邊之極也,若於其周作立圈如環,而以其半徑爲高,則環形冪積亦必倍大於平員。

有方錐、員錐,於其周作圍牆,而冪積與之倍。

法於錐形之各斜面,取其至鋭之中線,〔如乙丙〔一〕。〕以爲環牆之高,即得。

方錐,亦曰角體

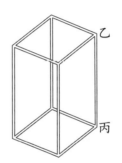

方牆如環堵,底用方周,高如乙丙,即斜面自鋭至底之斜立中線。

解曰:此以錐體之斜面較冪也。

論曰:凡方錐皆有稜,兩稜交於鋭,各成三角面而斜立。從此斜立之三角面,自鋭至根闊處平分之,得中線〔乙丙〕。於是自稜剖之,成四三角面而植之,則中線直指天頂,而各面皆圭形,爲半冪。故凡錐體,亦可以中線乘半周得冪也。然則於底周作方牆,而以中線爲高,四面補成

〔一〕各本均將方錐乙甲稜右側稜綫標作乙丙。按乙丙綫當爲方錐側面中綫,今參刊謬重繪。

全冪，豈不倍大乎？

　　準此論之，凡五稜、六稜以上，至多稜多面之錐體，盡然矣。而員錐者，多稜多面之極也，則以其斜立線爲高，而自其根作員環，則其員環之冪亦必倍大於員錐之冪。

　　前條所論切渾員之算，得此益明。蓋員仰盂、員覆碗及挖空之鼓形，其體皆一凸面一平面相合而成，其凸面弧徑皆割渾員圈周六之一，其平面之闊皆半徑，然而不同者，其内面挖空之平冪，一爲錐形，〔仰盂、覆碗之内空如笠。〕一爲環形也。〔鼓體之内空如截竹。〕準前論，挖空之環冪必倍大於錐形之冪，則其所負之割渾員體亦必環形，所負倍大於錐形，而挖空之鼓體必能兼員覆碗、員仰盂之二體〔一〕。

橢圓算法〔二〕〔訂曆書之誤。〕

　　偶查橢圓求體法，見其截小分之法有誤，今以數考之。

　　假如橢圓形長徑爲一千四百尺，短徑七百尺，大分截長徑一千〇五十尺。

　　甲己三百五十，戊乙七百，相并得一千〇五十，以此乘；己乙一千〇五十尺，以此除，兩數相同。

〔一〕輯要本此後有“補約法”，即幾何補編第四卷卷末“約法”。
〔二〕此節内容輯要本無。

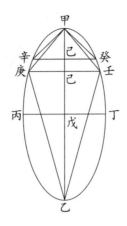

右依曆書，先求得庚壬甲圓角形爲第三率，再用截大分軸己乙爲法，爲第一率，以截小分軸甲己并戊乙半長徑爲第二率，求得小分之容與圓角形等。夫小分之容形外爲弧線，圓角之容形外爲直線，小分必大於圓角，而今等，是不合也。況自此而截小分漸小，則乙己大分軸反大於甲己小軸及戊乙并之數，而求小分之容，反將更小於圓角矣，有是理哉？〔小分漸小如辛癸甲，則其甲己小於己戊。而己乙者，己戊與戊乙并也，則其數亦大於甲己與戊乙并矣。〕

又如截大分長七百二十分，己乙爲其軸，甲己爲其小分軸六百八十分。

依曆書法，甲己小分軸〔六百八十〕爲一率，甲乙長徑〔一千四百〕并戊乙短徑〔七百〕共〔二千一百〕爲二率，求到庚壬乙圓角體爲三率，則所得四率爲大分之容者，比圓角容大三倍有奇，亦恐無是理也，何也？圓角在圓柱形爲三分之一，而橢形必小於柱形，不宜有三倍之比例也。〔雖壬庚略

小於丙丁,在中腰相近,可以不論。〕今試求之,〔用第一圖。〕依勿庵
改法。

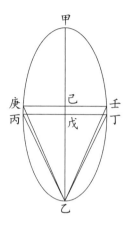

　　假如截己乙大分軸一千〇五十尺,求庚己壬平圓
面。法先求庚己。依勿庵補法,以己戊〔三百五十尺〕自乘
〔一十二萬二千五百尺〕,與甲戊〔七百尺〕自乘〔四十九萬尺〕相減,
餘〔三十六萬七千五百尺〕,開方得己庚相當之原數。再以丙戊
〔三百五十尺〕乘之,甲戊〔七百尺〕除之,爲己庚實數,倍之爲
庚壬線。

　　再以壬庚線上方變爲平員。今用簡法,〔因長徑甲乙與短
徑丙丁,原是折半之比例故也。〕竟以減餘〔三十六萬七千五百尺〕命爲
庚壬線上方,以十一乘之,得〔四百〇四萬二千五百尺〕。又以
十四除之,得〔二十八萬八千七百五十尺〕,爲庚壬線上所截橢體
之平圓面。

　　法以平圓面各乘其〔大分、小分〕之軸〔一千〇五十尺、三百
五十尺〕,皆成圓柱形,乃三除之,爲〔大、小〕分內所容之〔大、

小〕圓角形。

再以長徑〔一千四百尺〕乘大圓角爲實，小軸〔三百五十尺〕除之，爲所截橢形之大分。

以長徑〔一千四百尺〕乘小圓角爲實，大軸〔一千〇五十尺〕除之，爲所截橢形之小分。

今用簡法，置平圓面三除之，得〔九萬六千二百五十尺〕，以小分軸〔三百五十〕乘之，得庚甲壬小圓角形〔三千三百六十八萬七千五百尺〕。

置小圓角，四因三除之，得〔四千四百九十一萬六千六百六十六又三之二〕，爲所截小圓分。

又置圓面三除之積〔九六二五〇〕，以大分軸〔一千〇五十尺〕乘之，得庚壬乙大圓角形〔一億〇一百〇六萬二千五百尺〕。

置圓角形〔一〇〇六二五〇〇〕，用四因之，得〔四億〇四百二十五萬尺〕，爲所截大圓分。

小圓分、大圓分兩形并之，〔共四億四千九百一十六萬六六六六〕，爲橢形全積。

另求橢形全積

置短徑〔七百〕自乘，得〔四十九萬〕，以長徑〔一千四百〕乘之，得〔六億八千六百萬〕。以十一因之，二十一除之，得〔三億五千九百三十三萬三三三三〕，爲真橢圓全積。

以真橢圓積與兩截形并相較，其差爲九十分之一而弱。

若用曆書法，求得截小分〔三千三百六十八萬七千五百尺〕，與小圓角同。截大分〔六億〇六百三十七萬五千〕，爲大圓角之六倍。相并得〔六億四千〇〇六萬二千五百尺〕，爲橢圓全積。與橢圓真積相較，其差更甚。

如是轉輾推求，則知橢體大截分不可算，今別立法。

凡橢體，皆先如法求其全積，再如法求其小分截積，以小分截積減全積，餘爲大分截積，此法無弊可存。

兼濟堂纂刻梅勿菴先生曆算全書

幾何補編〔一〕

〔一〕是書撰於康熙三十一年，勿庵曆算書目算學類著録爲四卷，爲中西算學通續編一種。曆算全書作五卷，其卷五爲楊作枚所輯梅氏散稿。四庫本前三卷收入卷五十七，後兩卷收入卷五十八。梅氏叢書輯要將卷五"約法"附入方圓冪積中，删除該卷其餘内容，仍作四卷，收入卷二十五至二十八。

幾何補編自序

天學初函内有幾何原本六卷，止於測面，其七卷以後未經譯出，蓋利氏既殁，徐、李云亡，遂無有任此者耳。然曆書中往往有雜引之處，讀者或未之詳也。壬申春月，偶見館童屈篾爲燈，詫其爲有法之形。〔其製以六圈成一燈，每圈勻爲六折，並周天六十度之通弦，故知其爲有法之形，而可以求其比例，然測量諸書皆未言及。〕乃覆取測量全義量體諸率，實攷其作法根源，〔法皆自楞剖至心，即皆成錐體。以求其分積，則總積可知。〕以補原書之未備。而原書二十等面體之算，嚮固疑其有誤者，今乃徵其實數。〔測量全義設二十等面體之邊一百，則其容積五十二萬三八〇九。今以法求之，得容積二百一十八萬一八二八，相差四倍。〕又幾何原本理分中末線，亦得其用法。〔幾何原本理分中末線但有求作之法，而莫知所用。今依法求得十二等面及二十等面之體積，因得其各體中稜線及轄心對角諸線之比例，又兩體互相容及兩體與立方、立圓諸體相容各比例，並以理分中末線爲法，乃知此線原非徒設。〕則西人之術固了不異人意也，爰命之曰幾何補編[一]。

〔一〕該序内容同勿庵曆算書目幾何補編解題。書目此後有小字注：“書係稿本，李安卿手爲謄清，將以付梓，而屬余病，李又赴任嘉魚，遂未獲相爲重校。”

幾何補編卷一

宣城梅文鼎定九著　男以燕正謀參　孫　

穀成玉汝

玕成肩琳

柏鄉魏荔彤念庭輯　　　男　乾斅一元

士敏仲文

士說崇寬同校

錫山後學楊作枚學山訂補

四等面形算法

先算平三角

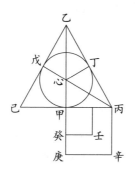

平三角形三邊同者，求得中長線〔乙甲〕，其三之一即內容平圓半徑〔心甲〕，其三之二即外切圓之半徑〔乙心或心丙〕。

又法：以邊半之，〔丙甲。〕自乘得數，〔丙庚方。〕取其三之一開方，〔甲壬小方。〕得容圓之半徑。〔壬癸或甲癸，俱與心甲等。〕

又取自乘數,〔丙庚方。〕三分加一,〔丙庚方加壬甲小方。〕并而開方,得外切圓之半徑〔丙心〕。

論曰:三邊角等,則半邊之角六十度,〔丙心甲角。〕其餘角三十度。〔心丙甲角。〕内容圓半徑爲三十度之正弦〔心甲〕,外切圓半徑如全數〔丙心〕,其比例爲一與二,故内容圓半徑〔心甲〕正得外切圓半徑〔丙心〕之半也。〔此論可解前一條。〕

形内丙心甲與乙心丁兩小句股形相等,又並與乙甲丙大句股形相似,〔何則? 乙角、丙角並分原等角之半,丁、甲等爲正角,則三角皆等,而邊之比例等。〕而大形之句〔丙甲〕既爲其弦〔乙丙〕之半,則小形之句〔心丁,亦即心甲。〕自必各爲其弦〔心乙,亦即心丙。〕之半,故知心甲〔原同心丁。〕爲丙心[一]之半也。

心甲既爲心丙之半,則心甲一,心丙必二,而丙戊必三矣。〔乙甲同。〕何也? 以乙心與丙心同爲二,心甲與心戊同爲一也,聯心乙二與心甲一,豈不成三?

今以内圓半徑爲股,〔心甲。〕外圓半徑爲弦,〔心丙。〕三邊之半爲句,〔丙甲。〕成心甲丙句股形,則心丙自乘内,〔弦冪。〕有心甲〔股冪〕及甲丙〔句冪〕兩自乘之積也。而心甲股與心丙弦既爲一與二之比例,則心甲之冪一,心丙之冪必四也。以心甲股冪一減心丙弦冪四,其餘積三,即丙甲句冪矣。故心甲之冪一,則丙甲之冪三,心丙之冪四。今先得邊,故以丙甲三爲主,而取其三之一爲心甲股冪;又於

〔一〕丙心,原作"乙甲",據刊謬改。

丙甲三加三之一爲四，即成心丙弦冪也。〔此論可解後一條。〕

以上俱明三等邊平面之比例。

今作四面等體求其心

法自乙頂向子向甲剖切之，成乙子甲三角面。

合形

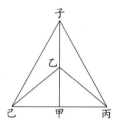

剖形

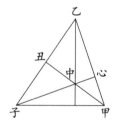

心者面之心，中者體之心。前圖所謂心者，面之心也；今所求者體之心，即後圖所謂中也，故必以剖而後見。

次求甲丑線。

乙子邊平分於丑，從丑向甲得垂線。此丑甲垂線在體中，必小於乙甲在外之垂線，故乙甲如弦，丑甲如股，乙丑如句也。法以乙甲弦自乘，內減乙丑句冪，餘爲股冪，開方得丑甲。

又法：準前論，乙丑之冪三，〔即丙甲，皆半邊故。〕則乙甲之冪九，〔乙甲三倍大於心甲，故心甲冪一，則乙甲冪九。〕以三減九餘六，亦即甲丑股冪矣，以開方得甲丑。

捷法：倍原半邊〔甲丙〕自乘數，以開方得〔甲丑[一]〕中垂線。或半原邊〔丙己〕自乘之數，開方亦得〔甲丑〕。丙甲之冪三，〔乙丑同。〕則甲丑之冪六，而丙己之冪十二也。〔甲丑與丙己冪積之比例爲一與二。〕

次求心中線。

捷法：但半心甲自乘，即心中冪。

論曰：心甲與心中，猶甲丑與乙丑也。甲丑冪與乙丑冪爲六與三，則心甲與心中之冪亦如二與一。

又捷法：心中之冪一，心甲之冪二，則乙丑之冪六，〔即丙甲。〕而心丙之冪八，〔亦即乙心。〕俱倍數。

但以半邊〔乙丑或丙甲。〕之冪取六之一，即心中冪，開方得心中，即四等面形内容小渾圓之半徑也。〔心中線者，即各面之心至體心也，故爲内容小渾圓半徑。〕

以心中之冪一〔句。〕加乙心之冪八，〔股。〕并之爲弦冪九，開方得中乙，〔或中子。或用前總圖，則爲中丙，爲中己[二]，並同。〕

〔一〕甲丑，原作“甲乙”，據圖改。
〔二〕中丙、中己，“中”原作“甲”，據二年本改。按前圖未顯中丙、中己綫。

是即四等面形外切渾圓之半徑也。外切圓之幂九，〔中乙。〕內切圓之幂一，〔心中。〕得其根之比例爲三與一，故四等面形內容渾圓之徑一，則其外切渾圓之徑三。

又捷法：但以乙丑半邊之幂加五，〔即二之一。〕爲中乙〔或中子等。〕幂，開方得外切圓之半徑。〔蓋乙丑之幂六，中乙之幂九，其比例爲一有半也。〕

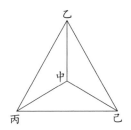

此四邊不等形，〔又爲三角立錐形。〕爲四等面形四之一，各自中切至邊線成此形。其底三邊等，即四等面形之一面，其高爲中心，即內容小渾圓之半徑。其中乙等三楞線，三倍大於中心之高，即外切渾圓之半徑。

取四等面形全積捷法

先取面幂，〔即前圖乙己丙平面，依前比例求其幂。〕以內容圓半徑〔心中〕乘之，得數四因三歸見積。

法曰：丙甲半邊之幂三，則甲乙中長之幂九，開方得中長〔乙甲〕，以乘丙甲，得乙己丙三等邊之幂積，即四等面形之一面也。

次求本積四之一。〔即各面轍心剖裂之形，如右圖[一]。〕

丙甲半邊之冪六，則中心之冪一，開方得中心高。以乘所得面冪，而三分取其一，即爲四等面形四之一。於是四乘之，即爲全積也。

又捷法：以丙甲乘心甲，又以中心乘之，即得本形四之一。〔即同三除，以心甲爲乙甲三之一故也。〕

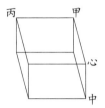

此帶縱小立方形，與右圖四等面形四之一等積。

又捷法：以丙己全邊〔亦即丙乙。〕乘乙心，再以中心乘，即得本形全積。〔乙心爲心甲之倍數，丙己爲丙甲之倍數，用以相乘，則得丙甲乘心甲之四倍數也。〕

邊設一百，依上法求容。

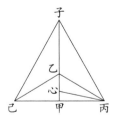

丙己邊一百，其冪一萬。丙甲半邊五十，其冪二千

五百,三因之得七千五百,爲乙甲中垂之冪。〔丙甲股冪減丙己弦冪,得句冪也。丙己亦即丙乙。〕平方開之,得八十六〔六〇二五〕,爲乙甲。其三之一得二十八〔八六七五〕,爲心甲;其三之二得五十七〔七三五〇〕,爲心乙。又置丙甲冪二千五百,取六之一爲心中冪,得四百一十六六六不盡,開方得心中之高二十零〔四一二四〕,亦即內容渾圓之半徑。

依上法,以丙己全邊一百乘乙心五十七〔七三五〇〕,得五千七百七十三半。又以心中二十零〔四一二四〕乘之,得全積一十一萬七千八百五十一弱。〔與曆書微不同。〕

四等面體求心捷法

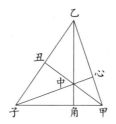

準前論,心中冪一,則心甲冪二,中乙冪九,乙丑冪六。以句股法攷之,則中甲與中丑之冪俱三也。

何也? 心中甲句股形以中甲爲弦,故心中句冪一,心甲股冪二,并之爲中甲弦冪三也。而乙中丑句股形以中丑爲句,故乙中弦冪九,內減乙丑股冪六,其餘爲中丑句冪亦三也。

由是徵之,則中丑與中甲正相等,但如法求得甲丑線,折半得中點,即爲體心。

又捷法：取乙丑幂,〔即原設邊折半自乘。〕半之爲中丑幂,
開方得中丑,亦得甲中。〔或乙子全邊自乘,取八之一爲甲中幂,亦同。〕

中丑即原邊乙子距體心之度,甲中即原邊丙己距體
心之度,而中爲體心。

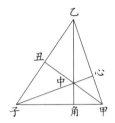

想甲點在丙己邊折半之處,今從側立觀之,則線化爲
點,而丙己與甲成一點,故從丙己原邊依楞直剖至乙子對
邊,即成甲丑線,其線即所剖面之側立形。

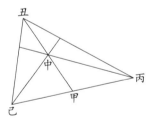

此圖即前圖甲丑線所切之面,蓋面側視則成線矣。

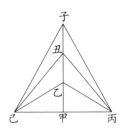

原設四等面全形，今依子丑乙楞剖至甲，則成縱剖圖，故甲點內有丙己線。若依丙甲己楞剖至丑，則成橫剖圖，故丑點內有子乙也。

縱剖有三，依子乙楞剖至甲，而平分丙己邊於甲，一也。依丙乙楞剖，而平分子己邊，二也。依己乙楞剖，而平分子丙邊，三也。

橫剖亦三，依丙己楞剖至丑，而平分子乙邊於丑，一也。依子丙邊剖，而平分乙己邊，二也。依子己楞邊剖，而平分丙乙邊，三也。

其所剖之面並相似，皆以中點爲三對角垂線相交之心。

一率　一一七八五一　　　例容
二率　一〇〇〇〇〇〇　例邊之立方積
三率　一〇〇〇〇〇〇　設容
四率　八四八五二九〇　設邊之立方積

開方得根二百〇四弱，爲公積一百萬之四等面體楞，與比例規解合。

若商四數，則其平廉積四十八萬，長廉積九千六百，其隅積六十四，共得四十八萬九千六百六十四，不足四千三百七十四，爲少百分之一弱，故比例規解竟取整數也。

計開：

四等面諸數：

邊一百。

積一十一萬七八五一。

積一百萬。

邊二百〇三九六。

內容渾圓半徑二十〇〔四一二四〕。

內容渾圓全徑四十〇〔八二四八〕。

外切渾圓半徑六十一〔二一〇〇〕。

外切渾圓全徑一百念二〔四二〇〇〕。

互剖求心之圖

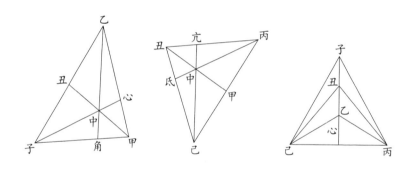

設邊一百，其冪一萬。〔丙己、乙子、乙丙、乙己、子丙、子己並同，爲外切渾圓徑冪三之二。〕

半邊五十，其冪二千五百。〔丙甲、甲己、乙丑、丑子等並同，爲邊冪四之一。〕

斜垂線之冪七千五百。〔乙心甲、子角甲、丙亢丑、己氐丑並同，爲邊冪四之三。〕

其根八十六六〇二五。

斜垂線三之一，二十八八六七五，其冪八百三十

三三三，〔即外切渾圓徑冪十八之一，爲邊冪十二之一。〕即各面內容平圓半徑。〔心甲、角甲、亢丑、氐丑並同。〕

　　斜垂線三之二，五十七七三五〇，其冪三千三百三十三三三。〔乙心、子角、丙亢、己氐並同。〕

　　內容渾圓半徑二十〇四一二四，其冪四百一十六六六不盡，〔爲邊冪二十四之一，即外切渾圓三十六之一。〕即分體中高。〔心中、角中、亢中、氐中並同〕。若內圓全徑之冪，則一千六百六十六六六。〔爲邊冪六之一，外切渾圓徑冪九之一。〕

　　外切渾圓半徑六十一二三七二，其冪三千七百五十，即分體之立面楞。〔乙中、子中、丙中、己中並同。〕四因之爲渾圓全徑冪一萬五千，其徑一百二十二四七四四。

　　又外切正相容之立方，其冪五千，爲四等面邊冪之半，即斜方之比例，又爲外切渾圓徑冪三之一。

　　一率　外切渾圓徑一百二十二四七四四

　　二率　四等面之邊一百

　　三率　渾圓徑一百

　　四率　內容四等面邊八十一六四九六

　　又捷法：渾圓徑冪一萬五千，則內容四等面邊冪一萬，或內容立方面之斜，亦同爲渾圓徑冪三之二。

　　若設渾圓徑一百，其冪一萬，則內容四等面邊之冪六千六百六十六六六，亦三之二也。

　　平方開之，得八十一六四九六，爲四等面邊，即內容立方之斜。

　　內容立方面冪三千三百三十三三三，爲渾圓徑冪三之一，即方斜之半冪，亦即四等面邊冪之半。

平方開之，得五十七七三五〇，是爲渾圓徑一百内容立方之邊，亦即渾圓内容立方、立方又容小圓之徑。

若於四等面内又容渾圓，則其徑冪一千一百一十一一一，爲渾圓徑冪九之一，爲四等面冪六之一，立方面冪三之一。開得平方根三十三三三不盡，〔冪九之一，則其根必三之一也。〕爲内容小渾圓之徑。以徑乘冪，得三萬七千〇三十七，爲徑上立方積。以十一乘十四除，得二萬九千一百〇〇半，爲圓柱積。柱積取三之二，得一萬九千四百，爲小渾圓積，得大渾圓二十七之一。以小渾圓積二十七因之，得五十二萬三千八百^{〔一〕}，爲四等面外切大渾圓積。〔即徑一百之渾圓積也。〕

互剖求心説^{〔二〕}

凡四等面體，任以一尖爲頂，則其垂線爲自尖至相對之平面心。〔亦即平面容圓之心。〕而以餘三尖爲底，其垂線至底之點旁距三尖皆等，〔即乙心、丙心、己心三線之距心皆等，而以子尖爲頂，其垂線爲子中心，其底爲乙丙己平三角面。餘倣此。〕此爲正形。〔各尖皆可爲頂，其法並同。〕若以子中心垂線爲軸而旋之，則成圓角體。

凡四等面體，任平分一邊，而平分之點爲頂，以作垂

〔一〕五十二萬三千八百，“八百”原作“九百”，今據校算改。
〔二〕説，四庫本作“法”。

線，則其垂線自此點至對邊之平分點，而以對邊爲底。底無面但有邊，底邊與頂邊相午直，正如十字形。

假如以子乙邊平分於丑，以線綴而懸之，則其垂線至所對丙己邊之平分正中爲甲點，其線爲丑中甲，而子乙邊衡於上，則丙己邊縱於下，正如十字，無左右之欹，亦無高下之微差也。

若以丑中甲垂線爲軸，旋之則成圓柱體。

凡四等面體，以其邊爲斜線，而求其方，以作立方，則此立方能容四等面體。

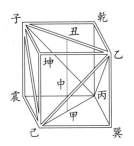

何以知之？曰：準前論，以一邊衡於上，而爲立方上一面之斜，則其相對之一邊必縱於下，而爲立方底面之斜矣。又此二邊之勢既如十字相午直，而又分於上下，爲立方上下兩面之斜線。然則自上面之各一端向底面之各一端聯爲直線，即爲四等面之餘四邊，亦即立方餘四面之斜，如此則四等面之六邊，各爲立方形六面之斜線，而爲正相容之體。

如前所論，圓角體、圓柱體雖亦能容四等面形，而垂線皆小於圓徑，故不得爲正相容。

捷法：四等面之邊自乘折半開方，即正相容之立方根。〔即弦倍句股意。〕設邊一百，其冪一萬，折半五千，即爲立方一面之積。求其立方根，得七十〇七一〇六，即丑中甲垂線之高。

若以此作容四等面之圓柱，則其高七十〇七一〇六，同立方之方根，而其圓徑一百，同立方面之斜。此圓柱内可函立方。

其乙中、子中等爲自四等面體心至各角之線，又爲立方心至各角之線，又爲外切渾圓之半徑，又爲四等面分爲四體之楞線，又爲立方分爲六方錐之楞線。

又捷法：以四等面之邊冪加二分之一，開方即外切正相容之渾圓徑，亦即立方體内對角線，〔如自乙至震。〕折半爲自心至角線。四等面設邊一百，其冪一萬，用捷法，二分加一，得一萬五千，爲外切正相容之渾圓全徑冪。開方得一百二十二四七四四，爲渾圓全徑。折半得六十一二三七二，爲渾圓半徑。

立方内容四等面圖

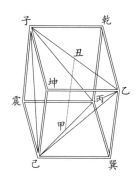

設立方邊一百，其積百萬。內容四等面邊一百四十一〔四二一三〕，其積三十三萬三千三百三十三〔三三三三〕，爲立方積三之一。乾坤震巽立方，〔乾丙、坤己、乙巽、子震與中心之丑甲同高。〕內容子乙丙己四等面爲立方積三之一。

何以明之？凡錐體爲同底同高之柱體三之一，今自立方之乙角依斜線剖至丙己，成乙丙己巽三角錐，以丙己巽立方之半底爲底。又自子角斜剖至丙己，成子丙己震錐，以丙己震立方之半底爲底。合兩半底，則與立方同底矣。而子震與乙巽之高，即立方高也，是此二錐得立方三之一矣。

又自子乙斜線斜剖至己角成倒錐，以子乙坤立方之半頂爲底，以坤己立方高爲高。又自子乙斜剖至丙角，亦成倒卓之錐，以子乙乾立方之半頂爲底，以乾丙立方高爲高。與前二錐同，亦三之一也。

合此二錐，共得立方三之二，則其餘爲子乙丙己四等面體者，必立方三之一矣。

準此論之，凡同邊之八等面積，四倍大於四等面積。何以知之？以此所剖之四錐體，合之則爲八等面之半體，皆以剖處爲面，而其邊其面皆與四等面等，是同邊之體也。而八等面之半體既倍大於四等面，則其全體必四倍之矣。

設八等面邊一百四十一〔四二一三〕，與四等面同邊，則八等面之積一百三十三萬三千三百三十三〔三三不盡〕，爲四等面之四倍。

　　若設四等面邊一百,則其外切之立方面冪五千,立方根七十〇〔七一〇六〕。以根乘冪,得立方積三十五萬三千五百五十三。四等面積一十一萬七千八百五十一,爲立方積三之一。

　　推得八等面邊一百,其積四十七萬一千四百〇四。

　　　此同邊之比例。

　　若立方内容之八等面,則其積爲立方内容之四等面二之一。何以知之? 八等面與立方同高,則其積爲立方六之一故也。

　　設立方邊一百,内容八等面邊七十〇〔七一〇六〕,其積一十六萬六千六百六十六,爲四等面之半。若設立方邊七十〇〔七一〇六〕,則内容八等面積五萬八千九百二十五半,其邊五十。

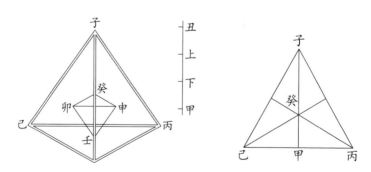

　　四等面體又容小立方,小立方内又容小四等面體,則内容小立方徑爲外切立方三之一,内小四等面在小立方内,其徑亦爲四等面三之一,而其積皆二十七之一。

　　何以知之? 凡三等邊平面之心,皆居垂線三之一。

假如子己丙爲四等面之一面，其平面之心必在癸，而子甲垂線分三之一爲癸甲。其餘三面盡同。而內容之小立方，必以其下方之兩角縱切子己丙之癸心及乙己丙之壬心，其上方之兩點必橫切於子乙己之卯心及子乙丙之申心，而立方內容之小四等面亦必以其四角同切此四點也。今壬、癸兩點既下距丙己線爲其各斜垂線三之一，而卯、申兩點又上距子乙線之斜垂線亦三之一，則其中所餘三之一，必爲立方所居也，而內小立方不得不爲子乙與丙己相距線三之一矣。

問：癸點爲三之一者，斜面之垂線也。小立方者，直立線也，何以得同爲三之一乎？答曰：癸點所居三之一雖在斜面，而子乙縱線與丙己橫線上下相距，必有垂線直立於其心，此直立垂線即前圖之甲丑，與外切立方線同高者也。丑甲中垂線以上停三之一之上點與卯申平對，以下停三之一之下點與壬癸平對。依句股法，弦與股比例同也，然則丑甲線之中停，即小立方之所居矣。

又丑甲者，即外切立方之高也，故知小立方徑爲外切立方徑三之一。

又小四等面在小立方內，以其邊爲小立方之斜，而縱橫邊相午對如十字，其中心亦以丑甲線之中停爲其軸，其斜面之勢一切皆與大四等面同。而丑甲者亦大四等面之軸也，小四等面之中軸既爲丑甲三之一，其餘一切皆三之一矣。

夫體積生於邊者也，邊爲三之一者，面必爲九之一，體必爲二十七之一，無疑也。

準此論之，渾圓在四等面内者，亦必爲外切渾圓二十七之一，其徑亦三之一也。何也？渾圓之切點，與小立方、小四等面之切點並同也。

以此推知，小立方與小四等面在大四等面内，或居小渾圓内，以居大四等面内，其徑積並同。

求體積

渾圓徑一百，其徑上立方一百萬，依立圓法，以十一乘十四除，得七十八萬五千七百一十四，爲圓柱積。仍三分取二，得五十二萬三千八百〇九，爲渾圓積。

内容立方面幂三千三百三十三〔三三〕，其邊五十七〔七三五〇〕，以邊爲高乘面，得一十九萬二千四百五十〇，爲内容立方積。

内容四等面體邊幂六千六百六十六〔六六〕，其邊八十一〔六四九六〕。

依前論，四等面體爲立方三之一，得六萬四千一百五十〇，爲四等面積。

立方内容小渾圓，以立方之邊爲徑五十七〔七三五〇〕。依立圓法，以立方積十一乘十四除，得一十五萬一千二百一十，爲圓柱積。取三之二，得一十〇萬〇八百六十六〔一〕，爲小立圓積。

〔一〕一十〇萬〇八百六十六，據校算，“八百六十六”當作“八百〇六”。

　　四等面內容小渾圓徑冪一千一百一十一〔一一〕,其徑三十三〔三三〕,以徑乘冪,得徑上立方積三萬七千〇三十七。以十一乘十四除,得二萬九千一百〇半,爲圓柱積。又三分取二〔一〕,得一萬九千四百,爲立方內之四等面內容小渾圓積,爲大渾圓積二十七之一。若先有內小渾圓積,但以二十七因之,得大渾圓積。

　　依此論之,凡渾圓內容立方,立方內又容四等面體,四等面內又容小渾圓,其內外相似之大小二體,皆二十七之比例也。

　　又捷法:用方斜比例。

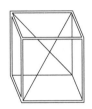

　　立方面之斜設一百,其冪一萬,則其方冪五千。用三因之,得一萬五千,開方得立方對角斜線,即爲外切渾圓全徑。

　　立方面之斜一百,即立方內容四等面之邊。

　　立方體對角斜線一百二十二〔四七四四〕,即立方外切渾圓之全徑,亦即四等面外切渾圓全徑。半之得六十一〔二三七二〕,即立方外切渾圓半徑,亦即立方體心至各角之

―――――――――

〔一〕三分取二,原作“三分取一”,今據文意改。

線，亦即四等面體心至各角之線。

八等面形圖注

第一合形

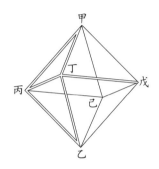

甲丁　甲丙　甲己　甲戊

丁丙　丙己　己戊　戊丁

戊乙　己乙　丁乙　丙乙

以上形外之楞凡十有二，即根數也，其長皆等。

或設一百爲一楞之數，則十二楞皆一百也。

甲丁戊　甲戊己　甲己丙　甲丙丁

丙丁乙　己丙乙　戊己乙　丁戊乙

以上形周之分面凡八，皆等邊平三角形也，其容積其邊皆等。

或設一百爲邊數，則三邊皆一百，而形周之分面八皆三邊，邊皆一百也。

第二橫切形〔二〕

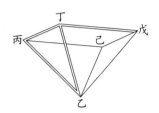

甲丁丙己戊爲上半俯形。

丁丙己戊乙爲下半仰形。

右二形各得合形之半，皆從丁戊楞橫剖至己丙。

一俯一仰，皆方錐扁形。丁丙己戊爲方錐之底，其邊皆等。其從四角湊至頂之楞，皆與底之邊等。

第三直切形〔四〕

直切形

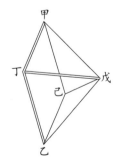

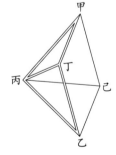

從甲尖依前後楞直剖,過丁己至乙尖,成左右兩形。

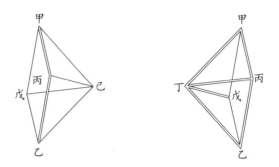

從甲尖依左右楞直剖,過丙戊至乙尖,成前後兩形。

此四形者,一切皆與仰俯二形同,但彼爲眠坐之體,故爲方錐;〔仰者即倒卓方錐。〕而此則立體,即如打倒方錐之形也。

第四橫切之面一、直切之面二

橫切之面

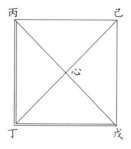

因橫剖得正方平面,在立方錐以此爲底,倒方錐以此爲面,在合形則爲腰圍。其己丁及丙戊兩對角斜線相交

於心,即兩直切之界也。〔心即合形中心。〕

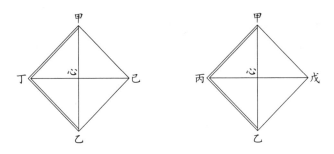

因直剖得斜立方面二,其己丁及戊丙横對角線,即横切之界,其從甲至乙垂線,即直剖之界,如立面在前後互剖之形,則此線爲左右直剖之界,彼此互爲之也,亦即爲全形之中高徑線。

以此知八等面之中高線爲方斜之比例。

第五分形

分形正面

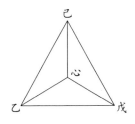 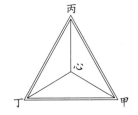

分形側面

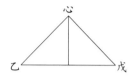
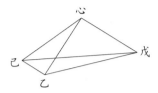

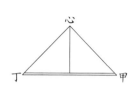
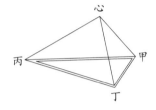

因橫剖及兩直剖，分總形爲八，皆三角錐形也。

皆以等邊平三角形面爲錐形之底，而以橫直剖線相交處之點爲其銳頂，即合形之中心也。

其自頂心至角之楞皆等，皆邊線之方斜比例也，〔底線爲方，則此線爲其斜之半。〕而此楞線又即爲八等面形之外切圓之半徑。

算分形

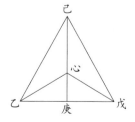

設己戊邊一百，其冪一萬，則心戊楞之冪五千。〔倍戊庚半邊之冪，爲半斜冪也。〕

戊心之冪五千，內減戊庚冪二千五百，則其餘二千五百，爲心庚之冪，故心庚必與戊庚等。

從心頂對己庚楞直剖至庚，分形爲兩，則其中剖處成三角平面。

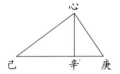

己庚者，乙己戊等邊三角平面之中垂線也，其冪爲邊四之三。設邊一百之冪一萬，則己庚之冪七千五百。

庚辛者，平面三角容圓之半徑也，得己庚三之一，其冪則九之一也。己庚之冪七千五百，則庚辛之冪八百三十三〔三三〕。

辛點即各三角平面之中心。

以庚辛冪八百三十三〔三三〕減心庚冪二千五百，得心辛冪一千六百六十六，開方爲心辛，即分形之中高也，求得分形中高四十〇〔八二四七〕。

依平面三等邊法，設邊一百，其中長線八十六〔六〇二五〕，其冪積得四千三百三十〇〔一二五〇〕。取平冪三之一，得一千四百四十三〔三七五〇〕，以乘中高，得分形積五萬八千九百二十五〔三五一三〕。再以八因之，得總積四十七萬一千四百〇二〔八一〇四〕，與總算合。

設八等面之邊一百，其冪一〇〇〇〇，即橫剖中腰之正方。半之爲每角輳心之線之冪，得〇五〇〇〇。此線即分形自底角輳頂心之楞，〔如心戊、心己、心乙。〕又爲八等面形外切渾圓之半徑。又半之，爲分形每面自頂至邊斜垂線之冪，〔即心庚。〕得〇二五〇〇。此線即設邊之半，其冪爲設邊四之一。

設半邊之冪取其三之二，爲分形中高線之冪，〔即心辛。〕得〇一六六六不盡，又爲八等面形內容渾圓之半徑。

捷法：

取八等面設邊之冪六而一，爲八分體中高之冪，開方得中高。

假如設邊一百，其冪一萬，則分體中高之冪一千六百六十六不盡。求其根，得四十〇〔八二四八〕。以中高乘三角平面冪，三除之得分體，八因之得全積。

又捷法：

八等面設邊之冪取三之二，爲體內容渾圓之徑冪，開方得內容渾圓徑，折半爲八分體中高。

假如設邊一百，其冪一萬，則內容渾圓之徑冪六千六百六十六不盡，求其根得八十一〔六四九六〕，折半爲分體中高。

或竟以內容渾圓全徑乘設面三角平冪，四因三除之得全積。

又捷法：此方斜之比例。

八等面設邊之冪倍之，爲體外切圓徑冪，開方得徑，以乘設邊之冪,〔即腰廣平方。〕得數三歸見積。

假如設邊一百,其冪一萬,其斜如弦,弦之冪倍方冪得二萬,求其根,得一百四十一〔四二一三〕。以乘腰廣一萬,得一百四十一萬四千二百一十三。三除之,得總積四十七萬一千四百〇四。

一系　八等面體之邊上冪與其外切渾圓之徑上冪,其比例爲一與二。〔方斜比例。〕

一系　八等面體之邊上冪與其內容渾圓之徑上冪,其比例爲三與二。

一系　八等面體外切渾圓之徑上冪與其內容渾圓之徑上冪,其比例爲三與一。

準此而知,八等面內容渾圓,渾圓內又容八等面,其渾圓外切之八等面邊或徑上冪與內容之八等面邊或徑上冪,其比例亦必爲三與一也。

計開:

八等面形諸數:

設邊一百,其積四十七萬一四〇四。〔與曆書所差甚微。〕

其體外切渾圓之徑一百四十一。〔內外兩渾圓之徑冪爲三與一,其根約爲四與七而強。〕

體內容渾圓之徑八十一。

八等面外切立方徑一百四十一。〔方斜比例也,與外切渾圓同。〕

八等面內容立方徑四十七。

內外切大小立方之徑之比例爲三與一。

內外兩立方之積之比例爲二十七與一。

若渾圓內容立方,立方內容八等面體,八等面體內又容渾圓,則大小兩渾圓之徑亦若三與一,其積亦若二十七與一。

一率　四七一四〇四　　例容
二率　一〇〇〇〇〇〇　例邊之立方
三率　一〇〇〇〇〇〇　設積
四率　二一二一三二二　設邊之立積

開立方得根一百二十八,爲公積一百萬之八等面根。

〔與比例規解合。〕

幾何補編卷二^{〔一〕}

二十等面形^{〔二〕}

二十等面形自腰切之，成十等邊平面。

先求甲丁，乃十等邊平面從心對角之線，亦即二十分形各三角立體一面之中垂斜線。

法爲甲乙〔即切形十等邊之半，在原設二十等面形邊爲四之一。〕與甲丁，若十八度之正弦與全數也。〔十等邊各三十六度，其半十八度。〕

〔一〕該卷底本内容略爲凌亂，輯要本重新調整次序如下：將"二十等面從腰橫剖之圖"以下至"己庚等線相聯成五等邊平面圖"之前内容移至卷首，次接"兩平面心相聯爲直線之圖"，次接"己庚等線相聯成五等邊平面圖"，次接原卷首以下内容。另將"二十等面從腰橫剖之圖"下"理分中末線圖"移至卷末，將原卷末"十二等面分體之圖"移至次卷。

〔二〕原無標題，據下文内容補。

設邊一百,所切十等邊平面之邊五十,其半甲乙二十五。

一率	十八度正弦	〇三〇九〇	
二率	全數	一〇〇〇〇	
三率	甲乙	二五	相乘加四位
四率	甲丁	八〇〔九〇六一〕	

用等邊三角求容圓法

設邊一百,其內容圓半徑二十八〔八六七五〕,爲心甲。

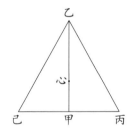

以心甲爲句二十八〔八六七五〕,其冪八百三十三〔三三二五〕。

以甲丁爲弦八十〇〔九〇六一〕,其冪六千五百四十五〔七九七〇〕。

句冪減弦冪,餘五千七百一十二〔四六四五〕,爲心丁股冪。

開方得心丁七十五〔五八〇八〕,此即各面切形自各面之心至切體尖之高也。其切體之尖,即原設二十等面總形之體心,爲丁點。

用後法，得乙己丙平面冪積四千三百三十〇〔一二五〇〕。

又依三等邊角形，設邊一百，〔丙己。〕其半五十，〔丙甲。〕求到乙甲中長八十六〔六〇二五〕。用其三之一，即心甲二十八〔八六七五〕，以與丙甲五十相乘，得一千四百四十三〔三七五〇〕，爲各等面平積三之一。〔三因之，得平面冪。〕

又以丁心七十五〔五八〇八〕乘之，得一十〇萬九千〇九十一〔四三七二〕，爲二十等面形分切每面至心之積。又以二十乘之，得全積。

依上法求到二十等面全積。

設邊一百，其積二百一十八萬一千八百二十八。〔查比例規解差不多，惟測量全義差遠。〕

按：此法以本形分爲二十，各成三角立錐形，而各以分形之高乘底，取三之一以爲分形積，然後以等面二十爲法，乘而并之，得總積，可謂的確不易矣。然與曆書中比例規解及測量全義俱不合，何耶？

計開：

二十等面形：

設邊一百，其每面中長線八十六〔六〇二五〕。

其每面冪積四千三百三十〇〔一二五〇〕。

其每面容平圓之心作線至形心之丁七十五〔五八〇八〕，即心丁，心丁即內容渾圓之半徑。

其分形各以每面之冪積爲底，心丁爲高，各得三角立錐積一十〇萬九千〇九十一〔四三七二〕。

其立錐積凡二十，合之得總積二百一十八萬一千八百二十八。

用上法求形內容渾圓

其心丁七十五〔五八〇八〕，即內容渾圓半徑。〔以心丁線與各平面作垂線，而丁點即體心故。〕倍之得一百五十一〔一六一六〕，爲內容渾圓全徑。

置小渾圓徑一百五十一零，自乘得二萬二千八百〇一，以十一乘十四除，得一萬七千九百一十五，爲圓冪。

置內容渾圓之平圓冪一七九一五，以圓徑一百五十一取三之二得一百强，以乘平圓冪，得一百八十〇萬二千二百四十九，爲二十等面內容渾圓之積。

置內容圓徑一百五十一，自乘得〔二萬二千八百〇一〕，再乘〔三百四十四萬二千九百五十一〕，以立員捷法〔〇五二三五九八七七〕乘之，得渾圓積一百八十〇萬二千七百二十五。

先用密率〔十四除十一乘〕，得渾圓一百八十〇萬二千二百四十九。以較立圓捷法，所得少尾數四百七十六，約爲一萬八千之五弱，不足爲差也。

依立圓法，以圓率三一四一五九二乘，立圓法六而一，得五十二萬三五九八，爲徑一百之渾圓積。

依法求得立方邊五十七〔七三五〇〕，立方積一十九萬二四五〇，四等面積六萬四千一百五十〇，並合前算。

小渾積一〇〇七六六，若用捷法，以渾圓率五二三五九八乘立方積，得數後去末六位，亦得一十〇萬〇七六六。

內容渾圓尚且如此之大，況二十等面之形又大於內圓乎？然則曆書之率，其非確數明矣。

二十等面

一率　二一八一八二八　　例容

二率　一〇〇〇〇〇〇　　例根一百之體積

三率　一〇〇〇〇〇〇　　設容

四率　〇四五八三三二　　所求根立積

如法算得二十等面之容一百萬，其根七十七。

比例規解作"七十六"，尚差不多，測量全義云"二十等邊設一百，其容五二三八〇九"，則大相懸絕矣。久知其誤，今乃得其確算。己未年所定之率，以兩書酌而爲之，究竟不是，今乃得之，可見學問必欲求根也。

二十等面分體之圖

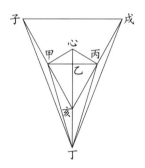

亥子戌爲二十等面之一面，亦即各分體之底。

亥子、子戌、戌亥皆其邊，即根也，半之爲亥甲。

甲乙丙爲橫邊切處，即橫切成十等邊形之一邊。

丁爲體心，亦即切十等邊平面之中心。

甲乙丙丁即橫切十等邊平面之分形，心爲二十等面

每面之正中。心丁爲體周各平面至體心之垂線,亦即分
體之中高,亦即體內容渾圓之半徑。丁亥、丁子、丁戌皆
分體之楞線,乃自各分面角轉體心之稜也,亦即爲外切渾
圓之半徑。丁甲、丁丙皆橫切平面各角轉心之線,亦即分
體各斜面之中垂斜線也。

求法:以丁甲爲股,亥甲爲句,〔即根之半。〕兩冪相幷,
開方得弦,即丁亥也。〔丁子、丁戌同。〕

求二十等面外切渾圓之半徑

依句股法,以丁甲股八十〇〔九〇六一〕自乘冪六千五百
四十五〔七九七〇〕、亥甲句五十〇自乘冪二千五百相幷,爲亥
丁弦冪九千〇四十五〔七九七〇〕。平方開之,得亥丁九十五
〔一〇五二,〕爲外切渾圓半徑,亦即二十分形自其各角轉心
之稜。倍之得一百九十〇〔二一〇四〕,即外切渾圓全徑。

計開二十等面體諸數:

設邊一百,其容二百一十八萬一千八百二十八。

其內容渾圓徑一百五十一,其外切渾圓一百九十。

其每面中心至體心七十五半。〔即內容渾圓之半徑。〕

其每面各角至體心九十五。〔即外切渾圓之半徑。〕

計開二十等面體諸用數:

設邊一百,外切立方之半徑八十〇〔九〇一七〕,爲體心
至邊之半徑。〔即寅中、卯中、辰中等。〕

倍之爲邊至邊一百六十一〔八〇三四〕,即外切立方全徑。

外切渾圓之半徑九十五〔一〇五六〕,爲體心至各角尖

之半徑。〔即甲中、戊中、心中等。〕

倍之爲角尖至角尖一百九十〇〔二一一二〕,即外切渾圓全徑。

内容渾圓及内容十二等面之半徑七十五〔五七六一〕,爲體心至各面之半徑。〔即己中、庚中等。〕

倍之爲内容渾圓全徑一百五十一〔一五二二〕,爲面至面。

内容十二等面之邊五十三〔九三四四〕。

每面之冪四千三百三十〇〔一二五〇〕。

二十等面之冪共八萬六千六百〇二半。

分體積一十〇萬九千〇八十四〔六五〕,爲二十等面體積二十之一。

合之得全積二百一十八萬一千六百九十三。

内容小立方之邊八十七〔二六七七。以内容立圓徑自乘之冪取三之一,開方得之〕。

内容燈體邊五十。〔即原邊之半。〕

立方内容二十等邊算法

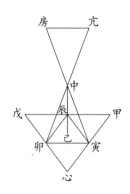

亢卯、寅房爲立方全徑一百。

中寅、中卯爲半徑五十。

寅、卯二點爲二十等面邊折半之界。

寅卯線爲二十等面邊之半。

中爲體之中心，寅中卯角爲三十六度。

中寅半徑當理分中末之全數，寅卯即理分中末之大分。

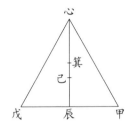

甲戊、戊心、心甲皆寅卯之倍數，即二十等面之邊，其數六十一〔八〇三三九八〕。

甲辰半邊三十〇〔九〇一六六九，與寅卯同〕。

心辰垂線五十三〔五二三三〕，半垂線心箕二十六〔七六一六〕。甲辰冪九百五十四〔九一五〇〕，三因甲辰冪，爲心辰冪二千八百六十四〔七四五〇不盡〕。

　計開：

立方徑設一百，半徑五十。

理分中末線大分六十一〔八〇三三九八〕，即二十等面之邊。

　論曰：以中寅半徑五十求寅卯，正得理分中末大分之半，而甲戊邊原倍於寅卯，寅房全徑亦倍於寅中，是全數與大分皆倍也,故徑以全數當寅房全徑,以理分中末之大分當甲戊等二十等邊之全邊也。

又立方邊設一百,〔即寅房徑。〕半之五十。〔即中寅。〕

內容二十等面之邊六十一〔八〇三三九八。即甲戊等〕。

面之中垂線五十三〔五二三三。即心辰〕。

中垂線之半二十六〔七六一六。即心箕〕。

面之冪一千六百五十三〔九五七八。甲戊心面〕。

中垂線三之一得一十七〔八四一一。即辰己^{〔一〕}〕。

內容立圓半徑四十六〔七〇八六。即己中〕。　　全徑九十三〔四一七二〕。

二十等面全積五十一萬五千〇二十六〔九五九七〕。

約法:

立方根與所容二十等面之邊,若全數與理分中末之大分。

面冪三之一以乘容圓全徑,得數十之爲全積。

中垂線三之一寅己^{〔二〕}爲句,〔即平面容員半徑。〕自乘得句冪三百一十八〔三〇四八四九〕,以減中寅弦冪二千五百〇〇,餘己中股冪二千一百八十一〔六九五一五一〕,開方得己中根四十六〔七〇八六〕。

二十等面邊設一百,用理分中末線求其外切之立方。

一率　二十等面邊六十一〔八〇三三九八〕

〔一〕辰己,原作"心己",據圖改。

〔二〕寅己,原作"心己",據圖改。

二率　外切立方一百〇〇

三率　二十等面邊一百〇〇

四率　外切立方一百六十一〔八〇三四〕

依法求得二十等面邊一百，其外切立方一百六十一〔八〇三四〕，與先所細算合。

半圓内容正方

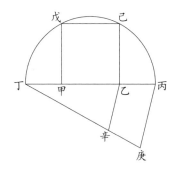

法以圓徑爲三率，〔丙丁。〕理分中末之小分爲二率〔庚辛〕，理分中末全線加小分爲首率，〔丁辛爲全線，再加庚辛爲小分，共得爲丁庚總線也。〕二三相乘，一率除之，得四率，〔丙乙，即甲丁。〕爲全徑之小分。以減全徑，餘〔乙丁〕，乃於乙作正十字線至圓界，〔如己乙。〕即以此線自乘作正方〔己甲〕，如所求。

論曰：己乙即丙乙與乙丁之中率，而丙乙既爲乙丁全徑之小分，則己乙即大分也，而甲乙亦爲大分，甲丁亦爲小分矣。若自甲作甲戊，必與己乙、甲乙等，而其形正方。

半渾圓内容立方

法以乙甲圓徑自乘之幂取其六之一，開方得容方根。〔丙丁方，丙戊邊。〕

論曰：試倍甲丙乙庚半渾圓爲全渾圓體，亦倍丙丁正方形，作丙己長立方形，亦必能容矣。然則丙己線在長立方形之内爲斜線者，亦即渾圓之徑也。〔與甲乙徑等。〕

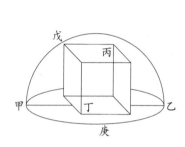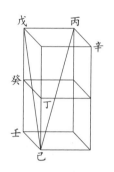

試於長立方面作戊己斜弦，則己壬爲之句，戊壬爲之股，而戊己弦幂内有己壬幂與戊壬幂矣。

而丙己線爲弦，則戊己又爲股，丙戊又爲句，而丙己自幂内又兼有戊己幂及丙戊幂矣。〔丙戊亦即己壬。〕

又戊壬爲己壬〔即丙戊，亦即戊癸。〕之二倍[一]，則戊壬股幂内有己壬句幂四，合之爲戊己弦幂，則戊己幂内有己壬幂五矣。

而丙己弦幂内復兼有戊己股幂及丙戊句幂，是丙己

幂內有丙戌幂六也。丙己既同圓徑,則取其幂六之一開方,必丙戌容方邊矣。

立方[一]內容十二等面,其內又容立方〔此相容比例。〕

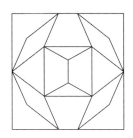

立圓內容十二等面,其內又容立方,此立方之面幂爲外圓徑上面幂三之一,而立方之各角即同十二等面角,以切於立圓之面。

法以外切渾圓徑上幂取三之一,爲十二等面內小立方幂,平方開之,得小立方根,根乘幂見積。

又簡法:以十二等面之面幂,求其橫剖之大線,此線即十二等面內容小方之邊。

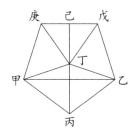

〔一〕立方,據後文,似當作“立圓”。

如圖作甲乙線,剖一面爲二,此線在面中最大,即爲内小立方根。以此自乘而三之,即小立方外切渾圓徑冪。

凡立方内容二十等面,二十等面内又容渾圓,圓内又容小立方,此小立方之各角,能同渾圓之切點,以切於二十等面之平面心。

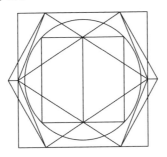

法以内容渾圓徑之冪取三之一,爲内小立方之冪,平方開之,得切點相距,即小立方根,以根乘冪見積。

簡法:取内容渾圓之内容立方邊,求其理分中末之大分,爲内容十二等面邊。

又簡法:如前求得二十等面内容十二等面之一面,乃求其横剖之大線,即二十等面内容小立方之根。以根自乘而三之,即二十等面内容渾圓之徑冪。開方得根,即内容渾圓徑。折半爲分體之中高。

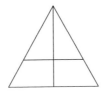

此二十等面之面,作三分之一横剖。

此十二等面之面,在二十等面內。

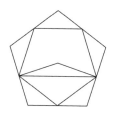

此五等面邊,即前橫線所成。

凡五等邊平面,其邊即七十二度之通弦,橫剖大線即一百四十四度之通弦,各折半爲正弦,可以徑求。

一率　三十六度正弦

二率　七十二度正弦

三率　五等邊之一邊

四率　橫剖之大線

凡十二等面體與二十等面體,可互相容而不窮。

十二等面體有二十尖,二十等面體有十二尖,其各尖之相距必均,其互相容也,皆能以其在內之尖切在外各面之中心而徧。

凡二十等面內容立圓,仍可以容二十等面。

二十等面内容立圓，仍可以容十二等面

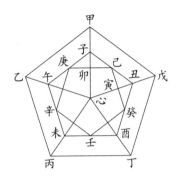

甲心乙、乙心丙、丙心丁、丁心戊、戊心甲，皆二十等面之一面，其各三邊皆等，各以庚、辛、壬、癸、己爲其面之心。若内容十二等面體，則十二等面之各尖必切於庚、辛、壬、癸、己等心點。

今求内容十二等面之邊，則必以庚、辛等心點聯爲直線，即成五等邊面之邊，而與十二等面之形相似，而可以相容矣。

法當以邊〔如甲戊。〕半之，〔如甲辰。〕作對心垂線，〔如辰心。〕成心辰甲句股形。既得己卯，倍之爲己庚，即内容十二等面之一邊。

二十等面體內容十二等面之圖

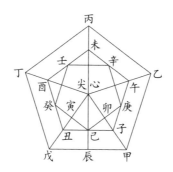

第一圖原形，如五面扁錐，心尖銳起，甲心戊等三等邊平面凡五，共輳而成一心尖，乃二十等面四之一。

其己、庚、辛、壬、癸五點皆三等邊平面之中心，亦即內容十二等面之稜尖所切，故必先求此點。

簡法曰：以甲戊邊半之於辰，作辰心對角斜垂線。又以心甲、心戊各取三分之二，爲心子、心丑，乃聯子、丑爲線，與甲戊邊平行，與辰心垂線十字交於己點，則己點即甲心戊平面之心。再從子至午作與邊平行線，線之半即庚點，餘三面盡如此作平行線，則辛點在午未線，壬點在未酉線，癸點在酉丑線，但半之皆得心矣。

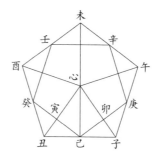

第二圖剖形，是五等邊平面。

因前圖所作子丑等平行線橫剖之，去其中高之尖，成子午未酉丑五等邊平面。此平面之心點在前圖心頂之內，惟子丑等邊線是原形所作平行線，在體外可見，餘皆以剖而成。乃從各角作線至心，如子心等，分形爲五，皆平面三角形，而心子等線皆小於子丑邊。因子己原邊及子心丑角，求得心己垂線及子心對角線。

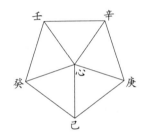

第三圖正用之形，即内容十二等面之一面。

因前第二圖各平分其邊，得己、庚、辛、壬、癸五點，即原形之平面心。又聯此點作己庚等直線，則成此形。以此形爲内容十二等面之一面，則己、庚等五點爲十二等面之銳角，而皆切二十等面之平面心矣。

求己庚線法，因心子對角線及心己垂線、子己原半邊得己卯，倍之爲己庚。

第一圖

設二十等面邊一百，甲戊等五邊、甲心等五輳頂線並同，則子心六十六〔六六〕，子丑平行線同，皆爲原邊三之二。心己斜垂線五十七〔七三五〇〕，爲心辰斜垂線三之二。

以上用第一圖,乃斜立面也。

第二圖

子己半邊三十三〔三三〕,子心對角線五十六〔七〇九九〕,己心垂線四十五〔八七九二〕。

法爲全數與五十四度之割線〔一七〇一三〇〕,若子己邊與子心也。子己乘割線,以全數十萬而一,得子心。

又全數與五十四度〔一〕之切線〔一三七六三八〕,若子己邊與己心也。子己乘切線,以全數十萬而一,得己心。凡全數除,降五位。

第三圖　仍從第二圖生。

己庚等兩平面心相距線五十三〔五八一六〕,其半己卯二十六〔七九〇八〕。

法爲子心對角線與己子半邊,若心己垂線與己卯也。

倍己卯得己庚。

求得二十等面邊一百,内容十二等面其邊五十三〔五八一六〕。

捷法:但用法聯兩平面之中心點,即爲内容十二等面之邊。

〔一〕五十四度,原脱"度"字,據刊謬補。

兩平面心相聯爲直線之圖

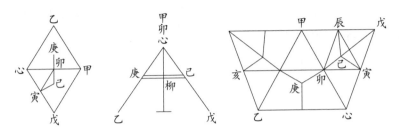

乙心甲及戊心甲兩等邊平三角面,以甲心邊爲同用之邊,而甲心隆起如屋之山脊。兩平面之中心爲己爲庚,聯爲己庚線,與甲心爲十字,然不緊相切,何也?甲心既隆起,則甲心折半之卯在己庚折半之柳點上,其距爲卯柳。

試側視之,則甲心戊面變爲戊卯線,甲心乙面變爲卯乙線,而甲卯心線變爲卯點。己、庚點在平面原近甲、心點,爲卯戊、卯乙三之一,則卯柳之距亦爲垂線三之一矣。

二十等面從腰橫剖之圖[一]

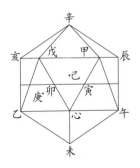

〔一〕原圖"辛"點作"心",與乙心綫之心點重,今姑改作"辛"。

凡二十等面體，其面之邊皆等，而皆斜交，故邊皆高於面。面之中心如己如庚，是距體心最近之處，故爲内容渾圓及十二等面所切之點也。

邊之兩端又高於其折半之處，邊所輳爲尖，如甲如戊如乙如心等，是距體心最遠之處，故爲外切渾圓及外切十二等面之尖也。其各邊折半之點，如寅如卯，其距體心在近遠酌中，爲外切立方之半徑。其内切之己、庚，外切之甲、戊、乙、心等，賴寅卯距心之線爲用，然後可知，故其用最要。

橫剖所成之面〔十二等面從腰橫剖，其根亦同。〕

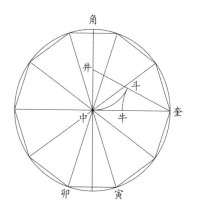

問：各邊既高於面而又斜交，何以能橫切成平面乎？曰：從右圖觀之，甲、戊尖最高，則其所對之乙心等邊似平矣；而乙、心等尖亦高，則其所對之甲戊等邊又平。一高一平，彼此相制，而成相等之距。故寅、卯等折半之處，其距體心皆等，聯之爲線，即成相等之線而皆平行也。

然則何以知其爲十等邊平面？曰：準右圖，上下各五面,其腰圍亦上下各五面,而犬牙相錯成十面。今各從其半邊剖之,則必爲十邊平面無疑也。

如圖,奎卯寅十等邊平面,以中爲心。

中寅、中卯皆原體心與其邊折中處相距之半徑,亦即爲外切立方之半徑也。於前圖作外切之奎角卯寅平圈,則寅卯等即爲分圓線,乃全圈十分之一,當三十六度。

理分中末線圖〔一〕

奎中爲全徑,并中爲半徑,以半徑〔設五十。〕爲句,全

〔一〕理分中末線圖,輯要本改作"平面十等邊形之邊即理分中末線大分圖",原圖改繪如下:

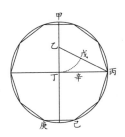

以下文字亦多有刪減。

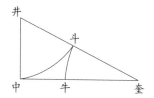

徑〔設一百。〕爲股,求其弦得一百一十一〔八〇三三九八〕,爲井
奎。以井爲心,中爲界,作圓分如中斗,截井奎線於斗,則
井斗亦半徑也。以井斗減井奎,其餘斗奎,即爲理分中末
線之大分。〔亦即奎牛。〕以奎牛爲度,作點於倍徑之圈周而
徧,即成十平分圈周之點。聯其點爲線,即成寅卯等十等
邊,故十等邊之寅卯等,即本圈半徑之理分中末大分也。
若奎中爲半徑,則井中爲半半徑,亦同。

　　奎中全數〔半徑。〕設一百,寅卯必六十一〔八〇三三九八〕,
即半徑理分中末之大分。〔奎牛即奎斗。〕

　　理分中末線　法以全數一百之冪一萬爲股冪,其半
五十之冪二千五百爲句冪,并得一萬二千五百爲弦冪,開
方求其根得一百一十一〔八〇三三九八〕。以半數五十減之,
得六十一〔八〇三三九八〕,爲理分中末之大分,即三十六度
之分圓線也。

　　半之爲十八度之正弦三〇九〇一六九九。〔八線表作
三〇九〇二。〕

二十等面分體之圖

　　甲戊心爲二十等面之一面,其三邊等,中爲體心。
　　甲中、戊中、心中皆各面之銳角距體心之線,又爲體

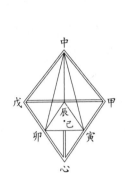 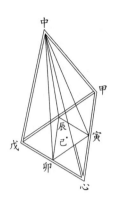

外切渾圓及外切十二等面之半徑。

以甲戊心面爲底，依甲中、戊中、心中三線剖至體心中，成三角錐體，爲二十等面體二十之一。

錐體之底各以其三邊半之於寅於辰於卯，從此三點作線，而體心之中點皆爲錐體各立面之斜垂線。如辰中即爲甲中戊立面之斜垂線，寅中爲甲中心立面之斜垂線，卯中爲戊中心立面之斜垂線，並同。

又聯寅、卯、辰三點，爲寅卯、卯辰、辰寅三線，成寅卯辰小等邊平三角面。以此爲底，依寅中、卯中、辰中三斜垂線剖至體心之中點，成小三角錐體。其積爲大三角錐四之一,其寅卯等邊爲原邊二之一,原設邊一百,則寅卯五十。

其己點爲三角面之中心,〔大小並同。〕己中即分體之中高,〔大小錐體同。〕是即内容渾圓之半徑,亦即内容十二等面體各尖距其體中心之半徑。

其辰中卯、寅中卯、卯中辰皆立三角面,皆爲橫剖成十等邊平面之分形,故寅卯與寅中之比例,若理分中末線之大分與其全數也。

　　今求寅中線。〔即外切立方半徑,卯中亦同。〕

　一率　理分中末之大分　　　　六十一〔八〇三三九八〕

　二率　全數　　　　　　　　　一百

　三率　寅卯〔剖形十等邊之一,即原邊之半〕五十　相乘得五千

　四率　寅中　　　　　　　　　八十〇〔九〇一七〕

按:寅中線爲量體之主線,既得此線,即可以知餘線。而此線實生於理分中末線,幾何原本謂理分中末線爲用最廣,蓋謂此也。

　　次求己中。〔即内容渾圓及十二等面之半徑。〕

甲心[一]原邊設一百,半之於寅,作寅己垂線至己心。〔乃平面心。〕

己寅二十八〔八六七五〕爲句,其冪八百三十三〔三三三三〕。

用捷法:以邊冪一萬取十二之一得之。

寅中八十〇〔九〇一七〕爲弦,其冪六千五百四十五〔〇八五〇〕。

────────

〔一〕甲心,原作"甲戊",據圖改。

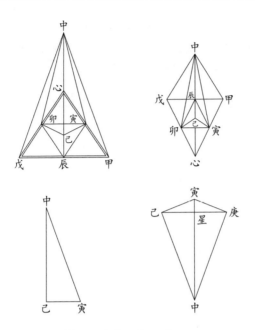

句冪減弦冪，餘五千七百一十一〔七五一七〕，開方得股，爲己中七十五〔五七六一〕。

　　訂定寅中線。

　　一率　理分中末線大分　　　　　　六十一〔八〇三三九八〕

　　二率　全數　　　　　　　　　　　一百

　　三率　寅卯〔剖形十等邊之一即原邊之半〕五十　　相乘得五千

　　四率　寅中〔即外切立方之半徑〕　八十〇〔九〇一七〕

　　　訂定己中線。

　　甲心[一]邊原設一百。〔半之於寅，作寅己線。〕

　　己寅句二十八〔八六七五〕，冪八百三十三〔三三三三〕。

────────────

〔一〕甲心，原作"甲戊"，據圖改。

寅中弦八十〇〔九〇一七〕,冪六千五百四十五〔〇八五〇〕。

己中股冪五千七百一十一〔七五一七〕,根七十五〔五七六一〕。

　末求己庚線。〔兩平面心相聯,即內容十二等面之邊。〕

一率　　寅中八十〇〔九〇一七〕爲大弦

二率　　己中七十五〔五七六一〕爲大股

三率　　寅己二十八〔八六七五〕爲小弦

四率　　己星二十六〔九六七二〕爲小股

倍己星得五十三〔九三四四〕,爲己庚。

解曰:中寅己大句股形與己寅星小句股形同用寅角,則其比例等,而爲相似之形故也。

己庚等線相聯成五等邊平面圖

　準前論,甲心戊等三角平面,合二十面爲廿等面體,則甲心等邊線皆高於平面,而邊線之端五相輳[一],即爲尖角。〔如心點。〕

　依此推知,甲、乙、丙、丁、戊點皆必與他線五相輳而

─────────────

〔一〕五相輳,輯要本改作"互相輳",下同。

成尖角矣。

其己、庚、辛、壬、癸各點爲各平面之最中央，在體爲最
平之處，故內容之渾圓及內容之十二等面各尖必切此點。

今依前法，求得己、庚等點相聯爲直線，則凡五平面
相輳爲尖，必有各中央之點相聯爲線，而皆成五等邊平面
形矣。〔此平面形正與心尖相應。〕

依此推知，甲、乙、丙、丁、戊各點皆能爲尖，則其周圍
相輳之五平面，亦必各以其中央之點相聯爲線，而皆成五
等邊平面形。

二十等面體以五邊線相輳之尖，凡十有二。每一尖
之周圍皆有五平面，即皆有中央之點，相聯而成五等邊平
面，亦十有二。

如此而內容十二等平面體已成，故曰但聯己、庚二點
爲線，即內容十二等面之邊也。

　　求甲中線。〔即外切渾圓及十二等面之半徑，心中、戊中並同。〕

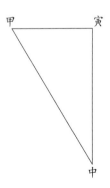

寅甲爲原邊之半，設五十，其冪二千五百爲句冪。

寅中爲外切立方半徑八十〇〔九〇一七〕,其冪六千五百
四十五〔〇八五〇〕爲股冪,并句股冪九千〇四十五〔〇八五〇〕,
平方開之,得甲中弦。

依法求得甲中九十五〔一〇六五〕。

　　求體積。

設邊一百,其半五十,斜垂線八十六〔六〇二五〕,相乘
得面冪四千三百三十〇〔一二五〇〕。

又以己中高七十五〔五七六一〕乘面冪,得柱積三十二
萬七千二百五十三〔九六〇〇〕。

三除之,得分體積一十〇萬九千〇八十四〔六五〇〇〕。

以二十乘之,得全積二百一十八萬一千六百九十三。

十二等面形〔一〕

十二等面分體之圖〔二〕

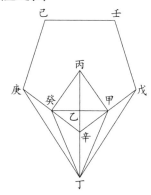

〔一〕原無標題,據下文內容補。

〔二〕以下十二等面內容,輯要本移至次卷卷首。

戊辛庚己壬五等邊形，即十二等面立體之一面，亦即分體形之底，〔乃五面立錐形之底。〕丙爲平面心。

丙丁爲平面心至體心之垂線，亦即分體形之中高，又爲體內切渾圓之半徑，亦即爲內切二十等面之半徑。

丁爲全體之中心，又爲十二分體之上銳，即五等面立錐形之頂。

戊辛、壬己[一]等皆各面之外周線，〔即邊也。〕爲體之稜，亦名之爲根。

自分面之心丙作垂線至邊，〔如癸丙、甲丙。〕分各邊爲兩，其分處爲癸爲甲。〔即各邊折半處。〕

乃自癸至甲聯爲癸乙甲線，又自此線向丁心平剖之，成甲丁癸三角形面。各分形俱如此切之，成十等邊平面形，故丁癸、丁甲皆分體形自頂銳至各邊之斜垂線，在所切之十等邊平面形，即爲自丁心至平面角之線。〔甲、癸等點在各邊爲折中，在切形之平面則對角。〕

又自丁至體周各角之線，〔如丁辛、丁庚、丁戊等。〕在分體即爲自底角至頂銳之稜，又爲外切渾圓之半徑，又爲外切二十等面之半徑。

先算十二等面之面。〔即戊辛庚己壬。〕

法爲全數與五十四度之切線，若甲辛與甲丙也。以甲丙乘甲辛，又五乘之，得戊辛庚己壬五角面積。〔甲丙辛角爲五等邊之半角三十六度，其餘角甲辛丙必五十四度。〕

〔一〕壬己，原作“壬庚”，據輯要本及刊謬改。

次算面上大橫線。〔即甲癸。〕

又全數與三十六度之正弦,若甲丙與甲乙也,倍甲乙得甲癸。

次算中高線。〔丙丁。〕

法爲全數與七十二度之割線,若甲乙與甲丁也。〔因平切十等邊爲三十六度,半之爲十八度,其餘角七十二度,即乙甲丁角。〕

乃以甲丁爲弦,甲丙爲句,兩冪相減,開方得股,即丙丁也。

次算分體之積。

法以中高丙丁乘戊辛庚己壬底,而取其三之一爲分形積。

末以十二爲法乘分形積得總積。

簡法:以分形中高乘底,又四乘之,即得總積。〔三歸三因對過省用。〕

算甲丙。

一率	全數	一〇〇〇〇〇	
二率	五十四度切線	一三七六三八	
三率	設根之半〔甲辛〕	五〇	相乘得六八〔八一九〇〇〕
四率	甲丙	六八〔以全數除之,減五位爲畸零〕	

算甲乙。

法爲全數與三十六度之正弦,若甲丙與甲乙也。

一率	全數	一〇〇〇〇〇
二率	三十六度正弦	〇五八七七九

三率　甲丙　　　　　　　六八八一九〇
四率　甲乙　　　　　　　四〇四五一一

甲癸爲橫切十等邊平面之一，其半爲甲乙，丁即總形之心，亦橫切平面之心。

算甲丁。

法爲全數與十八度之餘割，若甲乙與甲丁也。

一率　全數　　　　　　　一〇〇〇〇〇
二率　七十二度割線　　　三二三六〇七
三率　甲乙　　　　　　　四〇四五一一
四率　甲丁　　　　　　　一三〇九〇二五

算丙丁中高線。

法以甲丁爲弦，甲丙爲句，求得股爲丙丁。

算得丙丁一百一十一〔三五二六〕爲中高線，亦即十二等面形內渾圓之半徑。

算五等邊面冪。

法以甲丙乘甲辛五十，得三千四百四十〇九半。又五乘之，得一萬七千二百〇四七五，爲五等邊〔邊各一百。〕之平冪，亦即十二等面分形之底積。

算總積。

用簡法,以底積一七二〇四七五,四因之,得六八九九〇。以乘中高,得七百六十八萬二千二百一十五八七四〇〔一〕,爲十二等面之積。

計開十二等面:

一率　七六八二二一五　例容

二率　一〇〇〇〇〇〇　例邊上立積

三率　一〇〇〇〇〇〇　設容

四率　〇一三〇一七〇　求得設邊上立積

立方法開之,得其根五十。

與比例規解合,與測量全義差四千一百七十四,爲二百分之一。

算辛丁。〔庚丁、戊丁並同〔二〕。〕又即爲外切渾圓半徑。

法以甲丁股冪〔一七一三五〕、甲辛句冪〔〇二五〇〇〕并爲弦冪〔一九六三五〕,求得弦數一百四十〇,爲辛丁,即外切圓半徑〔三〕。

計開:

十二等面之數:

設邊一百,其容積七百六十八萬二二一五。

内容渾圓徑二百二十二〔四〕,外切渾圓徑二百八十。

〔一〕以底積一七二〇四七五乘四,得六八八一九。以乘中高一百一十一三五二六,得七百六十六萬三千一百七十四五七九四。與此處所算不合。

〔二〕並同,原作“並用”,據文意改。

〔三〕“算甲丙”至此,輯要本删。

〔四〕二百二十二,原作“一百二十二”,據前文内容渾圓半徑數一百一十一改。

捷法：十二等面邊求外切、內容之立方及外切之立圓，置十二等面邊爲理分中末之小分，求其大分，爲內容立方邊。內容立方邊自乘而三之，開方得外切立圓全徑。

又置十二等面邊爲理分中末之小分，求其全線，爲外切立方邊[一]。

一率　理分中末之小分〔三十八一九六六〇二〕　　理分中末之大分

二率　理分中末之大分〔六十一八〇三三九八〕 或用 理分中末之全綫〔一百〕

三率　十二等面之邊

四率　內容小立方邊　即大橫線

又：

一率　理分中末之小分

二率　理分中末之全分

三率　十二等面之邊

四率　外切立方邊

以十二等面邊減外切立方邊，餘爲內容立方邊。

以內容立方邊加十二等面邊，即外切立方邊。

又捷法：但以十二等面邊加大橫線，〔即小立方邊。〕即外切立方邊。

〔一〕此後至本卷末，輯要本删。

立方內容十二等面算法　用理分中末線

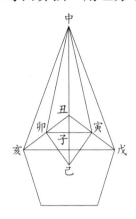

此五等邊面爲十二等面之一，己爲平面心，中爲
體心。

寅卯爲戊亥大橫線之半〔三十〇九〇一六九九〕，卯中、
寅中爲外切立方半徑〔五十〕。戊亥爲面之大橫線〔六十一
八〇三三九八〕，爲理分中末之大分，亦即內容小立方之根。

己寅、己卯俱平面容圓半徑。

己中爲內容立圓半徑，即分體中高。

丑中爲外切立圓半徑。〔亥中、戊中並同。〕

設立方根一百爲徑，半徑五十，爲寅中、卯中。理分
中末大分之半爲寅卯〔三十〇九〇一六九九〕，又半之爲寅子
〔一十五四五〇八四九五〕，爲理分中末大分四之一。

一率	全數	一〇〇〇〇〇	
二率	五十四度之割線	一七〇一三〇	相乘
三率	寅子	一十五四五〇八四九五	

四率　寅己〔即卯己〕　　二六二八六五

求得卯己爲平面中垂線。

一率　全數　　　　　一〇〇〇〇〇

二率　三十六度之切線　〇七二六五四　　相乘

三率　卯己　　　　　二十六二八六五

四率　卯丑〔即半邊〕　一十九〇九八二

倍卯丑得丑亥邊三十八〔一九六四〕，即十二等面邊，乃理分中末大分之大分也。以此知大橫線與五等邊，爲理分中末之全分與其大分之比例也。

卯己句冪〔〇六九〇九八〕、卯中弦冪〔二五〇〇〇〇〕相減，爲股冪一八〇九〇二。開方得己中〔四十二五三二五〕，爲內容渾圓半徑。

卯丑句冪〔〇三六四七四一二四三〕、卯中股冪〔二五〇〇〕相併爲弦冪〔二八六四七四一二四三〕，開方得丑中〔五十三五二三三〔一〕〕，爲外切渾圓半徑。

丑亥、己卯相乘，五因二除爲面冪。以乘己中而四因之，得十二等面積。

簡法：

十二等面內容小立方〔六十一八〇三三九八〕，即理分中末之大分，蓋戊亥大橫線倍大於寅卯故也。大橫線即小立方之邊。

〔一〕五十三五二三三，末位“三”原作“二”，據下文及校算改。

以大橫線之冪三因四除〔一〕之，開方得亥中，爲外切渾圓半徑。〔丑中同。〕

又立方根與所容十二等面邊，若全數與理分中末之小分。

約法：

立方根與其所容十二等面體内小立方之根，若全數與理分中末之大分。

凡立方外切渾圓，則圓徑上冪三倍於方冪。

計開：

立方設徑一百。

内容十二等面邊三十八〔一九六六○一〔二〕〕。

内容小立方邊六十一〔八○三三九八〕。

外切渾圓徑一百○七〔○四六二五〕，即丑中、亥中倍數。

外切渾圓半徑〔五十三五二三三〕，即丑中、亥中。

内容渾圓半徑四十二〔五三二五〕，即己中，爲分體中高。

内容渾圓全徑八十三〔○六五一〕。

内容二十等面邊四十四〔七二一一〕。

〔一〕三因四除，原脱“四除”二字，據刊謬補。

〔二〕三十八一九六六○一，前文作“三十八一九六六四”，小數部分有出入。

幾何補編卷三

十二等面體分圖 [一] 用理分中末線

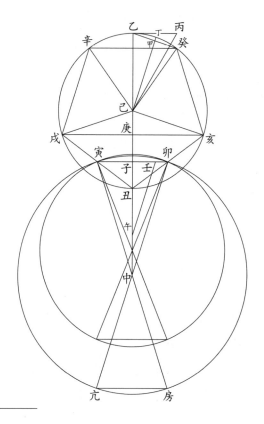

〔一〕圖中午點原標作"癸"，與乙癸綫上癸點重出，今據輯要本改作"午"，正文
並依輯要本改。

辛戌亥五等邊形,爲十二等面之一。

寅、卯點爲邊折半處,中爲體心。

卯中爲外切立方半徑。〔設五十。〕

卯亢爲外切立方全徑。〔設一百。〕

寅卯線與卯中半徑,若理分中末之大分與其全數也,在圓內爲三十六度之分圓。辛癸、辛戌等俱七十二度之分圓。

乙己爲半徑,〔己丑同。〕乙癸爲三十六度之通弦。

乙己半徑與乙癸,亦若理分中末之全數與其大分也,故乙己癸三角形與卯中寅相似。

若取乙丙切線如乙癸之度,則丙己必同亥癸邊。〔即七十二度通弦。〕折半於甲[一],則甲乙爲十八度正弦。再於寅卯線取子壬如乙甲,取壬午如乙己半徑,引己子至午中,末乃自卯作線至中,與壬午平行,因得寅中與卯中等,則寅中卯即爲橫切之半面。

一率	全數	一〇〇〇〇〇	
二率	三十六度割線	一二三六〇七	相乘
三率	子寅	一十五〔四五〇八四九五〕	
四率	丑寅半邊	一十九〔〇九八三〕	

倍丑寅得丑戌三十八〔一九六六〕,與簡法合。

論曰:凡十二等面從其半邊之點〔如寅如卯。〕聯爲線,以剖至體之心,〔中點。〕則所剖成寅中卯三角形平面,必爲全圈十之一,即寅中卯角必三十六度,而中寅或中卯兩弦

〔一〕折半於甲,輯要本“折半”前有“乙癸”二字。

與寅卯底,若理分中末之全分與其大分矣。

　　又十二等面在立方形內,必以卯中〔或寅中。〕自心至邊
之線當立方之半徑,是立方半徑與十二等面之寅卯線,亦
若理分中末之全與其大分也。

　　若設立方半徑一百,則寅卯必六十一〔八〇三三九八〕,
如理分中末之大分也。今設立方全徑一百,其半徑五十,
則寅卯亦必三十〇〔九〇一六九九〕,如大分之半矣。

　　寅、卯二點既在〔丑戌、丑亥〕兩邊之折半,則戌亥大橫
線必倍大於寅卯,而與理分中末大分之全相應,爲六十一
〔八〇三三九八〕。

　　此皆設立方半徑五十之數也,而半徑五十,其全徑
必一百,故知設徑一百,則十二等面之大橫線必六十一
〔八〇三三九八〕,而竟同理分中末大分之數也。

　　既得此大橫線,則諸線可以互知。

　　試先求邊。

　　法爲西戌〔半大橫線。〕與丑戌等邊,若全數與三十六度
之割線〔一〕也。

〔一〕割線,原作“餘割線”,“餘”字衍,據輯要本刪。

一率　　全數　　　　　　一〇〇〇〇〇

二率　　三十六度割線　　一二三六〇七

三率　　酉戌半大橫線　　三十〇〔九〇一六九九〕

四率　　丑戌全邊　　　　三十八〔一九六六〕

論曰：五等邊各自其角作線至心，分形爲五，則各得七十二度角，〔如丑己戌等，其己角皆七十二度。〕其半必三十六度。〔如寅己丑之己角，得戌己丑之半，正三十六度。〕而丑戌酉與丑己寅皆句股形，又同用丑角，則戌角與己角等爲三十六度。

十二等面求積

平面中垂線〔卯己〕二十六〔二八六五〕。

邊〔即丑亥，丑戌等。〕三十八一九〔六六〕，半邊〔即丑卯、丑寅。〕一十九〔〇九八三〕，一面之平冪二千五百一十〇〔一三六〇〕。

內容渾圓半徑四十二〔四三二五〕，即分體五面立錐之中高〔己中〕，中高三之一一十四〔一四四一〕。

分積三萬五千四百九十五〔八四七三〕，其形爲五面立錐，其體積爲十二之一。

全積四十二萬五千九百五十〇〔一六七六〕。

外切立方根一百，其積一百萬。

外切渾圓徑一百〇七〔〇四六六〕。

內容立方根六十一〔八〇三三九八〕。

外切立方與體內容立方徑之比例，若理分中末之全分與其大分。

又若外切立方之外又切十二等面體，體外又切大立方,則大立方之徑與今所算外切立方徑,亦若理分中末之全分與其大分;而外切之十二等面與其內十二等面徑,亦必若理分中末之全分與其大分也。

孔林宗云:外立方與內立方之徑,爲理分中末線全分與大分之比例,是矣。若內立方之內又容立圓,則小立圓之徑與小立方之徑同,而外渾圓與外立方之徑不同,似未可以前比例齊之。

若十二等面外切大立方,大立方之外又切大立圓,大立圓外又切十二等面,則大立圓與內容小立圓,亦必若理分中末之全分與其大分;而外切十二等面與十二等面,亦必若理分中末之全分與其大分,何則?皆外切立方與內容立方之比例也。

十二等面容二十等面圖

第一圖

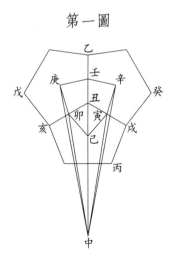

割十二等面之三平面一尖成此形，癸丑、丙丑、戊丑
俱五等邊平面，皆十二等面之一。〔己、庚、辛各爲其中心一點。〕
丑爲三平面稜所聚之尖。

亥丑、戊丑、乙丑俱平面邊，各爲兩平面所同用之
稜。中爲體心。己中、辛中、庚中皆内切渾圓半徑，亦
内容二十等面自尖至體心半徑。己卯、庚卯、己寅、辛
寅、辛壬、庚壬俱平面中垂線。寅、卯、壬皆平面邊折半
之點。

第二圖

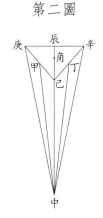

内容二十等面體各自其邊剖至心，成此分體，爲内容
體二十分之一。辛、庚、己三角尖，即十二等面之中心原
點。此點以外，俱剖而得。甲點與卯點同在卯中線，而甲
在卯之下，丁在寅下，辰在壬下，俱同。

第三圖

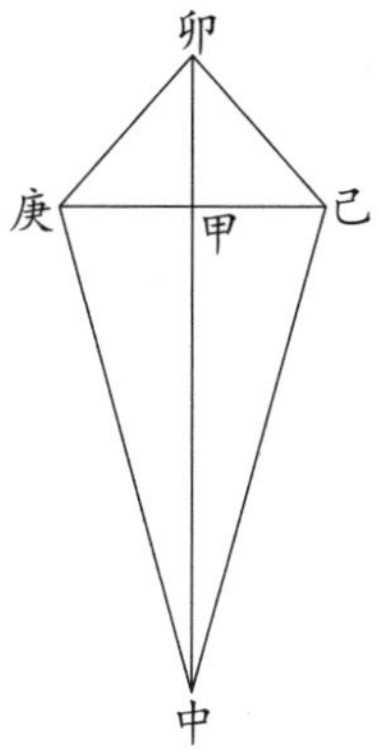

　　自卯點起，依卯己、卯庚二線剖至體心中，成此平
面形。

　　卯即原邊折半處，卯中即原體外切立方之半徑，中即
體心。

　　己庚即原兩平面之中心點，今聯爲〔己庚〕線，即内容
二十等面之一邊。

　　己中庚即内切二十等面分體之立面，乃三角錐體之
一面。

　　甲中爲内切二十等面分體之斜垂線，觀第二圖可明。
〔第二圖角點居剖内三角之中心，正對原體之丑尖而在其下，故角中爲内容分
體之正高，而甲中爲斜垂線也。〕

　　今求己庚線。〔即内容二十等面之邊。〕

　　法於卯中〔外切立方半徑。〕内求甲中以相減，得卯甲爲
股，用與卯己弦〔原體之面上中垂線。〕兩冪相減，開方得句，爲
己甲，倍之得己庚。

卯己中三角形。

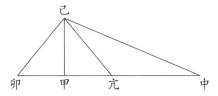

卯中即外切立方半徑,設五十爲底。

卯己即原體之平面中垂線二十六〔二八六五〕。

己中即内容渾圓半徑,亦即内容二十等面分體之斜稜四十二〔五三二五〕。

以卯己、己中兩弦相減爲較,相并爲總。以總乘較爲實,卯中底五十爲法,除之得亢中二十二〔三六〇六〕。以減卯中,餘二十七〔六三九四〕爲亢卯,折半得一十三〔八一九七〕,爲卯甲。

計開:

立方根設一百,其半五十,〔即卯中。〕亦爲十二等面自體心至邊十二等面之平面中垂線〔即卯己。〕二十六〔二八六五〕。

十二等面内容渾圓半徑〔即己中。〕四十二〔五三二五〕,亦爲内容二十等面自尖角至體心分體,以爲錐體之稜。

卯己、己中之較一十六〔二四六〇〕,總六十八〔八一九〇〕。

較、總相乘一千一百一十八〔〇三三四〕爲實,卯中五十爲法,除之得中亢二十二〔三六〇六〕。以中亢減卯中五十,餘二十七〔六三九四〕,爲亢卯。折半得一十三〔八一九七〕,爲卯甲。以卯甲減卯中,餘三十六〔一八〇三〕,爲甲中,即内容二十等面分體之斜垂線。

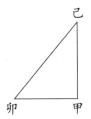

卯己自乘得六百九十〇〔九八〇〇〕,爲弦冪。

卯甲自乘得一百九十〇〔九八四一〕,爲股冪。

相減餘四百九十九〔九九五九〕,爲勾冪,開方得己甲二十二〔三六〇五〕,倍之得己庚四十四〔七二一一〕,即爲内容二十等面邊。

此法甚確,亦且甚捷,無可疑者。偶於枕上,又思得一法,借燈體分形之三角錐,以求十二等面内容二十等面分體之三角錐。是以錐體相截,而知其所截之邊即爲内容二十等面之邊。

第一圖

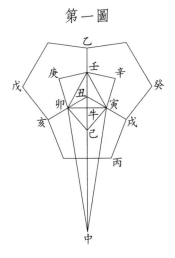

丑爲三平面所聚之尖,丑戌、丑亥、丑乙皆兩平面同
用之稜。己、庚、辛皆五等邊平面之心。己寅、己卯等皆
平面心至邊垂線。己牛丑爲平面心對角線。寅、卯、壬皆
平面邊折半之點,寅中、卯中、壬中爲體心至邊線,即外切
立方半徑。中爲體心。

第二圖

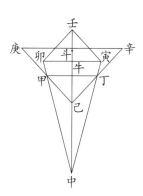

聯寅卯、卯壬、壬寅三線爲平三角面,橫剖之,又各依
寅中、卯中、壬中線剖至體心中,則成三角錐體二。其一
爲丑寅卯壬體,是三角錐而稍扁者也;其一爲寅卯壬中
體,是三角錐而稍長者也。其寅卯壬三角平面爲扁形之
底,又爲長形之面。其寅卯等線與寅中、卯中之比例,皆
若理分中末之大分與其全分也。其扁形錐既剖而去,則
成圓燈。所存長錐,即燈形分體之一,平面心之點爲斗,
在丑尖下,與牛點平,故丑牛爲弦,則斗牛如勾,而丑牛之
距如股也。

第三圖

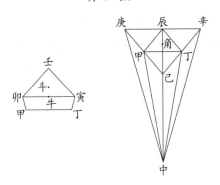

又於圓燈分體剖去辰甲丁之一截,則成甲丁辰中三角錐,乃十二等面內容二十等面分體中之分體,其辰甲丁面與己庚辛腵合爲一。蓋己庚辛者,內容二十等面之一面。各於邊折半爲甲、丁、辰,而聯之爲線,則成小三角於中,故辰丁等線皆居己庚線之半,而甲中原爲二十等面分體之斜垂線者,今則爲三角錐之楞。

第四圖

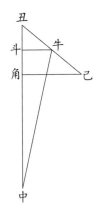

己牛丑即原平面從心至角尖之線。丑斗角中即原體自尖至中心之線，又爲外切渾圓半徑。

依第二圖，截丑己於牛，而橫剖之，亦截丑中於斗，成丑斗牛勾股形。又依第三圖，截斗中於角，成丑角己句股形。此兩勾股形相似而比例等。法爲丑牛與丑斗，若丑己與丑角也。

第五圖

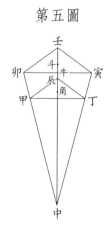

寅中卯三角形爲圓燈分體之立面，截爲甲丁中三角形，此兩形相似而比例等。法爲卯中與卯寅，若甲中與甲丁也。

又斗中爲圓燈分體之中高，其平面爲寅卯壬。角中爲截體之中高，其平面爲丁甲辰。此兩體相似而線之比例等。法爲斗中高與寅卯闊，若角中高與甲丁闊。

先求丑斗高。

用截去扁三角錐，以牛卯〔即寅卯之半。〕自乘冪三分加一，以減丑卯冪，爲丑斗冪，開方得丑斗高。

次求丑角高。

用己丑對角線乘丑斗，以丑牛除之，得丑角高。其丑牛線，以牛卯幂减丑卯幂，開方得丑牛。己寅、丑寅兩幂并，開方爲己丑。

末求己庚線。

用丑角减丑中，得角中。又用丑斗减丑中，得斗中。以角中乘寅卯，以斗中除之，得甲丁。倍甲丁得己庚，爲内容二十等面之邊。

理分中末線　以量代算

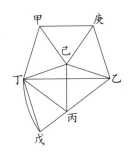

先以己爲心作圓，而匀分其邊爲五，作甲庚乙丙丁五等邊平面。〔即十二等面之一面。〕

乙丁爲大橫線，設一百，甲庚等邊必六十一〔八〇三三九八〕，爲大橫線理分中末之大分。　若乙丁大橫線設六十一〔八〇三三九八〕，則甲庚等邊必三十八〔一九六六〕，亦爲大橫線理分中末之大分。

設立方一百，内容十二等面邊三十八〔一九六六〕，爲理分中末之小分，亦即大分之大分。

十二等面內又容小立方,其邊與十二等面之大橫線等六十一〔八〇三三九八〕,爲大立方邊一百與十二等面邊三十八〔一九六六〕之中率,何也？大立方一百乘十二等面邊三十八〔一九六六〕,開方得根,即小立方及大橫線六十一〔八〇三三九八〕。

若大橫線自乘之冪以十二等面邊除之,即仍得外立方根；而以外立方根除大橫線冪,必仍得十二等面之邊矣〔一〕。

求理分中末線捷法〔二〕

用前圖。

作五等邊平面,求其大橫線,〔乙丁。〕聯兩角爲線,即得之。

次以大橫線之一端〔如乙。〕爲心,其又一端〔如丁。〕爲界,作丁戊圓分。乃引五等邊與圓分相遇,〔如引乙丙至戊,與圓分遇於戊。〕則相遇處〔如戊。〕至圓心〔如乙。〕爲全分,〔即乙戊,亦即乙丁大橫線。〕原邊爲大分,〔即乙丙。〕引出餘邊爲小分。〔即丙戊。〕

又法：

〔一〕輯要本此後作："計開立方設邊一百,內容十二等面邊三十八一九六六〇一,內容小立方邊六十一八〇三三九八,外切渾圓徑一百〇七〇四六六二五,外切渾圓半徑五十三五二三三,內容渾圓半徑四十二五三二五,內容渾圓全徑八十三〇六五一,內容二十等面邊四十四七二一一。"下接卷四燈體。

〔二〕此節內容輯要本刪。

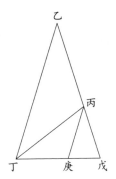

作平三角,使兩角〔如戊如丁。〕俱倍大於一角,〔如乙。〕末乃破一倍角平分之,作線至一邊。〔如平分丁角爲兩,作丁丙線至乙戊邊。〕則其斜線即爲理分中末之大分。〔即丁丙也。〕

解曰:破倍角[一]則與小角等,〔如破丁角爲兩,皆與乙角等。〕而乙丙丁形之乙、丁兩角同大,則〔乙丙、丁丙〕兩弦亦同大,而乙丙既爲大分,丁丙亦爲大分矣。準此又破丙角,可以遞求於無窮。

諸體比例[二]

凡諸體之比例有三:

一曰同邊之比例,可以求積。

一曰同積之比例,可以求邊。

一曰相容之比例,可以互知。

〔一〕破倍角,原作"倍破角","破倍"二字倒,據刊謬乙正。
〔二〕"諸體比例"以下至本卷末,輯要本移入卷四,下接"大圓容小圓法"。

內相容之比例亦有三：

一曰立圓內容諸體之比例，所容體又容立圓。

一曰立方內容諸體之比例，所容體又容立方。

一曰諸體自相容之比例，〔即同徑同高之比例。〕或兩體互相容，或數體遞相容。

等積之比例

比例規解所用，今攷定。

立方積	一〇〇〇〇〇〇	其邊一百
四等面積	一〇〇〇〇〇〇	其邊二百〇四
八等面積	一〇〇〇〇〇〇	其邊一百二十八
十二等面積	一〇〇〇〇〇〇	其邊五十
二十等面積	一〇〇〇〇〇〇	其邊七十七

方燈

圓燈

凡方燈依楞剖之，縱橫斜側皆六等邊平面。

凡圓燈依楞剖之，縱橫斜側皆十等邊平面。

故皆有法形體[一]。

等邊之比例

測量全義所用，今攷定。

立方邊	一〇〇	積一〇〇〇〇〇〇

〔一〕形體，原作"刑體"，據諸本改。

方燈體邊　　〇七〇七一〇六　　積〇八三三三三三

　　　邊　　一〇〇　　　　　積二三五七〇二一

八等面邊　　〇七〇七一〇六　　積〇一六六六六六

　　　邊　　一〇〇　　　　　積〇四七一四〇四

四等面邊　　一〇〇　　　　　積〇一一七八五一

十二等面邊一〇〇　　　　　　積七六八二二一五

二十等面邊一〇〇　　　　　　積二一八一八二八^(一)

圓燈體邊　　〇三〇九〇一七　　積〇二九〇九二九

　　　邊　　一〇〇　　　　　積〇九八五九一六^(二)

等徑之比例

皆立方所容。

立方徑　　　　　一〇〇　積一〇〇〇〇〇〇

　　　　　　　　　　　邊一〇〇

內容方燈徑　　　一〇〇　積〇八三三三三三

　　　　　　　　　　　邊〇七〇七一〇六

內容四等面徑　　一〇〇　積〇三三三三三三

　　　　　　　　　　　邊一四一四二一三

內容八等面徑　　一〇〇　積〇一六六六六六

　　　　　　　　　　　邊〇七〇七一〇六

內容立圓徑　　　一〇〇　積〇五二三八〇九

〔一〕二一八一八二八，末"八"原作"二"，據卷二所求二十等面體體積改。

〔二〕"〇九八五九一六"七字原無，據二年本補。

内容二十等面徑	一〇〇	積〇五一五二二六
		邊〇六一八〇三四
内容十二等面徑	一〇〇	積〇四二五九五〇
		邊〇三八一九六六
内容圓燈徑	一〇〇	積〇二九〇九二九
		邊〇三〇九〇一七

右以立方爲主而求諸體。

内立方及燈體之徑,爲自面至面。

四等面、十二等面、二十等面之徑,皆自邊至邊。〔以邊折半處作垂線,至對邊折半處,形如工字。四等面則上下邊遞相午錯如十字。〕

八等面之徑,爲自尖至尖。然皆以其徑之兩端,正切於立方方面之中心一點,立方六面,其相切亦必六點。

求積約法

凡立方內容諸體,皆與立方之六面同高同闊,則燈形積爲立方積六之五,四等面積爲立方積三之一,八等面積爲立方積六之一。以上三者,皆方斜比例。

燈形及八等面皆以方求斜。法以邊自乘,倍之,開方,得外切立方徑,以徑再自乘得立方積,取六之五爲燈,六之一爲八等面積。

四等面則以方求其半斜。法以邊自乘,半之,開方,得外切立方徑,以徑再自乘爲立方積,取三之一爲四等面積。

立圓在立方內,則其積爲立方積二十一之十一。

謹按:方圓比例,祖率圓徑一百一十三,圓周三百五十五,見鄭世子律學新説,較徑七周二十二之率爲密。又今推平圓居平方四百五十二分之三百五十五,較十四分之十一爲密。又推得立圓居立方六百七十八分之三百五十五,較二十一分之十一爲密。

準立方比例,以求各體自相比,皆以同高同闊,同爲立方所容者較其積。

燈内容同高之八等面,爲八等面得燈積五之一;又立圓内容同高之八等面,爲八等面得圓積六十六之二十一。〔即二十二之七〕。二者皆同高,而又能相容。

用課分法,母互乘子得之。

八等面　六　之一　　　互得　二十一　約得　七　　若徑
立圓　二十一之十一　　　　　六十六　　　二十二若圍

準此而知立圓内容八等面,其積之比例若圍與徑也。

又立方内容十二等面,其内又容八等面;又立方内容二十等面,其内又容八等面,二者亦同高而能相容。

同高之四等面積,爲燈積五之二。〔即十之四。以燈面四因,退位得四等面積。〕

同高之八等面積,爲四等面積二之一。

同高之四等面積,爲立圓積十一之七。

四等面　三　之一　　　互得　二十一　約得　七
立圓　二十一之十一　　　　　三十三　　　十一

此三者但以同高,同爲立方所容,而不能自相容。若相容,則不同高。

凡立方之燈形內又容立方,則內小立方邊與徑得外立方三之二,體積爲二十七之八,面冪爲九之四。

凡燈容立方,以其邊爲方而求其斜,爲外切之立方邊。取方斜三之二,爲內立方邊。

立方邊一〇〇 面冪一〇〇〇〇

體積一〇〇〇〇〇〇

燈邊〇七〇七一〇六 面冪〇五〇〇〇

體積〇八三三三三三

小立方邊〇六六六六六六 面冪〇四四四四四四

體積〇二九六二九六

凡方內容圓,圓內又容方,則內小方之冪得大方冪三之一。

捷法:以小方根倍之,爲等邊三角形之邊,而求其中垂線,即外切立圓之徑,亦即爲外大方之邊。如圖:

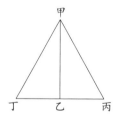

三邊既等,則乙丙得甲丙之半。若乙丙一,其冪亦一;而甲丙二,其冪則四。以乙丙句冪一減甲丙弦冪四,所餘爲甲乙股冪三。

內方之冪一,而外切渾圓之冪三,故其根亦如乙丙與甲乙也。或以小立方之根爲句,倍根爲弦,求其股爲外切

渾圓徑，亦同。〔渾圓徑即外方邊。〕

若以量代算，則三角形便。

如以大方求小方者，則以大方爲中垂線，而作等邊三角形，其半邊即小方根也。

或用大方爲股，而作句股形，使其句爲弦之半，即得之。

捷法：句股形使甲角半於丙角，則弦倍於句，而句與股如小立方根與大方根。

或以甲角作三十度，而自乙作垂線，引之與甲丙弦線遇於丙，則乙丙即圓所容方之根。

又按：先有大方求小方者，取大方根倍之，爲等邊三角形之邊，而求其中垂線，以三歸之即得。

凡立方内容方燈，燈内又容立圓，圓内又容圓燈，燈内又容八等面，凡四重在内，其外切於立方也皆同點。〔切立方有六處，所同者皆在其方面之最中一點。若從此一點刺一針，則五層悉透内。惟方燈以面切面，不可言點，若言點，則有十二，皆切在立方邊折半處。〕

凡立方内容方燈，燈内又容十二等面體，體内又容圓燈，燈内又容八等面，凡四重在内，其切於立方也皆同處。〔凡六處，皆在立方面内。方燈體以面切面，十二等面以邊切，餘皆以尖切。尖切者，皆每面之最中點。〕

凡立方内容方燈，燈内又容二十等面體，體内又容圓燈，燈内又容八等面，同上。

凡立方、方燈、立圓、十二等面、二十等面、圓燈内所容之八等面，皆同大。

凡立方内容四等面體，體内又容八等面，其切立方皆

同處。〔四等面以邊切，爲立方六面之斜。八等面以尖切，居立方各面中心，即四等面邊折半處。〕

準此而知立方內所容之八等面，與四等面所容之八等面亦同大，且同高。各體中所容八等面皆同大，因此可知。

凡立圓內容十二等面體，又容立方，其立方之角同十二等面之尖，而切於立圓。故立圓內所容之立方，與十二等面內所容之立方同大。

凡二十等面體內容立圓，內又容立方，立方之角切立圓，以切二十等面之面。故立圓所容之立方，與二十等面內所容之立方必同大。

凡二十等面體內容立圓，內又容十二等面體，體內又容立方，此立方之角切十二等面之角以切立圓，而切於二十等面之面皆同處。

凡諸體能相容者，其相容之中間皆可容立圓。此立圓爲外體之內切圓，亦爲內體之外切圓。

惟八等面外切二十等面、十二等面、四等面及圓燈，其中間難着立圓，何也？八等面之切圓燈，以尖切尖，而其切四等面、十二等面、二十等面，則以尖切邊，故其中間不能容立圓。

其他相切之中間能容立圓者，皆以內之尖切外之面。

凡諸體在立方內，即不能外切他體。惟四等面在立方內，能以其角同立方之角切他體，故諸體所容四等面之邊，皆與其所容立方之面爲斜線。

凡諸體相容，其在内之體爲所容，其在外之體爲能容。能容與所容兩體之相切，必皆有一定之處。

凡相容兩體之相切，或以尖，或以邊，〔即體之稜。〕或以面。

渾圓在立方内，爲以面切面，其相切處只一點，皆在立方每面之中央。〔立方六面相切，凡六點。〕

立方在渾圓内，爲以尖切面。〔立方之角有八，故相切有八點。〕有一點不相切者，即非正相容也。

渾圓在諸種體内，皆與在立方内同，謂其皆以面切諸體之面，而切處亦皆一點也。然其數不同，如四等面則切點有四，方燈則切點有六，八等面則切點有八，十二等面及圓燈則切點有十二，二十等面則切點有二十。其切點之數皆如其面之數，而皆在其面之中央也。方燈則以其方面爲數，圓燈則以其五等邊之面爲數，而不論三角之面者，何也？三角之面距體心遠，故不能内切立圓也。

諸體在渾圓内，皆與立方在渾圓内同，謂其皆以各體之尖切渾圓之面也。其數亦各不同，如四等面則切點亦四，方燈則切點十二，八等面則切點六，十二等面則切點二十，二十等面則切點十二，圓燈則切點三十，皆如其尖之數也。

四等面在立方内，以邊稜切立方之面，四等面有六稜，以切立方之六面皆徧，其四尖又皆切於立方之角。

十二等面、二十等面在立方内，皆以其邊稜切立方之面。兩種各有三十稜，其切立方只有其六，以立方只有六面也。

此三者爲以楞切面。

八等面在立方内，以尖切面，凡六點。圓燈在立方内，亦以尖切面，有六點，皆在立方面中尖〔一〕，與八等面同。

方燈在立方内，則以面切面，皆方面也。方燈之方面六，亦與立方等也。其十二尖又皆切於立方之十二邊楞，皆在其折半處爲點。

十二等面與二十等面遞相容，皆以内體之尖切外體之面。

十二等面在八等面内，以其尖切八等面之面，體有二十尖，只用其八也。

方燈在八等面内，亦以面切面，而皆三角面。方燈之三角面有八，數相等也。又其尖皆切於八等面各稜之中央折半處，稜有十二，與燈之尖正等也。

圓燈在十二等面内，以面切面，皆五等邊平面也，圓燈體之五等邊平面原有十二故也。又皆以其尖切十二等面之邊楞，而皆在其中半。

圓燈在二十等面内，亦以面切面，皆三角平面也，圓燈體之三角平面原有二十故也。又皆以其尖切二十等面之邊楞，而皆在其中半。

問：十二等面與二十等面體勢不同，而圓燈之尖皆能切其楞邊，何也？曰：圓燈有三十尖，而兩等面體皆有三十楞故也。

─────────

〔一〕中尖，各本皆同，語義不通，"尖"似當作"心"。

凡能容之體，皆可改爲所容之體，遞相容者，亦可遞改。

如立方容圓，即可刓方爲圓；渾圓容方，即可削圓爲方。

遞相容者，如立方內容渾圓，圓內又容十二等面體，體內又容二十等面，即可遞改。

凡所容之體，皆可補爲能容之體，皆以數求之。

如立方外切立圓，以其尖角，則求立方心至角之線，爲立圓半徑。

凡以面切面者，其情相通。

如方燈以其方面切立方面，又能以其三角切八等邊面，則此三者皆方斜之比例也。

又如圓燈以其五等邊面切十二等面，又能以其三角面切二十等面，則此三者皆理分中末之比例也。

若反用之，而令立方在方燈之內，則立方之尖所切者必三角面；若八等面在方燈之內，則其尖所切又必方面也。

若令十二等面在圓燈內，則所切者必三角面；而二十等面居圓燈內，所切者又必五等邊面也，故曰其情相通。

諸體相容

凡立圓立方，皆可以容諸體。

凡立圓內容立方，立方內又可容立圓，兩者不雜他體，可以相生而不窮。

凡立圓內容立方，此立方內又可容四等面，四等面又可容立圓，三者以序進，亦可以不窮。

　　凡立圓內容立方，又容四等面，四等面在立方內，以其尖切立圓，與立方尖所切必同點。

　　凡立圓容四等面，在立圓所容立方內，必以其楞爲立方面之斜。依此斜線衡轉成圓柱形，必爲立圓之所容，而此柱形又能含立方。

　　外圓者，柱之底若面。內方者，立方之底若面。直而斜者，四等面之邊。

　　凡四等面體在立圓內，任以一尖爲頂，以所對之面爲底，旋而作圓錐，此錐體必爲立圓之所容，而不能爲立方之容。

　　此兩體雖非正相容體，然皆有法之體。

　　凡立方內可容八等面，八等面又可容立方，而相與爲不窮。

　　凡立方有六等面八尖，八等面有八等面六尖，故二者相容，則所容體之尖皆切於爲所容大體之面之中央而等。

　　凡立方內容立圓，此立圓內仍容八等面，其八等面尖切立圓之點，即可爲切立方之點。

　　八等面內容立圓，此立圓內仍容立方，則立方尖切立圓之點，亦即可爲其切八等面之點。

　　凡立圓可爲諸等面體所容，其在諸體内必以圓面一
點切諸體之各面，此一點皆在其各等面之中心而等而徧。

　　凡八等面内容立圓，仍容立方，此立方内仍容四等
面，而四等面以其角切立方角，即可同立方角切立圓以切
八等面，疊串四體，皆一點相切，必在八等面各面之中心。

　　立方設一百，内容二十等面邊六十一〔八〇三三九八〕，
内又容立圓九十三〔四一七二〕。

　　簡法：取内容立圓徑冪三之一，開方得内容小立方。
再以小立方爲理分中末之全分，而求其大分，得内容十二
等面邊。

　　凡十二等面、二十等面，皆能爲立圓之所容，皆以其
尖切渾圓。凡十二等面、二十等面，皆能容立圓，皆以各
面之中心一點正與渾圓相切。

　　凡十二等面與二十等面可以互相容，皆以内體之尖
切外體之各面中心一點。

　　凡十二等面内容渾圓，渾圓内又容二十等面，與無
渾圓者同徑。二十等面内容渾圓，渾圓内又容十二等面，
亦與無渾圓同徑，何也？渾圓在各體内，皆以其體切於
外體各面之中心點，而此點即各内體切渾圓之點故也。

　　以上皆可以迭串相生而不窮。

　　凡十二等面内容渾圓，渾圓内又容十二等面，亦可以
相生不窮。

　　二十等面與渾圓遞相容，亦同。

　　凡立方内容十二等面，皆以十二等面之邊正切於立

方各面之正中凡六,皆遥相對如十字。

　　假如上下兩面所切十二等面之邊横,則前後兩面所切之邊必縱,而左右兩面所切之邊又横。若引其邊爲周線,則六處相交皆成十字。

　　立方内容二十等面邊,亦同。

　　凡各體相容,皆以内之尖切外之面。惟立方内容四等面,則以角而切角;立方内容十二等面、二十等面,則以邊而切面。

二十等面以邊切立方之圖[一]

十二等面以邊切立方之圖

─────────

〔一〕以下二圖,原爲二十等面體及十二等面體之圖,非切立方之圖,刊謬云其“標題俱誤”,輯要本並删。今皆據標題改繪。

幾何補編卷四

方　燈

凡燈形內可容立方，立方在燈體內，必以其尖角各切於八三角面之心。

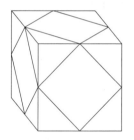

燈體者，立方去其八角也。平分立方面之邊爲點，而聯爲斜線，則各正方面內成斜線正方。依此斜線斜剖而去其角，則成燈體矣。此體有正方面六、三角面八，而邊線等，故亦爲有法之體。

凡燈體內可容八等面，八等面在燈體內，又以其尖角各切於六方面之心。

凡燈體內可容立圓，此立圓內仍可容八等面，此八等面在立圓內，可以各角切立圓之點，同會於燈體之六方面而成一點。

凡燈體容立圓，其内仍可容諸體。然惟八等面在立圓内，仍能切燈體，餘不能也。按圓燈在立圓内，亦能切燈體，與八等面同。

凡諸體相容，皆有一定比例，以其外可知其内。

燈體之邊設一百，其幂一萬。倍之二萬，開方得一百四十一〔四二一三〕，爲燈之高及其腰廣。〔邊如方，而高廣如斜，故倍幂求之。〕

以高一百四十一〔四二一三〕乘方斜之面幂二萬，得二百八十二萬八千四百二十六，爲方斜之立方積。

立方積五因六除，得二百三十五萬七千〇二十一，爲燈積。

燈積爲立方六之五。

以燈積減立積，餘四十七萬一千四百〇五，爲内容八等面積。此八等面在立積内，亦在燈積内，皆同腰廣同高。其積之比例爲立積六之一，爲燈積五之一。

　　此相容比例。

八等面與燈積不惟同高廣，亦且同邊，故五之一亦即爲八等面與燈積同邊之比例也。

燈形内容立方，其邊爲燈體高廣三之二。設燈體邊一百，其高廣一百四十一〔四二一三〕，則内容立方邊九十四〔二八〇八〕，立方積八十三萬八千〇五十一。

燈高廣自乘之幂二萬，如左圖甲乙方，去其左右各六之一，餘三之二如丙丁矩；又去其兩端六之一，餘三之二如戊正方。丙丁矩一萬三千三百三十三〔三三〕，戊正方八千八百八十八〔八八〕,爲内容正方之一面冪,其根九十四〔二八〇八〕,以根乘面,得八十三萬八千〇五十一。

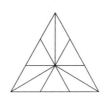  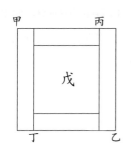

凡等邊平三角之心,依邊剖之,皆近大邊三之一。燈内容立方之八角,皆切於平三角之心。燈改立方,則所去者皆四圍斜面三之一,於全形爲六之一。四圍皆六之一,合之爲三之一,而所存必三之二矣。

凡立方體,各自其邊之中半斜剖之,得三角錐八,此八者合之,即同八等面體。

依前算八等面體,其邊如方,其中高如方之斜。若以斜徑爲立方,則中含八等面體,而其體積之比例爲六與一。

立方

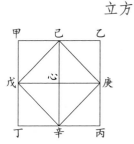

　　何以言之？如己心辛爲八等面之中高，庚心戊爲八等面之腰廣，己庚、己戊、戊辛、辛庚則八等面之邊也。若以庚心戊腰廣自乘爲甲乙丙丁平面，又以己辛心中高乘之，爲甲乙丙丁立方，〔立方一面之形與平面等。〕則八等面之角俱正切於立方各面之正中，而爲立方内容八等面體矣。夫己心辛、庚心戊皆八等面，〔己庚等面。〕爲方之斜也，故曰：以其斜徑爲立方，則中含八等面體也。

　　又用前圖，甲乙丙丁爲立方之上下平面，從己庚、庚辛、辛戊、戊己四線剖至底，則所存爲立方之半。而其所剖三角柱體四，合之亦爲立方之半也。

半立方

　　此方柱也，其高之度如其方之斜。立方之四隅各去一立三角柱，則成此體。其積爲立方之半，爲八等面之三倍，其中仍容一八等面體。

八等面

八等面體在方柱體内。柱形從對角斜線〔如己辛、戊庚。〕剖至底，又從對邊十字線〔如丑尾、卯箕。〕剖至底，又從腰線〔角申元〕橫截，則剖爲三角柱一十六。〔即皆如心辛申未丑之體。〕

立則爲三角柱

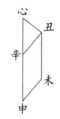

眠則成塹堵

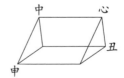

三角柱眠視之，則塹堵也。

鼈臑

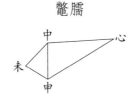

塹堵從一尖〔即心尖。〕斜剖至對底〔未申〕，則鼈臑也。鼈臑居塹堵三之一。

塹堵立則爲三角柱，鼈臑立則爲三角錐。

三角錐

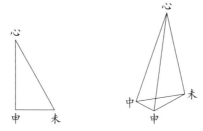

八等面體從尖心剖至對角，亦剖至對邊而皆至底〔子〕。又從腰〔角申元〕橫剖之，則成三角錐十六。

夫方柱爲塹堵十六，而八等面爲鼈臑亦十六，則塹堵、鼈臑之比例，即方柱、八等面之比例矣，鼈臑爲塹堵三之一，則八等面亦方柱三之一矣。方柱者，立方之半也。八等面既爲方柱三之一，不得不爲立方六之一矣。

立方内容燈體

立方

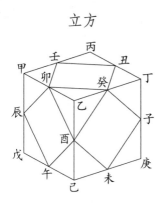

甲庚立方體六面各平分其邊，〔如壬、丑、癸、卯，及子、未、酉、午、辰諸點。〕而斜剖其八角，〔如從丑癸剖至子，從癸卯剖至酉，從酉剖至午未，則立方去其八角。〕成燈體。

燈體得立方六之五。

燈

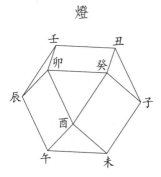

何以知之，立方所去之八角，合之即成八等面。八等面既爲立方六之一，則所存燈體不得不爲立方六之五矣。

凡立方内容燈體，皆以燈之邊線爲立方之半斜。立

方内之燈體又容八等面,則以内八等面之邊線爲立方之
半斜,與立方竟容八等面無異。推此燈内容八等面,其邊
線必等,其中徑亦等。

剖角

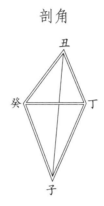

剖立方之角成此。

扁

以剖處爲底,則三邊等,以立方之角丁爲頂,成三角
扁錐。

偏頂

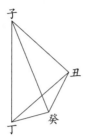

扁錐立起則成偏頂錐，爲八等面分體。

八等面內容燈體之圖

正形

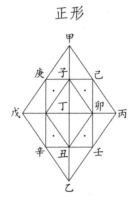

凡八等面容燈體，皆以燈體之邊線得八等面之半。八等面內之燈體又容立方，則亦方斜比例，與八等面竟容立方無異也。

側形

甲丙丁、丙丁乙、甲丁戊、戊丁乙皆八等面之一,己子卯等小三角在甲丁丙等大三角面內,即燈體之八斜面正切於八等面者也,其中央心點即內容立方角所切。

等徑之比例:

立方徑一	其邊一	其積一	一〇〇〇〇〇
內容燈徑一	其邊〇七	其積六之五	〇八三三三〇〇
內容八等面徑一	其邊〇七	其積六之一	〇一六六六〇〇

凡立方內容燈體,燈內又容立圓,圓內又容八等面,其切於立方之面之中央,凡六處皆同一點。若立圓內容燈體,燈內又容立方,方內又容八等面,其相切俱隔遠,不能同在一點。

凡燈體皆可依楞橫剖,如方燈橫剖成六等邊面,故其外切立圓之半徑與邊等。如圓燈橫剖成十等邊面,故其外切立圓之半徑與其邊,若理分中末之全分與其大分。

凡諸體改為燈,皆半其邊,作斜線剖之。

凡燈體可補為諸體,皆依其同類之面之邊引之,而會於不同類之面之中央,成不同類之錐體,乃虛錐也。虛者盈之，即成原體，所以化異類爲同類[一]也。

如方燈依四等邊引之，補其八隅成八尖，即成立方。若依三等邊引之，補其六隅成六尖，即成八等面。

如圓燈依五等邊引之，補其二十隅成二十尖，即成十二等面。若依三等邊引之，補其十二隅成十二尖，即成二十等面。

增異類之面成錐，則改爲同類之面，而異類之面隱，此化異爲同之道也。

凡燈體之尖，皆以兩線交加而成，故稜之數皆倍於尖。〔方燈十二尖二十四稜，圓燈三十尖六十稜。〕

凡燈體之稜，〔即邊。〕皆可以聯爲等邊平面圈。如方燈二十四稜，聯之則成四圈，每圈皆六等邊，如六十度分圓線。圓燈六十楞，聯之則成六圈，每圈皆十等邊，如三十六度分圓線。此外惟八等邊聯之成三圈，每圈四楞，成四等面，而十二稜成六尖，有三稜八觚之正法。其餘四等面、十二等面、二十等面，皆不能以邊正相聯爲圈。

燈體亦有二：

其一爲立方及八等面所變，其體有正方之面六，三角之面八，有邊稜二十四，而皆同長，稜尖凡十有二。

其一爲十二等面、二十等面所變，其體有五等邊之面十二，有三角等邊之面二十，有邊楞六十，而皆同長，稜尖凡三十。

〔一〕同類，原作“同體”，據輯要本改。

立方及八等面所變，是刓方就圓，終帶方勢，謂之
方燈。

十二等面及二十等面所變，是削圓就方，終帶圓體，
謂之圓燈。

方燈爲立方及八等面所變，其狀並同，而比例同。

立方　　　　　　　　　　　改爲燈

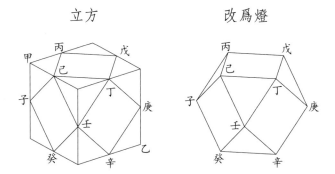

甲乙立方體，丙、丁、戊、己、庚、辛、壬、癸、子皆其邊
折半處，各於折半點聯爲斜線，〔如丙戊、丙己等。〕依此燈體斜
線剖而去其角，則成燈形矣。

燈形之丁辛高，丙丁闊，皆與立方同徑。其邊得立方
之半斜。〔假如立方邊丁辛一百，則燈體邊丁壬七十有奇。〕其積得立
方六之五，〔假如立方邊一百，其積百萬，則燈體邊七十有奇，其積八十三
萬三千三百三十三三三〕。此爲立方內容燈體之比例也。若燈
與立方同邊，則立方積必反小於燈。〔假如燈體邊亦一百，則其
積二百三十五萬七千〇二十一，而立方一百之積只一百萬，是反小於燈也。〕

解曰：燈體邊一百，〔如前圖之丁壬。〕其外切立方必徑
一百四十一〔四二一三〕，〔如前圖之丁辛。〕其自乘之冪二萬，以
徑乘冪，得二百八十二萬八四二六，爲立方積。再五因六

除，得燈積二百三十五萬七千〇二十一。

又法：以燈邊自乘倍之，開方得根，仍以根乘倍冪，再五因六除見積，亦同。

八等面正視形

改爲燈

甲乙爲八等面體，甲、乙、丙、丁、戊皆其邊稜所轄之尖。甲丙丁面三邊皆等，其三邊折半於辛於庚於己。

側形

燈側形

甲丁戊面其邊折半於辛於壬於癸，乙丙丁面其邊折半於寅於己於丑，乙丁戊面其邊折半於丑於癸於子。各以折半點聯爲斜線，則各成小三等面，如甲丙丁面內又成庚辛己三等邊面，其邊皆半於原邊，如庚辛得丁丙之半，餘三邊同。

各自其小三角之面之邊剖之，而去其錐角，則成燈形矣。

如依辛己、己丑、丑癸、癸辛四邊平剖之，而去其丁角，〔以丁角爲尖，辛己丑癸爲底，成扁方錐。甲、丙、乙、戊尖並同。〕則所剖處成辛己丑癸平方面。〔去甲壬辛庚錐，成卯壬辛庚面；去丙庚己寅錐，成庚酉寅己面，並同一法。餘可類推。〕

八等面體有六角，皆依法剖之，成平方面六，而剖之後各存原八等面中小三角等邊面八，與立方剖其八角者正同。

燈形之高闊皆得八等面之半，〔如辛丑高得甲乙之半，己癸闊得丙戊之半。〕其邊亦爲八等面原邊之半，其積得八等面八之五。

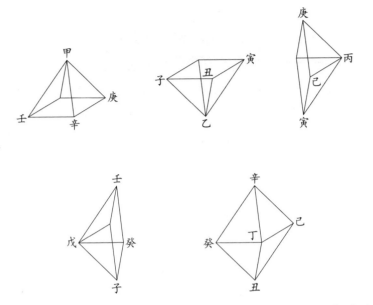

何以知之？曰：同類之體積，以其邊上立方積爲比例，故邊得二之一，其積必八之一也。今所剖去之各尖，俱以平方爲底，而成方錐。兩方錐合爲一八等面體，皆等面等邊，與原體爲同類。而其邊正得原邊二之一，則其積爲八之一也。原體六尖，各有所成之錐體皆相等，合之成同類八等面之體凡三，其積共爲原積八之三，以爲剖去之數，則所存燈體得八之五也。

如上圖，甲、乙二錐合爲八等面體一，丙、戊二錐合爲八等面體一，丁尖及所對之尖共二錐合爲八等面體一，通共剖去同類之形三。

假如八等面之邊一百，則其積四十七萬一千四百〇四。其所容燈體邊五十，其積必二十九萬四千六百二十七五，以八等面積五因八歸之見積。

或用捷法，竟以十六歸進位，所得燈積亦同。

右法乃八等面內容燈體比例也。

若燈體之邊與八等面同大，則其積五倍大於八等面。

假如燈體邊一百，則其積二百三十五萬七千〇二十，以八等面邊一百之積四十七萬一千四百〇四加五倍得之。此法則燈體與八等面同爲立方所容之比例，亦即爲燈內容八等面之比例。

準此而知燈內容八等面，八等面又容燈，則內燈體爲外燈體八之一。

　　燈體內容八等面　　五之一

　　八等面內容燈體　　八之五

〔用畸零乘法，化大分爲小分，以八等面母數八乘五之一得八，乘母數五得四十。〕

外燈體四十，八等面體八，內燈體五，合之，爲內體得外體四十之五，約爲八之一。

又八等面容燈，燈又容八等面，內八等面亦爲外八等面八之一。其體之比例既同，則其所容之比例亦同也。

立方內容燈體，燈內又容立方，則內立方邊得外立方邊三之二，內立方積得外立方積二十七之八。

以三之二自乘再乘，爲三加之比例也。

　一百六十二　　六　　之五　一百三十五

　　　　　　二十七之八　四十八

準此而知燈內容立方，則內立方積得燈積一百三十五之四十八。若燈容立方，立方又容燈，則内燈積亦爲外燈積二十七之八。其爲所容者之比例，即能容者之比例故也。

求方燈所去錐體。

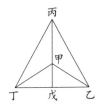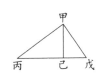

三角錐稜皆五十，即原邊之半。〔甲乙、甲丙、甲丁。〕底之邊皆七十〇〔七一〇七〕，即燈體之邊，〔丙乙、乙丁、丁丙。〕其半三十五〔三五五三〕。〔乙戊、戊丁。〕

求甲戊斜垂線。

法曰：乙丁爲甲乙之方斜線，則甲戊爲半斜，與乙戊、戊丁等，皆三十五〔三五五三〕，其冪皆一千二百五十。

求丙戊中長線。

以戊丁冪三因之，爲丙戊冪。平方開之，得六十一〔二三七二〕，爲丙丁乙等邊三角形中長線。

求甲己中高線。

法以戊丁冪〔一千二百五十〕取三之一，爲己戊冪〔四百一十六六六六六〕，與甲戊冪〔即丁戊冪。〕相減，餘〔八百三十三三三三三〕爲甲己中高冪，開方得甲己中高二十八〔八六七五〕。

又以己戊冪開方得己戊二十〇〔四一二四〕。以己戊〔二十〇四一二四〕乘戊丁〔三十五三五五三〕，得〔七百二十一六八六五〕。

又三因之，得〔二千一百六十四〇五七五〕，爲乙丙丁三等邊冪。

又以中高甲己〔二十八八六七五〕乘之，得數三除之，得三角錐積二萬〇八百二十三〔六六三五〕。又八乘之，得一十六萬六千五百八十七〔三〇〕，爲所去八三角錐共積，即立方一百萬六之一，與前所推合。〔本該一十六萬六千六百六十六六六不盡，因積算尾數有欠，然不過萬分之一耳。〕

圓　燈〔一〕

圓燈爲十二等面、二十等面所變，體勢並同，而比例亦別。

公法：皆於原邊之半作斜線相聯，則各平面之中成小平面。此小平面與原體之平面皆相似，即爲内容燈體之面。依此小平面之邊平剖之，去原體之鋭角，此所去之鋭角皆成錐體。錐體之底平，割錐體則原體挫鋭爲平，亦成平面於燈體。原有若干鋭，亦成若干面，而與先所成之小平面不同類，然其邊則同。

十二等面之分形　　　　　變燈

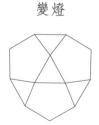

〔一〕圓燈，底本無，此係整理者所加。

十二等面每面五邊等，今自其各邊之半聯爲斜線，則成小平面於内，亦五等邊，爲同類。

依此斜線剖之，而去其角，所去者皆成三角錐。錐體既去，即成三等面，爲異類。

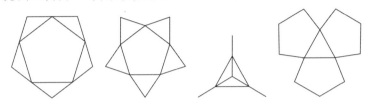

原有十二面，故所存小平面同類者亦十有二。

原有二十尖，故所剖錐體而成異類之面者亦二十。

求燈體邊

法以十二等面邊爲理分中末之大分，求其全分而半之，即爲内容燈體之邊。

一率　理分中末之大分　　六十一〔八〇三三九八〕

二率　理分中末全分之半　五十〇

三率　十二等面之邊　　　一百〇〇

四率　内容燈體之邊　　　八十〇〔九〇一七〕

燈體邊原爲大橫線之半，十二等面邊與其大橫線若小分與大分，則亦若大分與全分也，而十二等面邊與燈邊，亦必若大分與全分之半矣。

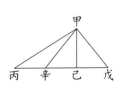

總乘較爲實，戊丙底爲法，法除實得丙辛。以丙辛減戊丙，得戊辛，折半爲戊己。

法當以所得戊己自乘爲句冪，用減甲戊冪，餘爲甲己冪，開方得一十七〔八四一一〕，爲中高。

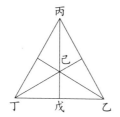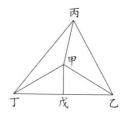

今改用捷法，〔省求丙辛。〕取戊丙冪九之一，爲戊己冪，〔戊己爲戊丙三之一，故其冪爲九之一。〕得五百四十五〔四二三七〕。

或徑用戊丁冪三之一，亦同。

又捷法：不求甲戊斜垂線，但以戊丁冪三分加一，以減甲丁〔即甲丙，或甲乙。〕冪，爲甲己冪，開方即得甲己中高，比前法省數倍之力。

戊丁冪　　　　一千六百三十六〔二七一二〕
三之一　　　　五百四十五〔四二三七〕
併得　　　　　二千一百八十一〔六九四九〕
甲丁〔即甲丙〕冪　二千五百〇〇
相減餘〔甲乙冪〕　三百一十八〔三〇五一〕　與前所得同

解曰：原以戊丁冪減甲丁冪，得甲戊冪；復以戊丁冪三之一減甲戊冪，得甲己冪。今以戊丁三分加一，而減甲丁冪，即徑得甲己冪，其理正同。

前之捷法，有求丙辛及較、總相乘後用底除諸法，可

謂捷矣。今法徑不求甲戊斜垂線，捷之捷矣。凡三角錐
底闊等者，當以爲式。

訂定三角錐法〔圓燈所去。〕

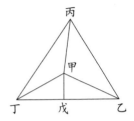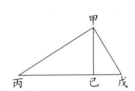

用捷法，以戊丁^{〔一〕}冪三分加一，減甲丁冪，爲甲己冪。
甲丁、〔甲乙、甲丙〕皆設五十。

丙丁、〔丁乙、乙丙〕皆八十〇〔九〇一七〕，其半〔戊丁、戊乙〕
四十〇〔四五〇八半〕。

丙戊七十〇〔〇六二九〕，爲底之垂線。

甲己一十七〔八四一一〕，爲中高。

丙乙丁底冪二千八百三十四〔一〇三八〕。

法以半邊〔戊丁〕乘中長〔丙戊〕，得底冪〔丙乙丁〕。以中
高〔甲己〕乘底冪〔丙乙丁〕，得三角柱積五萬〇五百六十三
〔五二九三〕。三除之，得錐積一萬六千八百五十四〔五〇九七〕。
又以二十乘之，爲燈體所去之積三十三萬七千〇九十〇
〔一九四〇〕。

十二等面邊設一百，前推其積爲七百六十八萬二千

〔一〕圖中丁點原作丙，據輯要本改。

二百一十五。今減去積三十三萬七千〇九十,存燈積七百三十四萬五千一百二十五。內容燈體邊八十〇〔九〇一七〕。

依<u>測量全義</u>,凡同類之體,皆以其邊上立方爲比例,可以推知二十等面所變之燈體。

二十等面邊設一百,則燈體之邊五十。

捷法:求得一百七十三萬三千九百四十八,爲設邊五十之燈積。

一　燈體邊八十〇〔九〇一七〕之立方五十二萬九千〇百〇八〔五〕

二　燈體積七百三十四萬五千一百二十五

三　燈體邊五十之立方一十二萬五千

四　燈體邊五十之積一百七十三萬三千九百四十八

圓燈:

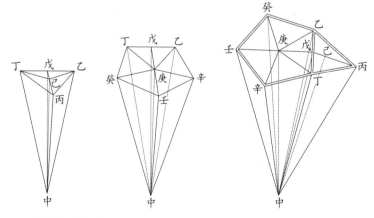

邊設三十〇〔九〇一七〕。〔即理分中末之大分乙丁。〕

外切立圓半徑五十。〔即理分中末之全分丁中、乙中。〕

外切立圓全徑一百。〔即外切立方。〕

體積四十〇萬三千三百四十九。

內有三角錐計二十，共積一十二萬八千七百五十三。

五稜錐計十二，共積二十七萬四千五百九十六。

丁中丙乙三角錐爲圓燈分體之一。乙丁丙三等邊
面，己爲平面心。中爲體心，中己爲分體之中高。戊丁
爲半邊。丁中自體心至角線，爲分體之稜。戊中爲斜
垂線。

乙癸中辛五稜錐，亦圓燈分體之一。乙丁癸壬辛五
等邊面，庚爲平面心。中庚爲分體中高。其戊丁半邊，丁
中分體稜，戊中斜垂線，與前三角錐皆同一線。

何以知兩種錐形得同諸線乎？曰：乙戊丁邊，兩種分
體所同用，而兩種錐體皆以體心中爲其頂尖，故諸線不得
不同，觀上圖自明。

　先算三角錐。〔共二十。〕

半邊一十五〔四五〇八五〕，戊丁冪二百三十八〔七二八七〕。

平面容圓半徑〔即戊己。〕〇八〔九二〇五〕，其冪七十九
〔五七六二〕。〔用捷法，取戊丁冪，以三除得之。〕

平面積〔乙丙丁面。〕四百一十三〔四八七九〕。

中高〔即己中。〕四十六〔七〇七五〕。〔本法以戊丁冪減丁中冪，
爲戊中冪，又以戊丁冪三之一當戊己冪，減之，爲己中冪。今逕以戊丁冪加三
之一，減丁中冪，爲己中，是捷法也。〕

三角錐積六千四百三十七〔六六二〇〕。

二十錐共積一十二萬八千七百五十三〔二四〕。

　次算五稜錐。〔共十二。〕

半邊一十五〔四五〇八五〕。〔戊丁。〕

半周七十七〔二五四二五〕。〔用半邊五因得之。〕

平面容圓半徑二十一〔二六六三〕。〔戊庚。〕

五等邊平積一千六百四十二〔九一二〇〕。

中高四十一〔七八五三〕〔一〕。〔庚中。〕

五稜錐積二萬二千八百八十三〔一九〕〔二〕。

十二錐共積二十七萬四千五百九十六。

　求戊庚半徑。

一率　三十六度切線　　　〇七二六五四

二率　全數　　　　　　　一〇〇〇〇〇

三率　半邊戊丁　　　　　一十五〔四五八五〕

四率　平面容圓半徑〔戊庚〕二十一〔二六六三〕

戊丁句冪二百三十八〔七二八七〕

丁中弦冪二千五百〇〇　　　　　　　相減

戊中股冪二千二百六十一〔二七一三〕。

───────────

〔一〕後文用句股定理求得五稜錐體中高庚中冪爲一千八百〇九〇一五八,開方得四十二五三二五,此即正十二面體內容渾圓半徑,與本書卷二、卷三求得結果相同,此處所求有誤。

〔二〕二萬二千八百八十三〔一九〕,原作"二萬一千九百六十二〔六六〕"。按以中高四十一七八五三入算,五稜錐積當得二萬二千八百八十三一九,以十二乘之,合十二錐共積數,因據改。又按:若依庚中冪爲四十二五三二五入算,求得五稜錐積爲二萬三千二百九十二三三,以十二乘之,算得五稜錐共積爲二十七萬九千五百〇七九六。

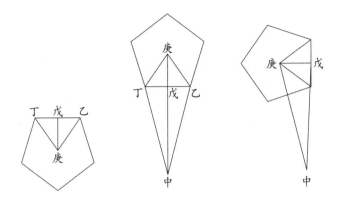

戊庚句冪四百五十二〔二五五五〕

戊中弦冪二千二百六十一〔二七一三〕

庚中股冪一千八百〇九〔〇一五八〕。

戊丁半邊冪四因之，爲全邊三十〇〔九〇一七〕之冪。

相減

一　燈體邊五十之立方一十二萬五千

二　燈體邊五十之體積一百七十三萬三千九百四十八

三　燈體邊三十〇〔九〇一七〕之立方二萬九千五百〇八〔四九八七〕

四　燈體邊三十〇〔九〇一七〕之體積四十〇萬九千三百二十九

與細推者只差五千九百八十，爲八十分之一[一]。

〔一〕若依中高庚中爲四十二五三二五入算，求得十二錐共積爲二十七萬九千五百〇七九六，加入三角錐共積一十二萬八千七百五十三，得圓燈共積爲四十萬八千二百六十一，與用比例法所求圓燈積四十萬九千三百二十九，僅差一千〇六十八，爲千分之二點六。

柱積六萬八千六百四十九。

錐積二萬二千八百八十三。

十二錐共積二十七萬四千五百九十六。

孔林宗附記

方燈可名爲二十四等邊體,圓燈可名爲六十等邊體。

四等面體又可變爲十八等邊體,爲六邊之面四,爲三邊之面四,凡十二角。又可變爲二十四等面體,面皆三邊,凸邊二十四,凹邊十二,十字之交六,凡八角,如蒺藜形。

六等面體又可變三十六等邊體,爲八邊之面六,爲三邊之面八,凡二十四角。

八等面體亦可變三十六等邊體,爲六邊之面八,爲四邊之面六,凡二十四角。又可變四十八等邊體,爲四邊之面十八,爲三邊之面八,凡二十四角。

大圓容小圓法

平渾

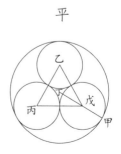

甲大圓内容乙、戊、丙三小圓。

法以小圓徑〔如乙戊、戊丙。〕爲邊，作等邊三角形，而求其心如丁。乃於丁戊〔三角形自心至角線。〕加戊甲，〔小圓半徑。〕爲大圓半徑。〔丁甲。〕

凡平圓内容三平圓、四平圓、五平圓、六平圓，皆以小圓自相扶立。若平圓内容七平圓以上，皆中有稍大圓夾之。

渾

甲大渾圓内容丙、戊、乙、己四小渾圓。

法以小渾圓徑〔如乙戊、戊己等。〕爲邊，作四等面體，而求其體心如丁。次求體心至角線，〔如丁戊、丁己、丁乙、丁丙，又爲外切立圓半徑。〕加小渾圓半徑，〔即戊甲。〕爲大渾圓半徑。〔如丁甲。〕

凡渾圓内容四渾圓，或容六渾圓，或容八渾圓、十二渾圓，皆直以小渾圓自相扶。若渾圓内容二十渾圓，則中多餘空，必内有稍大渾圓夾之。

平

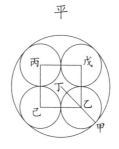

甲大平圓內容乙、戊、丙、己四小平圓。

法以小圓徑〔如乙戊等。〕爲邊作平方，〔如乙戊丙己方。〕而求其斜。〔如丁乙，即方心至小[一]圓心線。〕加小圓半徑，〔如乙甲。〕爲大圓半徑。〔如丁甲。〕

若先有大圓〔甲〕而求所容小圓，則以三率之比例求之。

一率　方斜併數　　　二四一四
二率　方根　　　　　一〇〇
三率　所設之渾圓半徑　丁甲
四率　所容之小圓半徑　乙甲

推此而知，五等邊形於其銳角爲心，半其邊爲界作小圓，而以五等邊之心至角加半邊以爲半徑，而作大圓，則大圓容五小圓，俱如上法。

若六等邊於其銳作小圓，仍可於其心作圓，共七小圓，何也？六等面之邊與半徑等也。其法只以小圓徑〔即六等邊。〕二分加一，爲大圓半徑。

〔一〕小，原作"心"，據輯要本改。

渾

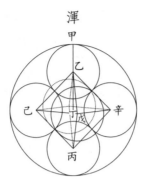

正面渾

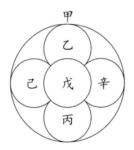

對面

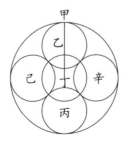

甲大渾圓内容乙、丙等六小渾圓。

法以小渾圓之徑爲邊，作八等面虛體，如乙、己、丙、辛、戊皆小立圓之心,聯爲線,則成八觚。乃求八等面心〔丁〕至角之度,〔如丁乙等。〕加小圓半徑,〔如甲乙。〕爲大渾圓半徑。〔如甲丁。〕

捷法:以小渾圓徑爲方,〔即乙己丙辛平方。〕求其斜[一],〔如丁乙。〕加小圓半徑,〔如甲乙。〕爲大圓半徑。或以小渾圓徑[二]自乘而倍之,開方得根,加小圓半徑,爲大圓半徑,亦同。

或先得大圓,而求小圓徑,則用比例。

一率　方斜并　　　二四一四

二率　方根　　　　一〇〇

三率　　所設大渾圓之徑

四率　内容六小渾圓之徑

正面　渾

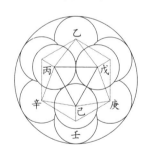

〔一〕按丁乙爲乙己丙辛平方斜邊一半,"斜"似當作"半斜"。

〔二〕小渾圓徑,據校算,"徑"當作"半徑"。

對面〔一〕

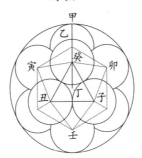

甲渾圓内容乙、丙、戊、己、庚、壬、辛及癸、丑、子、寅、卯十二小圓。

法以小立圓徑，〔如乙丙等。〕作二十等面虛體之稜，〔如乙、丙等，俱小圓之心，聯爲線，則成二十等面之稜。〕次求體心〔丁。〕至角〔即小圓心。〕之線，〔如乙丁。〕加小圓半徑，〔如甲乙。〕爲大圓半徑。〔如甲丁。〕

按體心至角線，即二十等面外切圓半徑。

二十等面之例邊一百。〔即小渾圓例徑。〕

外切渾圓例徑二百八十八〔一三五五〕。

〔二十等面邊一百者，其外切渾圓徑一百八十八奇，又加小渾例徑，得此數。〕

若先有大渾圓，而求所容之十二小渾圓，則以二率爲一率，四率爲三率。

一　外切渾圓之例徑二百八十八〔一三五五〕

二　二十等面之例邊一百〔即小渾圓例徑。〕

三　設渾圓之全徑一百

〔一〕原圖意義不明，今依後文，參正面圖重繪。

四　内容十二小渾圓之徑三十八〔六九四八〕

〔其比例如全分與小分。〕

甲庚大平圓内容七小圓

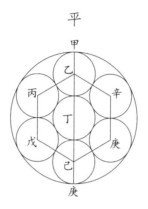

法以甲庚圓徑取三之一,〔如丁乙、庚辛等。〕爲小圓徑。若容八圓以上,則其數變矣。假如以七小圓均布於大圓周之内,而切於邊,則中心一小圓必大於七小圓,而後能相切。〔以上做此。〕

甲大渾圓内容八小立圓

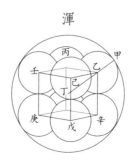

法以小圓徑作立方，〔如乙庚方。〕求其立方心至角數，〔即外切渾圓半徑，如乙丁。〕再加小圓半徑，〔如甲乙。〕爲大渾圓半徑。〔如甲丁。〕

按：八小員半徑十，〔甲乙。〕則其全徑二十，内斜線〔乙丁〕十七，加〔甲乙〕共二十七。内減小圓徑二十，餘七，倍之得十四，是比小圓半徑爲小，其比例爲十之七，安得復容一稍大小圓在内乎？

又二十等面有十二尖，可作十二小圓，以居大渾圓之内而爲所容。

又八等面有六尖，可作六小圓，爲大渾圓所容。四等面有四尖，可作四小圓。

又方燈亦有十二尖，可作十二小圓，爲大渾圓所容。其中容空處，仍容一小圓，爲十三小圓，皆等徑也。

十二等面有二十尖，用爲小渾圓之心，可作二十小立圓，以切大渾圓，内有稍大渾圓夾之。

圓燈尖三十，可作三十小球，亦皆以内稍大渾圓夾之。

公法：皆以心至尖爲小渾圓心距體心之度，皆以小渾圓徑爲所作虛體邊。

如作内容二十小渾圓，聯其心成十二等面虛體。

虛體之各邊，皆如小渾圓徑也。虛體之各尖距心皆等，此距心度以小渾圓半徑加之，爲外切之大渾圓半徑；以小渾圓半徑減之，爲内夾稍大渾圓半徑。

渾圓内容各種有法之體，以查曲線弧面之細分。

公法：凡有法之體在渾圓體内，其各尖必皆切於渾圓之面。

凡渾圓面與内容有法體之尖相切成點,皆可以八線知其弧度所當。

内惟八等面皆以弧線十字相交爲正角,餘皆鋭角,其十二等面則鈍角。

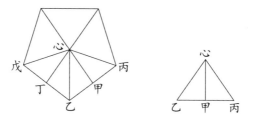

十二等面每面五邊等析之,從每面之角至心,成平三角形五,則轅心之角皆七十二度,半之三十六度,即甲心乙角。其餘心乙甲角必五十四度,倍之爲甲乙丁角,則百〇八度,故爲鈍角。

凡渾圓面切點,依内切各面之界聯爲曲線,以得所分渾體之弧面,皆如其内切體等面之數之形。

如四等面,則其分爲弧面者亦四,而皆爲三角弧面。十二等面則亦分弧面爲十二,而皆成五邊弧形。八等面則弧面亦分爲八,二十等面弧面亦分二十,而皆爲三角弧形。内惟六等面爲立方體,所分弧面共六,皆爲四邊弧形。

凡渾圓面上以内切兩點聯爲線,皆可以八線知其幾何長。

其法以各體心到角之線命爲渾圓半徑,以此半徑求

其周作圈線，即爲渾圓^(一)體過極大圈，以八線求兩點所當
之度，即知兩點間曲線之長。

凡渾圓面以曲線爲界，分爲若干相等之弧面，即可以
知所分弧面之冪積。

假如四等面外切渾圓，依切點聯爲曲線，分渾圓面爲
四，則此四相等三角形弧面各與渾圓中剖之平圓面等冪，
何也？渾圓全冪得渾體中剖平圓面之四倍，今以渾冪分
爲四，即與渾圓中剖之平圓等冪矣。

推此而知，六等面分外切渾圓冪爲六，即各得中剖平
圓三之二。

八等面分渾圓冪爲八，即各得中剖平圓之半冪。

十二等面分渾圓冪爲十二，即各得中剖平圓三之一。

二十等面分渾圓冪爲二十，即各得中剖平圓五之一。

凡依等面切渾所剖之圓冪，又細剖之，皆可以知其分冪。

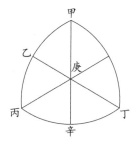

假如四等面所分爲渾圓冪四之一，而作三角弧面。
若中分其邊而會於中心，則一又剖爲三，爲渾圓冪十二之

〔一〕渾圓，原作“圓渾”，據文意改。

一，與十二等面所分正等。但十二等面所剖爲三邊弧線等，此所分爲四邊弧線，形如方勝而邊不等。若自各角中剖會於心，成三邊形，其幂亦等，而邊亦不等也。

　　再剖則一剖爲六，爲渾圓面幂二十四之一。〔皆得十二等面所剖之半，而邊不等。〕若但一剖爲二，則得渾圓幂八之一，與八等面所剖正等。但八等面三邊等，又三皆直角；此則邊不等，又非直角。

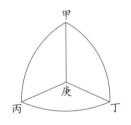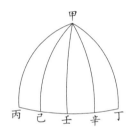

　　假如八等面所剖爲渾幂八之一，若一剖爲二，則十六之一；剖爲四，則三十二之一，可以剖爲六十四至四千九十六。

　　若以三剖，則渾幂二十四之一，如十二等面之均剖，亦如四等面之六剖也。再細剖之，可以剖爲九十，是依度剖也；可以剖爲五千四百，則依分剖也；再以秒微剖之，可至無窮。

　　惟八等面可以細細剖之者，以腰圍爲底，而兩弦會於極，其形皆相似，故剖之可以不窮。

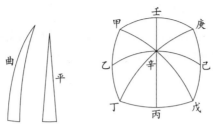

又以此知曲面之容倍於平面，何也？八等面所剖之
渾體腰圍，即平圓周也。以平圓周之九十度爲底，兩端皆
以半徑[一]爲兩弦，以會於平圓之心，則其冪爲平圓四之
一。若渾體四面以腰圍九十度爲底，兩端各以曲線爲兩
弦，以會於渾圓之極，則其冪爲平圓二之一矣。

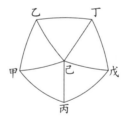

假如六等面〔即立方。〕在渾圓內剖渾冪爲六，得渾冪
六之一。若一剖爲二，則與十二等面所剖等；剖爲四，則
二十四之一；再剖則一爲八，而得四十八之一。

〔一〕半徑，“半”原作“平”，據輯要本改。

　　假如十二等面剖渾冪爲十二,各得渾冪十二之一。
若剖一爲五,則得六十之一;再剖一爲十,則得百二十之
一,而與八等面所剖爲十五之一。

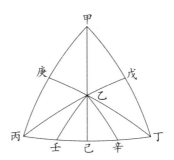

　　假如二十等面剖渾冪爲二十,各得渾冪二十之一。
若一剖二,則四十之一;若一剖三,則六十之一;若一剖
六,則百二十之一,皆與十二等面所剖之冪等,而邊不必
等也。

　　凡球上所剖諸冪以爲底,直剖至球之中心成錐形,即
分球體爲若干分。

　　如四等面之冪得球冪四之一,依其邊直剖至球心,成
三角錐,其錐積亦爲球體四之一。推之盡然。[一]

_____

〔一〕輯要本此後附通率表,見句股闡微卷四。

幾何補編卷五^{〔一〕}

幾何補編補遺

平三角六邊形之比例

平三角等邊形

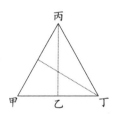

甲丁丙三邊等形，其邊〔丁甲〕折半〔丁乙〕，自乘而三之，即爲對角中長線冪，開方得中長線丙乙。既得中長線丙乙，以乘丁乙半邊，即等邊三角形積。若以丙乙冪、丁乙冪相乘，得數平方開之，得三等邊形之冪積。

捷法：不求中長線，但以丁乙冪三因之，與丁乙冪相

〔一〕原無"幾何補編卷五"六字，今據版心與全書總目補。此卷係楊作枚輯錄梅氏散稿，輯要本刪。下"幾何補編補遺"，"補遺"二字原爲小字，據文例改爲大字。

乘，開方得根，即三等邊冪積。或用原邊丁甲自乘，得數
乃四分之，取四之一與四之三相乘，得數開方，得三等邊
積，亦同。

　　論曰：邊與邊橫直相乘得積，若邊之冪乘邊之冪，亦
必得積之冪矣，故開方得積。

　　法曰：以原邊之冪三因四除之，又以原邊之半乘之兩
次爲實，平方爲法開之，得三等邊形冪積。

　　解曰：原邊冪四之三，即中長冪也；半邊乘二次，以冪
乘也。又法：以原邊冪與半邊冪相減相乘，開方見積〔一〕。

　　平三角等邊形冪積自乘之冪與平方形冪積自乘之
冪，若三與十六。〔理同前條。〕

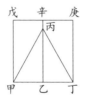

　　解曰：甲戊庚丁爲平方形，丁丙甲爲等邊三角形，其
邊同爲甲丁。題言丁甲線上所作三等邊形與所作正方形，
其積之比例若平積三與十六之平方根也。〔即一七奇與四〇。〕

　　捷法：於分面線上取三點爲等邊三角形積，其十六
點即正方積。若以邊問積，則以邊之方冪數於分面線之

――――――――――

〔一〕此術文表述有省略，其完整表達爲：以原邊冪與半邊冪相減，得數與半邊
冪相乘，開方見積。

十六點爲句,置尺,取三點之句,即得三等邊積。其設數、得數並於平分線取之。〔此用比例尺算。〕

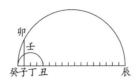

又法:作癸卯辰半員,辰癸爲徑,於徑上勻分十七分,而儘一端取其四分如丑癸。〔丑癸爲辰癸十七分之四,則丑子爲辰子十六分之三。〕折半於丁,以丁爲心,丁癸爲半徑,作癸壬丑小半員。又以丁癸折半於子,作卯子直線,〔與辰癸徑爲十字垂線。〕割小員於壬,則壬子與卯子之比例,即三等邊幂與正方幂積比例。

用法:有三等邊形求積,法以甲丁邊上方形〔即庚甲。〕積,作卯子直線如句,四倍之,作橫線如辰子爲股。次引橫線,取子癸爲卯子四之一,又取丁子如癸子。次以丁癸爲半徑,丁爲心,作半員,截卯子於壬,即得壬子爲三等邊積。

捷法:不作辰子線,但於子作半十字線如癸丁,次於子點左右取癸取丁,各爲卯子四之一。乃任以丁爲心,癸爲界,作割員分,即割卯子於壬,而爲三等邊形之積。

論曰:此借用開平方法也。平方求根,有算法,有量法,此所用者,量法也。量法有二,其一以兩方之邊當句當股,而求其弦,是爲并方法也。其一用半員取中比例,此所用者,中比例也。〔詳比例規解。〕

附三等邊求容圓

法曰：以原邊之冪十二除之爲實，平方開之，得容圓半徑。

解曰：原邊冪十二之一，即半邊三之一也。

附三等邊形求外切圓

法曰：以原邊之冪三除之爲實，平方開之，得外切圓半徑。一法：倍容圓半徑，即外切圓半徑。

新增求六等邊法

法曰：六等邊形者，三等邊之六倍也。〔以同邊者言。〕用前法得三等積，六因之即六等邊積。

依前法，邊上方冪與三等邊形冪，若四〇與一七奇。因顯邊上方冪與六等邊形冪，若四〇與一〇二奇〔一〕。〔亦若一〇〇與二五五。〕

今有六等邊形問積，法以六等邊形之一邊自乘，得數再以二五五乘之，降兩位見積。

解曰：置四〇與一〇二，各以四除之，則爲一〇〇與二五五之比例也。

若問員內容六等邊形者，即用員半徑上方冪爲實，以二五五爲法乘之，得數降二位見積，亦同。〔降二位者，一〇〇

〔一〕一〇二奇，"一"原作"十"，據後文改。

除也。〕依顯平員積與其内容六等邊形積之比例，若三一四與二五五。

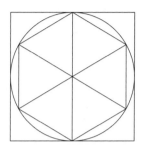

論曰：六等邊形之邊與外切員形之半徑同大，故以半徑代邊，其比例等。〔半徑上方與六等邊形，亦若一〇〇[一]與二五五。〕然則員全徑上方形與内容六等邊形，必若四〇〇與二五五。〔全徑上方原爲半徑上方之四倍。〕而員面冪積與六等邊形積，亦必若三一四與二五五矣。〔員徑上方與員冪，原若四〇〇與三一四故也。〕[二]

用尺算	用平分線	求同根之冪	
平方冪	四〇〇	八十〇	皆倍而退位之數
平員冪	三一四	約爲六十三弱〔實六二八〕	
六等邊冪	二五五	五十一	
三等邊冪	一七〇	三十四	

右皆方内容員，員内又容六角之比例。其六等邊與員全徑，乃對角之徑也，於六等邊之邊則爲倍數，三

〔一〕一〇〇，原作“一”，據前後文補“〇〇”。
〔二〕“必若四〇〇”至“三一四故也”，二年本無“必若四〇〇”至“六等邊形”三十二字，元年本挖板補刻。

等邊則只用邊。

若六等邊形，亦即用邊與平方、平員之全徑相比，則如後法。

平方　四〇〇　　　　平方　一〇〇〇〇

平員　三一四　　　　平員　七八五四

六角　一〇二〇　　　六角　二五五〇〇

三角　一七〇　　　　三角　四二五〇

論曰：以平方、平員之徑，六角、三角之邊，並設二〇，則爲平方四〇〇之比例。若設一〇〇，則如下方平方一〇〇〇〇之比例也。

量體細法

四等面體求積

法曰：以原邊之冪三除之，得數以乘邊冪，得數副實之。又置邊冪二十四除之，得數以乘副，平方開之，即四等面積也。

又法：置半邊冪三除之，得數以乘半邊冪，得數副實之。又以六爲法，除半邊冪，得數爲實〔一〕，平方開之，即四等面積四分之一也。〔即三角扁錐。〕

算二十等面

二十等面之棱線甲丁，設一百七十八。〔原設一百一十，

〔一〕得數爲實，據術文，疑當作"得數以乘副"。

因欲使外切立方與十二等面同,故改此數。〕心乙一百四十四,
〔即原切十等邊之半徑,又爲外切立方之半徑。〕外切立方徑二百八
十八。

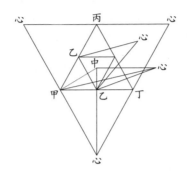

　　求中心爲分體之高。法先求乙中,〔乃各棱折半處至三
角面中央一點之距。〕依幾何補編,半甲丁,得八十九爲甲乙,
自乘〔七千九百二十一〕,取三之一,〔得二千六百四十,又三之一〕,
爲乙中句冪。又以心乙〔一四四〕自乘〔二〇七三六〕爲弦冪,
相減,餘〔一萬八千〇九十五又三之二〕爲股冪。開方得心中
一百三十四半強,爲分體銳尖之高。倍之得二百六十九
半弱〔一〕,爲内容立員徑。

　　求甲心爲分體斜棱。法以甲乙爲句,其冪〔七九二一〕;
以乙心爲股,其冪〔二〇七三六〕。併之,〔二八六五七〕,爲弦冪,
開方得甲心一百六十九二,爲分體自角至銳之斜棱。倍
之,三百三十八半弱,爲外切渾員之徑。

────────────

〔一〕二百六十九半弱,"六"原作"七",據校算改。

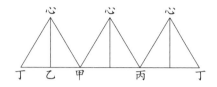

　　或取理分中末線之大分〔如心乙。〕爲股，小分〔如甲乙，或丁乙。〕爲句，取其弦〔甲心，或丁心。〕爲二十等面自角至心之楞線，合之成甲心丁形，即二十等面分形之斜立面也。甲丁則原形之楞也。

　　如〔甲心丁〕之面三，皆以心角爲宗，以甲心等弦合之，〔三面皆有此弦。〕則甲丁等底，〔三底並同甲丁。〕以尖相遇，而成三等邊之面，即二十等面之一面也。以此爲底，則成三角尖錐矣。尖錐之立三角面皆等，皆稍小於底。

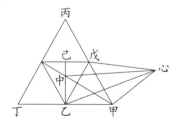

　　解曰：乙戊與甲乙等，而甲心與戊心〔即乙心。〕不等，如弦與股。〔乙戊即十等邊之一邊，乃二十等面橫切之面之邊。〕今欲求心中正立線，中即二十等面一面之中，自此至心，成心中線，則其正高也。法先求甲中爲句，取其冪以減甲心弦冪，即心中股冪，開方得心中。

　　簡法：取乙甲〔即原楞之半，又即小分。〕自冪三之一，以減乙心〔即大分，又即原楞均半處至形心，即斜立面中線。〕之冪，即心中冪。

又解曰：原以甲乙半楞〔又即二十等面中剖所成之楞，即十等邊之一邊，故爲小分。〕爲句，〔在形內爲小分，乃乙戊也。今形外之甲乙與乙戊[一]同大，故亦爲小分。〕乙心〔即二十等面中切成十等邊自角至心之弦，故爲大分，又即爲二十尖錐各立面三角形之中長線。〕爲股，則甲心爲弦，〔自各角至體心之線。〕而甲心弦冪內有乙心股、甲乙句兩冪。今求心中之高，則又以甲中爲句，自各角至各面心也，而仍以甲心爲弦，弦冪內減甲中句冪，則其餘心中股冪也。依幾何補編，甲乙冪三分加一爲甲中冪，故但於乙心冪內減去甲乙冪三分之一，即成心中股冪。

又解曰：若以乙心爲弦，則中乙爲句，而心中爲股，依補編，中乙冪爲甲乙冪三分之一，故直取去甲乙冪三之一爲句冪，以減心乙弦冪，即得心中股冪，開方得心中。此法尤捷。

作法：以二十等面之楞〔如甲丁。〕折半，〔如甲乙，或丁乙，亦即甲戊。〕爲理分中末之小分，求其大分。〔如乙心，即二十等面各楞線當中一點至心之線，亦即外切立方之半徑。〕再以大分爲股，〔乙心。〕小分爲句，〔甲乙，亦即甲戊，亦即戊乙。〕取其弦。〔甲心，即二十等面自各角至心之線，謂之角半徑，亦即切員半徑。〕再以原楞〔甲丁〕爲底，切員半徑爲兩弦，〔甲心及丁心。〕成兩等邊之三角形，即二十等面體自各角依各楞線切至體心，而成立錐體之一面。三面盡如是，則成三角立錐矣。如是作立錐形二十，聚之成二十等面體。

立錐體之中高線〔心中〕以乘三體面之冪，而三除之，

〔一〕乙戊，原作“甲乙”，據圖改。

得各錐積。二十乘錐積,得立積。其中高線〔心中〕即内容立員之半徑。

立方内容二十等面體,其根之比例若全分與大分。

立方内容十二等面體,其根之比例若全分與小分。

二十等面體之分體並三楞錐,以元體之面爲底。

原體之楞〔甲丁〕,折半〔甲乙〕爲小分,爲句。取其大分〔心乙〕爲股,句股求弦,得自角至心,爲外切員之半徑〔心甲〕。

假如〔甲丁〕原楞一百一十,半之得甲乙半楞五十五,自乘〔三千〇二十五〕爲句冪,其大分乙心〔即外切立方半徑。〕八十九,自乘〔七千九百二十一〕爲股冪。并二冪〔一萬〇九百四十六〕,平方開之,得弦〔一〇四又六二不盡,約爲一〇四半强〕,爲角至體心之線〔心甲〕,即外切立員之半徑。

算二十等面之楞於渾天度得幾何分

十二等面之一圖

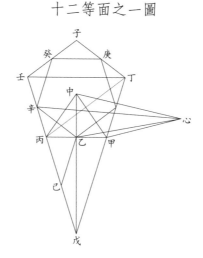

分圖

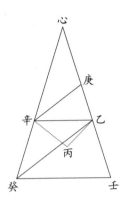

法以心甲爲渾天半徑，甲乙爲正弦。法爲心甲與甲乙，若半徑與甲心乙角之正弦。查正弦表，得度倍之，爲丁甲通弦所當之度。

算十二等面

五等邊面爲十二等面之一。面有五邊，在體之面則爲五楞錐，其一楞設一百一十，〔甲丙。〕半之五十五，〔乙丙。〕以甲丙爲小分，求其大分，得一百七十八，丙戊也。〔即丙丁、壬丁。壬戊丁角爲丙中甲角之半，與平圓十等邊之一面等。〕半之八十九，己丙也。〔即乙辛。以丙己乙爲兩腰等形，辛己乙亦兩腰等形，故辛乙與己丙等。丙己乙形與元形丙戊甲形相似，己角即戊角，而乙丙爲小分，乙己或辛乙爲大分。〕爲内作小五等邊之一邊，〔乙辛。〕亦即十二等面從腰圍平切之十等邊面也。

又以乙辛爲小分，求得大分一百四十四，心乙也。〔分圖辛心乙形，即前圖辛心乙形，乙辛爲心壬之小分，心乙爲大分，乙心線即五等面一邊折半處至體心之距,丙點即五等面邊兩楞相湊之角,乙丙辛虛線形即前圖乙丙辛形。〕爲甲丙半楞〔乙丙〕之全分,何則?前圖之丙己乙形,乙丙爲小分,丙己爲大分。試於辛乙心形内〔分圖。〕作庚辛乙形,與丙己乙形等,〔庚乙即乙丙,五等面一邊之半;乙辛、庚辛即丙己、乙己,爲小五邊形之一邊。〕則乙庚爲小分,乙辛爲大分。〔心庚同。〕今又以乙辛爲小分,求其大分壬癸,而壬癸即心乙也。〔乙癸同。〕夫心乙乃庚乙、〔小分。〕辛乙〔大分,即心庚。〕之并,則乙心爲庚乙之全分矣。其比例,心乙與心庚,若心庚與庚乙,而乙心即外切立圓半徑也。

右法楊作枚補[一]。

今求心中線,爲五等邊最中一點〔中〕至體心〔心〕之距,亦即内容渾員半徑。

先求乙中線,爲五等邊各楞折半處至最中之距。法爲甲乙比乙中,若半徑與五十四度之切線。

一　半徑　　　　　　　　　　一〇〇〇〇〇
二　乙甲中角〔五十四度〕切線　一三七六三八
三　半楞甲乙　　　　　　　　五十五
四　中乙　　　　　　　　　　七十五〔七〇〕

用句股法,以心乙〔一百四十四〕爲弦,中乙〔七十五七〕爲句,句弦各自乘,相減得心中股冪,平方開之,得中高線。〔心中爲容員半徑。〕

〔一〕右法楊作枚補,雍正二年本作"癸卯夏補勿菴論體法於龍江關署,敏齋 楊作枚謹識"。

求得容員半徑一百二十二半弱。〔心中。〕

又求甲心線，爲各角至體心之距。〔即外切渾員半徑。〕用句股法，以甲乙〔五五〕爲句，心乙〔一四四〕爲股，并句股幂，求甲心弦。

求得外切圓半徑一百五十四强。〔甲心。〕

十二等面根一一〇。〔甲丙。〕

外切立員半徑一四四，〔心乙。〕全徑二八八。

內容渾員半徑一二二半，〔心中。〕全徑二四五〔弱〕。

外切渾員半徑一五四，〔甲心。〕全徑三〇八〔强〕。

十二等面之分體並五楞錐，並以五等邊面爲底。

原體之楞甲丙設一百一十，半之，乙甲五十五爲小分，求其全分乙心一百四十四。〔即外切立方半徑。〕乙甲〔五十五〕自乘〔三千〇二十五〕爲句幂，心乙〔一百四十四〕自乘〔二萬〇七百三十六〕爲股幂，并之得〔二萬三千七百六十一〕，平方開之，得弦〔一百五十四强〕，爲自角至心之線〔甲心〕，即外切員半徑。

五楞錐之一面

作法：以五等面之一邊爲底楞，〔甲丙。〕以外切員半徑〔角至心之線。〕爲兩弦之楞，〔甲心及丙心。〕而會於心，五邊悉同，則爲十二分體之一。如是十二枚，則成十二等面體。

變體數

求渾圓積

設渾圓徑一〇〇〇,自乘得一〇〇〇〇〇〇,又十一〔古法。〕乘之,得一一〇〇〇〇〇〇,爲實,十四除之,得〇七八五七一四,爲平圓面冪。或用舊徑七圍廿二之比例,亦得圓面七八五七一四。以四因之,得渾圓之冪三一四二八五六。

置渾圓之冪,以半徑五〇〇因之,得一五七一四二八〇〇〇,是爲以渾圓面冪爲底、半徑爲高之圓柱形積。

置圓柱形積,以三爲法除之,得五二三八〇九三三三,是爲以渾圓面冪爲底、半徑爲高之圓角形積,亦即渾圓之積。

渾圓根一〇〇〇,體積五二三八〇九三三三,用爲公積。

立方

置公積,即渾圓積,〔五二三八〇九三三三。〕立方開之,得立方根八〇六二〇二七一七,是爲與渾圓等積之立方。

方錐

置公積,〔五二三八〇九三三三。〕以三因之,得數立方開之,得高闊相等之方錐形根一一六二二四四四七,是爲與渾圓等積之方錐。

方錐

圓柱

　置公積,〔同上。〕十四因之、十一除之爲實,立方開之,得高闊相等之圓柱形根八七四二三九四二,是爲與渾圓等積之圓柱。

圓柱

圓錐

　置公積,〔同前。〕以三因之,〔變圓錐形積爲圓柱積。〕再以十四因之、十一除之爲實,〔變圓柱積爲立方積。〕立方開之,得高闊相等之圓錐形根一二五九四七五九,是爲與渾圓等積之圓錐。或置積,以四十二因之,十一除之,立方開之,亦同。

圓錐

按變體線本法,有四等面、八等面、十二等面、二十等面,諸數表皆未及。其同者惟有渾圓、立方二形,其餘三形皆比例規解及測量全義之所未備[一]。今以法求之,則皆長闊相等,而不爲渾圓、立方者耳。夫不爲渾圓、立方,而仍可以法求者,以其長闊相等,則仍爲有法之形也。然而與今西書所載合者二,不合者一,意者其傳之有誤耶?或其所用非徑七圍廿二之率耶?俟攷。

渾圓以徑求積

置徑自乘,又以半徑乘之,又四因之,又以十一乘之,以十四除之,又以三除之,見積。

解曰:平圓與平方之比例,如其周與周。假如徑七,則方周廿八,圓周廿二,兩率各折半,爲十四與十一。徑自乘則爲平方形,以十一乘,十四除,則平方變爲平圓矣。以平圓爲底,半徑乘之,成圓柱形。再以三歸之,成圓角形。〔即圓錐。〕渾圓面冪爲底、半徑爲高之角形,四倍大於此圓角形,故又四因之,即成渾積也。

捷法:徑自乘以乘半徑,乃以四十四因、四十二除見積;或徑上立方形廿二因,四十二除,或用半數十一因、廿二除見積,並同。

渾圓以積求徑

置積,以三因之,四除之,又以十四因之,十一除之,

〔一〕備,二年本作“及”。

再加一倍,立方開之,得圓徑。

解曰:圓積是圓角形四,今三因之,變爲圓柱形四矣,故用四除,則成一圓柱。此圓柱形是半徑爲高,全徑之平圓爲底。今以十四乘,十一除,則變爲全徑之平方爲底、半徑爲高矣,故加一倍,即成全徑之立方。

捷法:積倍之,以四十二因,四十四除,立方開之,得圓徑;或用本積,以八十四乘,四十四除,立方開之;或用半數,以四十二乘,二十二除,立方開之;或又折半,以廿一乘,十一除,立方開之,得積,並同。

按徑七圍廿二者,乃祖冲之古法,至今西人用之,可見其立法之善,雖異域有同情也。雖其於真圓之數似尚有盈朒,然所差在微忽之間而已。吾友錫山楊崑生、柘城孔林宗另有法,其所得之周俱小於徑七圍廿二之率,則其所得圓積亦必小於古率矣。

楊法立圓徑一〇〇〇〇積五二三八〇九二五六四。

孔法立圓徑一〇〇〇〇積五二三五九八七七五。

約法:

立方與立圓之比例,若廿一與十一。

平圓與外方,若十一與十四。

平圓與内方,若十一與七。

圓内容方之餘,〔即四小弧矢形。〕若七與四。圓外餘方,〔即四角減弧矢。〕若十一與三。準此,則餘圓〔即小弧矢。〕與餘方,若四與三,而小弧矢與其所減之餘方角,若一與七五,亦若四與三也。

兼濟堂纂刻梅勿菴先生曆算全書

解八線割圓之根 〔一〕

〔一〕此書爲楊作枚所著,曆算全書凡例云:"又勿庵言所未及而理數必不可缺者,楊君亦爲補綴,如割圓八線之根一卷是也。"全書總目法數部分有"割圓八線之表一卷",日本國立公文書館所藏雍正二年本曆算全書收録割圓八線之表一種,表格與表頭爲刷印,表前"用法"與表中數字爲手抄。經對比,此表抄自崇禎曆書之割圓八線表。雍正元年本曆算全書删除此表,於總目"割圓八線之表一卷"下小字注"續出"。楊作枚所撰解八線割圓之根正是對割圓八線表造表原理的闡釋,二者的關係相當於崇禎曆書中的大測與割圓八線表。梅毅成以此書成於楊作枚之手,非先大父著作,故删去,未收入梅氏叢書輯要。他在兼濟堂曆算書刊謬中指出:"此卷所論,不過六宗三要之法,新法曆書中有大測一書,論之綦詳,先人所以不復論著也。至六宗最精者爲理分中末線,已備論於幾何補編中,集中雖無此卷,並無所缺。"四庫本收入卷五十五。

解八線割圓之根

宣城梅文鼎定九著　男以燕正謀參　孫　㲄成玉汝
玕成肩琳

柏鄉魏荔彤念庭輯　　　　　男　乾㪳一元
士敏仲文
士説崇寬同校

錫山後學楊作枚學山訂補^{〔一〕}

八線割圓説

　　天體至圓，最中一點爲心，過心直線爲徑，圓面諸圈爲弧。弧與徑，古用徑一圍三之比例，〔有密術、徽術，各家不同。〕然終非弧度之真。蓋圓爲曲線，徑爲直線，兩者爲異類，亘古無相通之率。夫日月星辰之道，皆弧線也；人目測視之線，皆直線也。苟非由直線以得曲線，縱推算極精，皆非確數。於推步測量諸用，所關甚鉅，其可略歟？西儒幾何等書，別立數法，求得弧與徑相準之率，更以逐度之弧準逐度之線，内用弦矢，外用割切，於是始則因弧而求線，繼則因線而知弧，交互推求，雖分秒之弧度，盡得

〔一〕二年本署名作"兼濟堂纂刻解八線割圓之根一卷／錫山楊作枚學山甫著／柏鄉魏荔彤念庭輯　男乾㪳一元／士敏仲文／士説崇寬　宣城梅㲄成玉汝／玕成肩琳／毘陵錢松期人岳／錫山華希閔豫原／秦軒然二南／受業武陵胡君福似孫同校"。

其準。立法之善，即隸首、商高復生，無以易也。第割圓
八線表雖久傳於世，而立法之根未得專書剖晰，大測中如
十邊、五邊形之理，皆缺焉弗講。薛青州作正弦解，亦僅
依式推衍，未能有所發明。予[一]於曆算生平癖嗜，凡有奧
義，必欲直窮其所以然而後快。竊思割圓八線乃曆算之本
源，豈可習焉不察？因反覆抽繹，耿耿於心者數年，積思之
久，乃得漸次會通。遂著其圖，衍其算，理之隱賾者明之，
法之缺略者補之，會而成帙，以備好學者之採擇云爾。[二]

立表之根有七

一大圓中止有徑線，初無邊角可尋，乃作者憑空結
撰，求得七弧之通弦，而全割圓表即從此推出，又絕無假
借紐合之病。割圓之巧，孰有加於是焉！

表根一

圓內作六等邊切形，求得六十度之通弦。

法曰：六十度之通弦與圈之半徑等，作表時命爲十
萬，亦曰全數。

解曰：如圖，辛爲心，作甲丙丁圈，甲丁爲全徑，辛丁
爲半徑。次取丁爲心，辛爲界，作戊庚辛圈，與原圈相交

〔一〕予，二年本作"枚"。
〔二〕二年本此後有"錫山 敏齋 楊作枚識"八字，元年本削删。

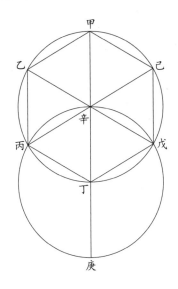

於丙於戊。次引長丁辛線至庚,必平分丙戊弧於丁,亦平
分戊丙弧於辛。〔以丁爲戊庚圈心故。〕次作辛丙、丙丁、丁戊、
戊辛四線,成丁辛丙、丁辛戊二形,必皆三邊等三角形,何
則?丁爲心,辛爲界,則丁辛與丁丙皆爲戊庚圈之半徑。
仍用辛丁爲度,辛爲心,丁爲界,則辛丁又爲甲己圈之半
徑,辛丙亦同,則辛丁、丁丙、辛丙三線俱等,而辛丁丙爲
三邊等形,丁、辛、丙三角俱自相等,每角六十度。夫辛角
在心者也,則丙丁弧爲六十度,丙丁即六十度之通弦,與
辛丁半徑等矣。丁戊辛形倣此。

　　次以丙辛引至己,戊辛引至乙,其甲辛己、乙辛甲交
角俱與丙辛丁、戊辛丁角等,角等弧亦等,即平分大圈爲
六分。次作丙丁等六線相連,成六等邊內切形,等邊等
角。蓋乙辛己、丙辛戊兩交角之弧既當六分圈之四,則中

間己戊、乙丙二弧亦必各爲六分圈之一,故成六等邊形,
皆以半徑爲邊,此天地自然之數也。

表根二

圈内作四等邊切形,求得九十度之通弦。

法曰:半徑上方形,倍之開方,得九十度之通弦。

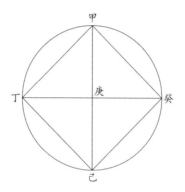

解曰:圈内四等邊切形,即内切直角方形也。如圖,
甲癸丁圈,庚爲心,作丁癸全徑,又作甲己全徑,與丁癸十
字相交,爲湊心四直角,即平分大圓爲四分,每分九十度。
次作甲癸、己癸、己丁、甲丁四線,相連成四邊等形,其切
圈之甲、丁、己、癸四角,俱爲直角。〔以各角俱乘半圈故。〕所容
之癸甲丁己爲正方形,甲癸等爲九十度之通弦。用甲庚
癸直角形,甲庚半徑上方與庚癸半徑上方并,開方得甲癸
弦,句股求弦術也。

已上二根,並仍曆書之舊。

表根三

圈内作十等邊切形,用理分中末線求得三十六度之通弦。

法曰:圈徑上作理分中末線,其大分爲十邊等形之一邊,即三十六度之通弦。今欲明十邊形之理,先解理分中末線。欲明理分中末線,先解方形及矩形。

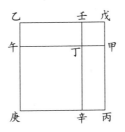

一解曰:凡正方形内,〔如乙庚戊丙方。〕依一角復作正方形,〔如丁庚方。〕以小方之各邊引長之,如甲午、辛壬,即分元方戊庚爲四分。小方之各邊與大方之各邊俱兩兩平行,其與小方丁庚相對之丁戊形,亦必正方形。左右所截之午壬、甲辛二形,必皆矩形,而恒自相等。

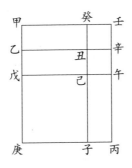

一解曰：任設一線如甲戊，兩平分之於乙，又任引長之爲戊庚，〔長短不論。〕其全線甲庚偕引長線戊庚〔即子庚。〕矩內形，〔甲子矩。〕及半元線甲乙〔癸丑等。〕上方形〔癸辛方。〕并，成子丑壬甲罄折形。此形與半元線〔乙戊〕偕引長線乙庚上之乙丙方形等，何則？乙庚上方乙丙與罄折形子丑壬甲共用乙子矩形，今試以此兩率各減〔一〕去乙子矩形，兩所餘爲乙壬矩及丑丙矩。夫此兩矩形邊各相等，〔辛丙與乙辛等，辛丑與壬辛亦等，以壬丑爲正方故。〕其冪亦必等。則於乙子形加丑丙，得乙丙方；於乙子形加乙壬，得子甲壬罄折形，亦無不等矣。又己辛亦正方形，以相對之己庚爲正方故。己辛方與壬丑方亦等，以同在甲庚、癸子兩平行線內，又甲乙、乙戊相等故也。分中末線〔二〕。

解理分中末線

明上二圖，可論理分中末線矣。法曰：如圖，任作甲戊線，兩平分於乙，以甲戊線自之，作戊卯方，從乙平分處向丁作乙丁線。次以甲戊引至庚，令乙庚與乙丁等，於乙庚上作乙丙方。又取庚子與戊庚等，作癸子線，分戊丁於己。則戊己爲戊丁元線之大分，己丁爲小分，戊己、丁己、戊丁三線成連比例，戊丁與戊己，若戊己與己丁，而戊己爲中。

〔一〕減，原作“試”，涉上文而訛，今據文意改。
〔二〕分中末線，四字無屬，疑爲衍文。或當另起，爲後段標題，而前當脱“理”字。

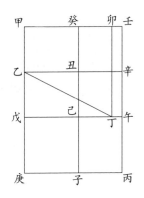

解曰：依上二圖之論，甲庚線偕戊庚矩形及乙戊〔即甲乙。〕上方形并，與乙庚上方等。今乙庚線既令與乙丁等，則乙丁上方亦與乙庚上方等，是甲庚偕戊庚矩形及乙戊上方并，與乙丁上方等。而乙丁上方與乙戊、丁戊上兩方之并等，此二率者共用乙戊上方，試以此二率各減去乙戊上方，則所存之戊卯方與甲子矩形必等矣。夫戊卯方既與甲子矩等，又共用甲己矩形，試各減去甲己矩形，則所存戊子方與卯己矩形必等矣。卯己與戊子兩矩形既等，又以己直角相連，則兩形之邊爲互相似之比例，癸己與己子，若戊己與己丁。夫癸己即戊丁也，則戊丁與戊己，若戊己與己丁，爲連比例，而戊己爲中率。戊己上方〔二、三率。〕與戊丁〔一率。〕偕己丁〔四率。〕矩形等，戊丁全線爲首率，戊己大分爲中率，減戊丁，〔甲戊同。〕存己丁小分，爲末率。蓋理分中末線云者，於一直線上作連比例之謂也。求之，法以所設甲戊半於乙爲句，甲戊爲股，〔即戊丁。〕求乙丁弦，即乙庚也。減乙戊句，存戊庚，即戊己大分，減戊丁元線,存己丁小分。

又甲戊引長線止於庚者,欲令乙庚等乙丁也。若不爲連比例,戊庚可任意引長之,如前二圖之論。然理分中末線法實從二圖之理推出,其關鍵全在乙庚、乙丁二線等也。

解理分中末線大分爲三十六度之通弦

觀上諸論,可明理分中末線之法,然何以知其大分能爲十等邊形之一邊?如圖,任作甲乙線,用上法分之於丙[一],爲理分中末線,甲乙與甲丙若甲丙與丙乙,甲丙其大分,丙乙其小分。次用甲乙全線爲半徑、甲爲心、乙爲界作圈,又從乙作乙丁合圈線,令與甲丙等。末從圈心作甲丁線相連,其甲乙、甲丁兩半徑等,即甲乙丁[二]爲兩腰等三角形。夫此三角形,其腰間之甲乙丁、甲丁乙二角必各倍大於底上甲角,何則?試從丙作丙丁線,於甲丙丁角形外作甲丙丁外切圈,其甲乙偕乙丙矩內直角形與甲丙上方形等,〔因連比例等。〕亦即與至規外之乙丁上方等。而乙丁切小圈於丁爲切線,即乙丁切線偕丁丙線所作乙丁丙角,與負丁甲丙圈分之甲角交互相等。〔見幾何三卷三十二。〕此二率者,每加一丙丁甲角,即甲丁乙全角,與丙甲丁、丙丁甲兩角并等。夫乙丙丁外角與丁甲相對之內兩角并等,即乙丙丁角與甲丁乙全角等,而與相等之甲

〔一〕丙,原作"内",據圖改。
〔二〕甲乙丁,原作"甲丙丁",據圖改。

乙丁亦等,丙丁與乙丁兩線亦等。夫乙丁原與甲丙等,即
丙丁與丙甲亦等,因丙甲丁、丙丁甲兩角亦等。又甲角既
與乙丁丙角等,即乙丁丙、甲丁丙兩角亦相等,是甲丁乙
倍大於丙丁甲,亦即倍大於相等之丙甲丁角也,而甲乙邊
與甲丁等,則甲乙丁角亦倍大於甲角也。〔一〕

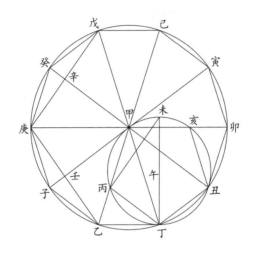

　　次解曰:丙丁乙角何以知其與丙甲丁角交互相等?
試作未丁全徑,與乙丁爲直角;又作未丙線,成未丙丁
直角。夫丙未丁、丙丁未二角并,與一直角等。乙丁未
亦一直角,此二率者各減去未丁丙角,所存丙丁乙、丙未
丁二角必等。夫丙未丁負圈角也,丙甲丁亦負圈角也,
同負丙丁弧,則丙甲丁角與丙未丁角等。夫未角與丙丁
乙角等也,今既與丙甲丁等,則丙甲丁角亦必與丙丁乙

────────────

〔一〕圖中寅點原作"庚",據文改。另圖中原未標辛點,依文標出。

角等。

依上論，顯甲乙丁形之乙、丁二角俱倍大於底上甲角，形內之丙丁乙形與甲乙丁原形相似，其丙、乙二角亦倍大於乙丁丙角，乙丁、丙丁、甲丙三線俱等。夫甲丁乙形之甲、乙、丁三角并，等兩直角，今乙、丁二角既倍大於甲角，是合乙甲丁角而爲五分兩直角矣，則乙甲丁角該五分兩直角之一，爲三十六度。夫五分兩直角之一與十分四直角〔全周。〕之一等，則乙甲丁角或乙丁弧，即十分圈之一分，乙甲、丁甲又各爲半徑，則乙丁即十等邊形之一邊。夫乙丁與丙丁等，丙丁與甲丙等，則甲丙與乙丁亦等。而甲丙即理分中末線之大分，故圈徑上作理分中末線，其大分爲三十六度之通弦。

圈內作十等邊切形法

先依上作甲丁乙兩腰等三角形，以甲乙、甲丁各引至圈界，爲乙己、丁戊，其己戊弧與乙丁等。次以戊乙弧半於庚，作乙庚、戊庚二線，各半之於辛於壬。又作癸丑、子寅、卯庚諸線，俱過甲心，各抵圈界，即平分大圓爲十分。末作戊己等十線相連，即所求。

十邊形之理，據曆書見幾何十三卷九題，而幾何六卷已後之書，未經翻譯，不可得見。考之他書，未有發明其義者，余特作此解之。

表根四

圈內作五等邊內切形，求得七十二度之通弦。

法曰：六邊形上方形及十邊形上方形并，開方得七十二度通弦。

解內切五等邊形法

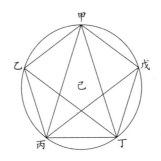

法曰：甲乙丁圈，於圈內作甲丙丁兩腰等乘圈角形，令腰間丙、丁二角各倍大於甲角，即甲角所乘之丙丁弧爲全圈五分之一，何則？甲丙丁形之三角并，等兩直角，今丙、丁二角既各倍大於甲角，則甲角爲五分兩直角之一。又甲爲乘圈角，所乘之丙丁弧必更倍大於甲角之度，爲全圈五之一矣。〔七十二度。〕夫丙、丁〔一〕二角又倍大於甲角，則其所乘甲丙、甲丁二弧亦必倍大於丙丁，爲全圈五分之二。即作丙戊、丁乙二線，平分丙、丁二角，亦平分甲丁、甲丙二弧，分大圈爲五平分，丙丁線即五等邊之一。末作丁戊等四線，相連成五等邊內切形，等邊等角。此係曆書

〔一〕丁，原作“於”，據文意改。

原法。

新增作五等邊形法

甲庚壬平圓內作五邊等形,法任作切圓直線如子丑,切平圓於甲,乃以切點甲爲心,任作半圈如子寅丑。次勻分半圓周爲五平分,如子辰等。次從半圓上取五平分之各點,作直線至切點甲,此直線必過半圓周。〔如甲辰線必過庚,寅甲線必過戊,餘倣此。〕末於平圓內聯各點作通弦,即成五等邊形。〔庚甲、乙甲本爲通弦,補作戊庚、丁戊、乙丁三線,並與庚甲、乙甲等,皆七十二度通弦也。〕

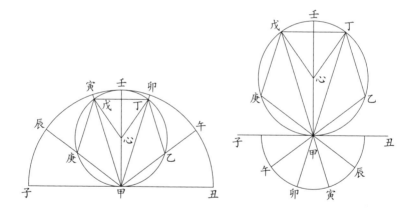

解曰:卯甲寅負圈角,正得丁心戊分圓角之半。卯甲寅既爲十等面湊心之角,必三十六度也。則丁心戊角必七十二度,而爲五等邊角矣。或作半圓於外,如下圖,亦同前論。

解六邊、十邊兩方并等五邊上方形

法曰：依前理分中末線法，作己丁、丁丙二邊，爲十分圈之一。乙己、乙丙、甲乙三線俱爲中末線之大分，與十邊形之一等，乙丁其小分。次取己丁弧之倍至丙，作甲丙線，得己丙七十二度，爲五分圈之一。〔己丁丙爲十分圈之二，即五分圈之一矣。〕作丙己線，即五等形之一邊也。己甲丙爲七十二度之角。次取己爲心，己丁大分爲界，作丁未庚圈。又以丙爲心，丙甲半徑爲界，作子甲丑圈。兩圈相交於辛，末從丙心向交點〔辛〕作丙辛線，從己心向交

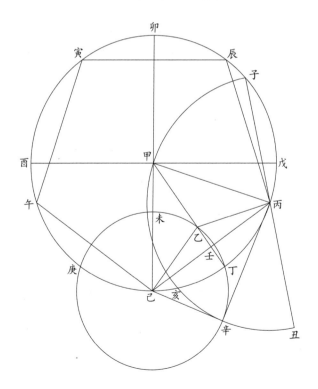

點〔辛〕作己辛線，成丙己辛三角形。此形辛爲直角，丙辛六邊形之邊〔即子丙。〕爲股，己辛十邊形之邊〔即己丁。〕爲句，己丙五邊形之邊爲弦，用句股術，得己丙七十二度之通弦。

解曰：丙辛己形何以知辛點必爲直角？試觀乙己丁、乙丙丁俱爲兩腰等形，又自相等，合之成己乙丙丁四等邊斜方形，則丙己線必平分乙丁小分於壬，甲丁線因己丙弧爲己丁之倍，亦平分丙己弦於壬，壬點爲直角，又形內所分之乙壬己、乙壬丙、丁壬己、丁壬丙四句股形俱自相等。夫丙己邊上方形爲壬己上方形之四倍，〔幾何言全線上方形爲半元線上方形之四倍。〕而壬己上方乃乙己上方減去乙壬上方之數，〔句弦求股。〕是以乙己上方四倍之，〔即己乙、己丁、丙丁、丙乙四線上方之并。〕減去乙丁小分上方，〔乙丁上方爲乙壬上方之四倍，以乙壬爲乙丁之半故也，即乙壬等四小句方之并。〕所餘即與丙己上方等矣。而此四乙己方減乙丁上方之餘，又與全數上方及中末線大分之方并等，〔即十邊形之一。〕何則？試觀二圖，〔即理分中末線圖。〕甲丁爲全數，甲戊爲全數上方；丁乙爲大分，丁子爲大分上方，兩方之并成甲壬子戊

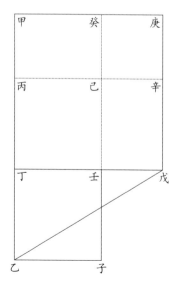

罄折形。此形内容丁子大分方形之四，則重一庚己小分之方。〔取丙丁與乙丁等，則己丁壬乙俱爲大分之方。而庚壬矩與丁子方等，甲辛矩又與庚壬矩等，是共有大分上方形之四倍，而庚己小方則重叠在内。庚己乃辛己小分之方也。〕今試於罄折形内減去重疊之方，〔癸辛方。〕是即於四個大分方内減一小分上方，亦猶之前圖四乙己方内減去乙丁上方，而所餘必等矣。夫此罄折形既與前四乙己方内減乙丁上方之餘幂等，而此餘幂又與丙己上方等，則此罄折形亦與五等邊之一丙己上方等。而罄折形乃甲戊、丁子兩方之并也，甲戊方之根甲丁，即前丙辛己形之丙辛邊；丁子方形之根丁己，即前丙己辛形之己辛邊。今丙辛、己辛上兩方并既等於丙己上方，是丙辛己爲句股形，而辛爲直角矣，丙辛半徑，股也；己辛大分，句也。丙子弧六十度之邊子丙，即丙辛股；己丁弧三十六度之邊丁己，即己辛句，而丙辛、己辛、丙己三邊適凑成句股形，故曆書言六邊上方并十邊上方與五邊上方等，蓋以此也。

若作戊乙線，成戊丁乙句股形，與前丙辛己形等，戊乙即五邊形之一，益可見辛之必爲直角矣。

求七十二度通弦法，取逕甚奇，大測止具算術，未著其理，〔據云見幾何十三卷十題。〕薛書及孔林宗説殊多牽附。余此圖與原算脗合，乃知古人立法之簡奥也。因更推衍四法如下：

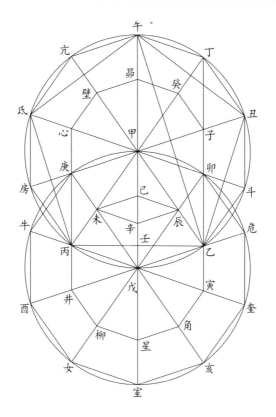

　　如圖，午丁大圈，依理分中末線法作十邊等內切形，丁午等俱大分。次從癸昴諸點〔癸甲、昴甲俱爲大分。〕作癸昴、昴壁等線，俱爲小分。各連之，則中末線之大小兩分成內外兩十邊等形，俱各兩兩平行，一切於周，一切於徑。次任取戊爲心、甲爲界作圈，亦依上法，用其大分、小分作內外兩十邊等形。末作乙丙、乙丑等五線，爲五邊形之各邊。諸線交錯，得求乙丙邊之法有五：

　　一、丁乙丙形，有丁丙全徑，有丁卯全數及卯乙大分，并爲丁乙,〔丁乙與午戊必平行。〕乙爲直角,用股弦求句法,得乙丙邊。

二、乙丙寅形,有乙寅小分爲句,有丙戊、戊寅兩大分,并得丙寅爲弦,求得乙丙股。

三、乙甲丙形,用其半甲壬丙形,有甲丙全數,有甲辛大分,有辛壬爲辛戊小分之半,并爲甲壬,求壬丙句,倍之得丙乙邊。

四、乙壬戊形,有乙戊大分爲弦,有壬戊小分之半爲句,求乙壬股,倍之得乙丙邊。

又形中兩圈相交,内有甲卯乙戊未爲小五邊形,其各邊即大分,甲辰戊丙庚形同。又有甲卯乙戊丙庚爲小六邊形,其各邊亦即大分。又小五邊形與午丑乙丙氐大五邊形相似而體勢等,則其各邊俱成比例。乙甲全數與甲卯大分,若乙午與午丑,則以甲卯與午乙相乘,全數除之,亦得五邊形之一。其午乙線以乙亢午直角形,用句弦求股術取之。此圖係〔枚〕新法[一]。

表根五

圈内作三等邊内切形,求得一百二十度通弦,半之,爲六十度正弦。

法曰:全徑上方形内減六邊形上方形,開方得一百二十度之通弦。

〔一〕“此圖係枚新法”六字,四庫本無。

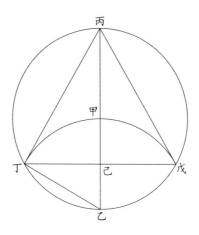

　　解曰：甲爲圈心,甲乙爲半徑作圈。次乙爲心,仍用乙甲爲半徑作弧,與大圈相交於丁於戊,其所截之丁乙戊弧即三分圈之一,何則？依前六邊形之論,丁乙、戊乙二弧俱爲六分圈之一,今丁乙戊弧乃倍大於丁乙,必三分圈之一矣,〔一百二十度。〕即作丁戊線爲三等邊形之邊。次以乙甲引至丙,必平分丁丙戊大半圈於丙,以丙乙爲過心線,既平分丁戊弧於乙,亦必平分丁丙戊弧於丙也。從丙作丙戊、丙丁二線,成丁丙戊三邊等內切形。求之,用乙丁丙三角形,丁爲直角,〔以丁角乘丙戊乙半圈故。〕丁乙爲六邊形之一,丙乙全徑上方減去丁乙半徑上方,〔丁乙,即乙甲。〕餘開方,得丙丁邊,句弦求股術也。

表根六

　　圈內作十五等邊內切形,求得二十四度之通弦。

　　法曰：三邊等形與五邊等形之較,即十五分圈之一,可求二十四度通弦。

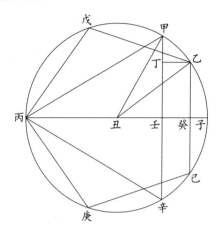

解曰：戊丙大圈，丑爲心，作丙子全徑，取丙點爲宗，依前法作丙甲辛三邊等形，又作丙戊乙己庚五邊等形。丙甲弧爲三分圈之一，〔一百二十度。〕丙戊乙弧爲五分圈之二，〔七十二度。〕相較得甲乙弧二十四度，即十五分圈之一也。其求甲乙之邊，以五邊形之邊乙己半於癸，三邊形之邊甲辛半於壬，得乙癸與甲壬，相減，〔丁壬即乙癸。〕存甲丁爲股。次作乙丑、甲丑兩半徑，成乙丑癸、甲丑壬二直角形。以乙丑半徑上方減乙癸半弦上方，餘開方，得癸丑邊；又以甲丑半徑上方減甲壬半弦上方，餘開方，得丑壬邊。次以丑癸與丑壬相減，得壬癸〔即乙丁。〕爲句。末用甲丁乙直角形，甲丁上方與丁乙上方并，開方得甲乙，爲十五等邊內切形之邊。

又解曰：甲乙弧何以知爲十五分圈之一？凡一圈內作三邊等形，又作五邊等形，以其邊數三與五相乘得

十五，即知可爲十五等邊切形。其兩弧之較，必有十五分
圈之一，如甲乙也。餘倣此推。此亦曆書原法。

表根七

圈內作九等邊內切形，求得四十度之通弦。〔新增。〕

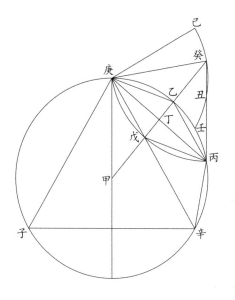

　　求內切九等邊形

　　法曰：甲爲圓心，於圓內先作庚子辛三邊等形，〔法
見前。〕平分大圓爲三分。次用庚甲爲度，作庚己線，與庚
辛爲直角。庚爲心，己爲界，作己壬弧，爲全圈六之一。
〔六十度。〕次於己壬弧上任取癸點，向甲心作癸甲直線，與
庚辛交於戊，其自癸至戊之度，令與甲乙半徑等。次癸爲

心、戊爲界作圈,與大圈相交於丙於庚。〔庚點爲己壬弧圈心,又癸戊半徑與庚己等,必相交於庚。〕從癸又作癸庚、癸丙二線,得庚戊丙圈所割之庚乙丙弧,必爲庚辛弧三之二,辛丙爲三之一,即全圈九分之一也。末作丙辛線,爲内切九等形之邊,依此作丙乙、乙庚諸線,成九等邊内切形,等邊等角。

解曰:癸戊線既等甲乙半徑,則兩圈相交之庚戊丙、庚乙丙兩弧必等。又癸甲線既過兩心,〔甲,大圓心;癸,庚戊丙圈心。〕試作庚丙通弦,必平分通弦於丁,亦平分庚丙弧於乙與丙庚弧於戊,而庚乙與丙乙等,庚戊與丙戊等,又兩弧〔庚乙丙、庚戊丙〕共用庚丙通弦,則丙戊與丙乙、庚戊與庚乙亦各相等,其丙戊、丙乙、庚戊、庚乙四線亦等。又癸丙、癸戊、癸庚三線俱即半徑,〔癸爲庚戊丙圈心故。〕則癸庚戊、癸丙戊爲兩腰等三角形,而兩癸角又等,〔庚戊、丙戊二弧等故。〕則兩形之邊角俱自相等。又丙戊辛形其戊、辛二角亦等,何則?戊角之餘爲丙戊庚角,而丙戊庚乃庚戊癸、丙戊癸兩角之并,亦即癸丙戊、癸戊丙兩角之并,〔癸戊庚角與癸戊丙等,因兩形爲等形,亦與癸丙戊角等。〕是丙戊辛角必與戊癸丙角等。其丙辛戊角乘庚丙弧,則辛角必得庚丙之半,與乙丙弧等,亦與丙戊等,是丙辛戊角亦與戊癸丙角等,而辛丙戊爲兩腰等形,因得戊丙與辛丙兩邊亦等。夫丙戊邊本與戊庚等,則辛丙與戊庚亦等,而丙戊即丙乙,庚戊即庚乙,是辛丙、丙乙、乙庚三線等也,而辛丙、丙乙、乙庚三圈分亦等矣。前庚乙辛弧乃全圈三之一,今庚乙又爲庚辛三之一,即全圈九之一,爲四十度,而庚

乙即四十度通弦。按癸丙線必與庚甲平行,其交己壬弧
之丑點必居癸壬弧之中,而壬丑、丑癸、癸己爲三平分,
各得二十度。

求九邊形之邊

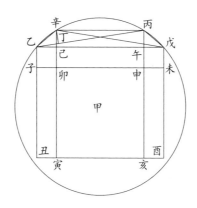

　　法曰:取十邊形相較,可得九分圈之邊。如圖,乙辛
戊圓,甲爲心,取辛丙弧爲十邊形之一,〔三十六度。〕戊乙
弧爲九邊形之一,〔四十度。〕辛丙爲十邊形之邊,乙戊爲九
邊形之邊,二線令平行,則其較弧辛乙與丙戊相等。〔各
二度。〕次作辛乙、丙乙諸線,成辛乙戊丙四邊形。此形有
丙辛邊,〔前第五根所得。〕有辛乙邊,〔一度正弦之倍,用後法所得。〕
先求丙乙線。用丙辛乙鈍角形,作辛丁垂線,以辛丙半之
因乙辛,得辛丁。次以辛丁上方減辛乙上方,開方得乙
丁;又以減辛丙上方,開方得丁丙,并之得乙丙線,與辛戊
等。次以乙丙自乘方內減去辛乙自乘方,餘以辛丙除之,
得乙戊,爲九邊形之邊,即四十度通弦也。〔上圖之庚乙線。〕

解曰：丙辛線既與戊乙平行，則丙乙、辛戊兩線相等，
辛乙與丙戊亦等。從辛從丙作辛己、丙午二垂線，所截戊
乙線之戊午、己乙爲丙辛、戊乙二線相較之半，亦必等。
夫丙乙自乘得丙乙上方形，辛乙自乘得丙戊上方形，〔辛乙
與丙戊等故。〕而丙乙上方乃丙午、乙午上兩方之并，丙戊上
方又丙午、戊午上兩方之并。則試於丙乙上方減去丙午
上方，所餘爲乙亥方；丙戊上方減去丙午上方，所餘爲午
未方，而午未方即己子方也。今於丙乙上方形減丙戊上方
形，是減去丙午上一方，又減去己子一方，〔即戊午上方形。〕所
餘爲午卯丑亥磬折形。夫午乙與己戊二線相等，則午丑
與己酉兩方形亦等，因得卯午矩與申酉矩等，移卯午補申
酉，則丑未矩形與午卯丑亥磬折形等矣。故以子丑除之，
〔子丑即丙辛，以卯亥爲正方故。〕得子未邊，即乙戊四十度通弦也。

　　按：九邊形法，諸書所無，然缺此則九十度之正弦
不備。壬寅秋，客潤州魏副憲官署，時魏公銳意曆學，
因作此圖補之。

　　附求一度之通弦〔一度爲全圓三百六十之一，亦可名三百六十等
邊內切形。〕

　　法曰：一度之通弦，取相近之數，用中比例法得之。
　　如圖，庚乙弧爲一度，先設甲庚一度三十分，依前
法，〔表根六及表法一。〕求其正弦甲癸〇度〇二六一七六
八九，又求其通弦得〇度〇二六一七九二，半之，得〇度
〇一三〇八九六，爲己庚四十五分弧正弦己辛也，三分之，

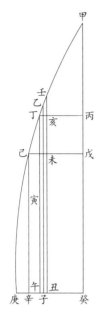

得己寅〇度〇〇四三六三三,爲十五分弧略大線。加己辛,〔即未丑。〕得壬丑〇度〇一七四五二八,爲一度弧略大之正弦。次於甲癸線內減己辛,〔即戊癸。〕餘戊甲,亦三分之,得丙戊〇度〇〇四三六二四,爲十五分弧略小線。加戊癸,得丙癸〇度〇一七四五二,即丁午也,爲丁庚一度略小弧之正弦。夫大小兩弦其差八數,爲壬亥,半之得四,壬申也。〔申亥同。〕加小減大,得乙子〇度〇一七四五二四,爲乙庚一度之正弦。若求其通弦,用正弦與正矢爲句股求之。〔此薛儀甫曆學會通法。〕

再細求一度正弦〔係作枚法。〕

前四十五分弧之正弦〇度〇一三〇八九六,法以四十五分半之,爲廿二分三十秒,求其正弦得六五四四九;又半之,爲十一分十五秒,求得正弦三二七二四五。夫廿二分三十秒之弧倍於十一分十五秒,而其弦亦倍,則知二十分以內之弧正弦若平分數。〔縱有參差,非算所及。〕法以廿二分三十秒爲一率,正弦六五四四九爲二率,十五分爲三率,得四率十五分正弦〇度〇〇四三六三二六。次以十五分正弦與四十五分餘弦〇度九九九九一四三相乘,得〇度〇〇四三六二八八六〇六八六,爲先數;以十五分餘弦〇度九九九九九〇四八與四十五分正弦〇度〇一三〇八九六相乘，得〇度〇一三〇八九四七五三八，爲後數。〔相乘之理，見表法六。〕兩數相併，得〇度〇一七四五二三六一四五，爲一度正弦。與薛書略同，但此法似密。

論曰：弧與弦非平分數，然一度以內弧弦相切，曲直之分所差極微，故可以中比例法求也。

按：上七根所求者，皆各弧之通弦，表中所列俱正弦。蓋論割圓必以通弦，便算則惟正弦。然正弦即通弦之半，全與分之比例等，其理一也。

作表之法有七

用上根數，於大圓中求七弧之通弦，以爲造端之始，而各度之弦，尚無從可得。爰立六種公法，或折半，或加倍，或相總，或相較，轉輾推求，以得象限內各度之正弦。蓋上諸法乃其體，此則其用也，二者相資，表以成焉。

表法一

有一弧之正弦，求其餘弦及半本弧之正弦與餘弦。

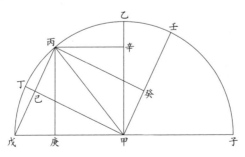

解曰：如圖，甲爲圈心，乙丙戊弧爲全圈四之一，〔九十。〕乙甲、戊甲俱半徑。設有戊丁丙弧，其正弦爲丙庚，即從丙作丙甲線，成丙庚甲直角形。法甲丙全數上方減丙庚正弦上方，餘開之，得甲庚，與丙辛等，即丙戊弧之餘弦也。又用甲庚減甲戊半徑，得庚戊矢，又作丙戊線，成丙庚戊直角形。法庚戊矢上方與丙庚上方并，開方得丙戊，爲戊丁丙弧通弦，半之得丙己或戊己，即半本弧丙丁或丁戊之正弦。又以丙甲己形，〔戊甲己形同。〕用句弦求股術求己甲，得半本弧之餘弦。〔癸丙等。〕若再以丙己、丁己二邊求丙丁弦，半之，又得半丙丁弧之正弦。餘做此遞求之。

論曰：丙戊弧既平分於丁，其丙戊弦亦必平分於己，故半丙戊爲半本弧之正弦。試作丁甲壬象限，則丙己正弦、己甲餘弦尤了然矣。

表法二

有一弧之正餘弦，求其倍本弧之正弦與餘弦。

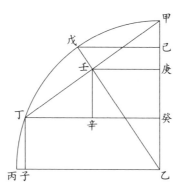

解曰：甲丙象限內，設有甲戊弧，其正弦戊己，餘弦己乙，今求倍甲戊之甲丁弧正弦丁癸與餘弦癸乙。法先作丁甲線，爲丁戊甲倍弧之通弦，此線必爲乙戊線平分於壬，則壬甲亦爲甲戊弧正弦，與戊己等，丁壬亦等。夫壬甲既等戊己，則其餘弦壬乙亦必等己乙。法用己戊乙、庚壬乙兩形，乙戊全數與戊己正弦，若乙壬餘弦〔即乙己。〕與壬庚，而壬庚即辛癸，倍之得丁癸，爲倍弧甲丁之正弦。

論曰：乙戊己、乙壬甲兩形相等，戊乙等甲乙，戊己等甲壬，己乙等壬乙，故壬乙得爲餘弦。又乙戊己、乙壬庚兩形相似，故第四率可求壬庚。〔即辛癸。〕而壬庚必爲丁癸之半，以丁癸甲直角形丁甲弦既平分於壬，從壬作壬辛垂線，亦必平分其股於辛也，故倍癸辛得丁癸，爲倍弧甲戊丁正弦。又壬庚線亦平分甲癸句於庚，用甲壬庚形，依句股術求甲庚，倍之，以減甲乙，存癸乙或丁子，即倍弧之餘弦也。

表法三

求象限內六十度左右距等弧之正弦。

解曰：六十度左右距等弧之正弦，與其前後弧兩正弦之較等。如圖，乙丙象限內設丙戊爲六十度，〔不動。〕有丙己小弧，〔須在三十度以上。〕丙己丁大弧，其大弧與丙戊六十度之較戊丁，令與丙己小弧與戊丙六十度之較戊己等。其大小兩弧正弦，一爲己辛，一爲丁庚，相較爲丁癸，此丁癸與己壬、丁壬等，則丁癸爲戊丁、戊己距等弧之正弦，壬甲爲餘弦。

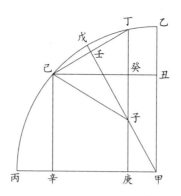

論曰：試從己向子作己子線，則丁己子爲三邊等形，何則？形中壬子丁、壬子己兩形相等，〔丁子壬、己子壬兩角本等，又同用壬子邊，則兩形自等。〕而丁子壬角與乙甲戊角等，〔以丁庚與乙甲平行故。〕爲三十度，〔乙甲戊爲丙戊甲角六十度之餘。〕則丁子己角爲丁子壬之倍，必六十度。又丁子壬、己子壬兩角等，則其餘壬丁子、壬己子二角亦必各六十度，而與丁子己角等，則丁子己爲平邊三角形。夫丁子己既爲平邊三角形，其己癸垂線必平分丁子於癸，子壬垂線必平分丁己於壬，兩分之丁癸與丁壬必等，而丁癸乃己丙、丁丙大小二弧兩正弦〔一己辛，一丁庚。〕之較。

按：此須先求得象限內六十率之正弦，依上法，可求左右三十率之正弦，外此即不可用，以六十度之餘止三十度故也。

表法四

任設兩弧之正餘弦，求兩弧并及較弧折半之正弦。

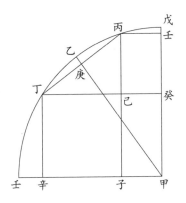

解曰：戊壬象限內，任設不齊之兩弧，一置在上如戊丙，一置在下如丁壬，中間所容丙丁弧，即戊丙、丁壬兩弧并之餘，今求半丙丁弧丙乙〔丁乙同。〕之正弦。法作丁壬弧正弦丁辛，餘弦丁癸；戊丙弧正弦丙壬，〔即癸己。〕餘弦丙子。又作丙丁線，爲較弧之通弦，成丙己丁直角形。次以丁壬弧正弦〔丁辛、己子同。〕減戊丙弧餘弦〔丙子〕，得丙己爲股；丁壬弧餘弦〔丁癸〕減戊丙弧正弦〔癸己〕，得丁己爲句；句股求弦，得丙丁邊。半於庚，得丙庚或庚丁，爲丙丁半弧丙乙之正弦。

已上俱係曆書原法。

表法五

有一弧之正弦，求倍本弧之矢，因得餘弦。

解曰：設戊乙弧，其正弦乙丁。戊丙爲戊乙弧之倍，其正弦丙己，正矢戊己，丙戊爲倍弧通弦，半於辛，其辛戊與乙丁等。法用戊丙己、戊辛甲兩直角相似形，〔二形同用

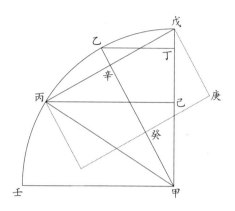

戊角,故相似。〕甲戊與戊辛,若丙戊與戊己倍弧矢。夫四率之理,二、三相乘之矩內形,與一、四相乘之矩等,則丙戊乘辛戊,即甲戊乘戊己。而丙戊乘辛戊所得矩形,爲辛戊上方形之倍,〔戊辛自乘得辛庚方,倍之爲丙庚矩,即丙戊與戊庚相乘之冪也。戊庚即戊辛。〕而全數〔甲戊也。〕又省一除,故以乙丁正弦〔即辛戊。〕自乘,倍之退位,即得戊己倍弧矢。用減半徑,得倍弧餘弦己甲。若反之,以戊己矢折半,進位開方,即得半本弧之正弦〔丁乙〕。

此孔林宗術,勿菴稱爲正弦簡法,余作此圖以著其理。

表法六

任設不齊之兩弧,求兩弧相并之正弦及相較之正弦。

解曰:寅己未圈,甲爲心,寅己爲一象限。設寅己弧內有己辛弧若干度,爲前弧,又有己戊弧小於己辛,爲後弧。戊子爲後弧正弦,子甲其餘弦;午辛爲前弧正弦,午甲其餘弦。次取辛丑弧與己戊後弧等,則己戊丑爲前後

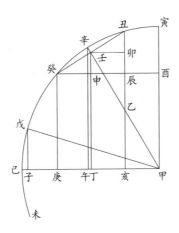

兩弧之幷弧，丑亥即幷弧之正弦。次作丑壬線爲丑辛弧正弦，與戊子等，其餘弦壬甲，亦與子甲等，辛壬亦與子己等。法用甲午辛、甲壬丁二相似形，以後弧之餘弦壬甲因前弧之正弦辛午，全數〔甲辛〕除之，得壬丁，爲初數，〔卯亥等。〕寄位。次用甲辛午、丑壬卯二相似形，〔甲辛午形之辛角與丑乙辛角等，因丑壬乙爲直角，其丑壬卯角亦與丑乙壬角等，則亦與甲辛午角等。又二形之卯、午俱爲直角，則兩形相似。〕甲辛與甲午，若丑壬與丑卯，則以前弧之餘弦甲午因後弧之正弦丑壬，全數〔辛甲〕除之，得丑卯，爲次數。末以丑卯與初數卯亥相幷，得丑亥，爲已戊丑兩弧相幷之正弦。若求兩弧相較之正弦，法以後弧丑壬正弦引長

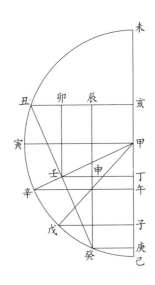

之,抵圈界於癸,則丑癸爲丑辛癸弧之通弦。因壬點爲直角,其癸壬與丑壬必等,因得丑辛、癸辛兩弧亦等。夫丑辛弧原與戊己後弧等,則辛癸與戊己弧亦等,即以辛癸減辛己前弧,得癸己爲兩弧之較,癸庚即較弧之正弦,癸酉其餘弦。法用丑辰癸形,此形内之癸申壬、丑卯壬二直角形相等,〔丑癸辰句股形,丑癸弦既平分於壬,則從壬作壬卯、壬申二垂線,亦必平分丑辰句於卯、癸辰股於申,而癸申壬、丑卯壬兩形必等。〕因得壬申,即丑卯次數。〔壬申等卯辰,卯辰即丑卯。〕用以減初數壬丁,存申丁,即癸庚也,爲較弧癸己之正弦,亦與戊辛弧正弦等。

　　若兩弧相并在象限外,如次圖己寅丑弧,理亦同。〔鈐記同前。〕

　　有不齊之兩弧,求相并相較弧正弦又法。

　　法曰:兩弧〔小甲丙、大甲戊。〕相并曰總弧,〔甲癸。〕相減曰多弧。〔戊丙。〕置大小兩弧,以大弧正弦〔戊辛〕因小弧較弦〔子庚〕,曰先數;〔庚乙。〕以大弧較弦〔辛巳〕因小弧正弦〔庚午〕,曰後數;〔午未。〕視兩弧在象限内者,以後數〔亥壬〕減先數,〔亥丙也。以午亥丙形與庚乙子形等故。〕爲多弧正弦;〔壬丙。〕以後數〔卯丑〕加先數,〔丑己。以庚己丑形與庚乙子形等故。〕爲總弧正弦。〔卯己也。以卯午己形與庚酉癸形等,故卯己即酉癸。〕若兩弧過象限者,加減各異。

　　又或置大小兩弧,〔同上。〕以大弧正弦〔戊辛〕因小弧正弦午庚,曰先數;〔庚未。〕以大弧較弦〔庚辛〕因小弧較弦〔庚子〕,曰後數。〔子乙。〕視兩弧在象限下,以後數〔午亥〕加先

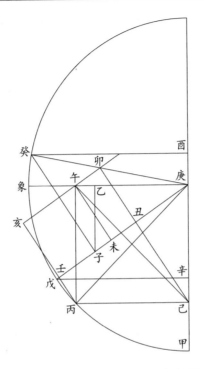

數,得多弧較弦;〔壬庚。〕以後數〔庚丑〕減先數〔庚未〕,得總弧較弦。〔丑未,即午卯,亦即庚酉。〕若兩弧象限內外不等,加減亦異。

此法詳三角會編五卷。梅勿菴先生環中黍尺亦著其法,然彼所論者弧三角形,此則平圓中求正弦也。

表法七

圓內有五通弦,錯互成四不等邊形,求不知一弧之通弦。

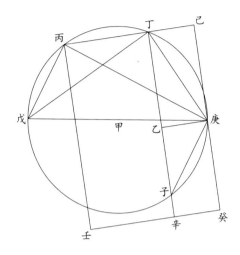

解曰：甲爲圓心，戊庚爲圓徑，戊丙、丙丁、丁庚俱爲通弦，成戊庚丁丙四不等形，丁戊、丙庚爲對角線。法丁戊偕丙庚相乘之矩形，内減丁庚偕丙戊相乘之矩形，餘爲戊庚與丙丁相乘之矩形。蓋丁庚、丙戊相乘之矩與戊庚、丁丙相乘之矩并，與丁戊、丙庚兩對角線相乘之矩等也。若有丙戊、丁庚、戊庚、丙庚、丁戊五通弦，用此可得丙丁弧之通弦。

論曰：庚戊丁形與庚丙丁形，其戊、丙兩角等。〔同乘丁庚弧故。〕若以丙丁弦引至己，作庚己丙直角形，則庚戊丁、庚丙己兩直角形相似，庚戊與戊丁，若庚丙與丙己。夫四率之理，二、三相乘矩形與一、四相乘之矩等，則庚丙與丁戊相乘所得，即庚戊[一]與丙己相乘之己壬矩也。〔取己癸與

〔一〕庚戊，原作“庚丙”，據前文及圖改。

庚戊徑等。〕次作丁辛線與己癸平行,割圈於子,其子庚弧與
丙戊弧等,何則?戊丁庚爲直角,丙丁子亦爲直角,同用
戊丁子角。〔子戊弧。〕則丙丁戊、庚丁子兩角必等,其所乘
之丙戊、庚子兩弧亦等矣,因得庚子邊,即丙戊通弦。又
庚子丁角與庚戊丁角等,〔同乘丁庚弧故。〕於庚作庚乙垂線,
與己丙平行,成子庚乙直角形,與庚戊丁直角形相似,戊
庚與庚丁,若子庚與庚乙。依四率之理,庚子〔即丙戊。〕與
丁庚相乘所得,即庚戊與庚乙相乘之己辛矩也。〔丁辛即庚
戊,己丁即庚乙。〕用以減己壬矩形,餘丁壬矩形,乃庚戊與丁
丙相乘之冪。故以庚戊除之,得丁丙,爲丁丙弧之通弦。

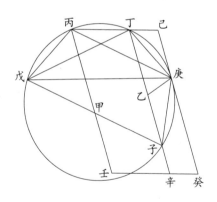

　若戊丙丁庚非半圈,〔或大或小不論。〕則庚戊爲戊丙庚
弧之通弦,理亦同,但己壬爲斜方形。如上圖,戊丁庚爲
小半圈,成己壬斜方,其庚乙線不與丁己平行。法作己庚
乙角,令與丁己庚角等,則腰間相對丁、乙二角亦等,因得
庚乙、丁己爲等邊。而庚乙子鈍角爲丁乙庚之餘,與丁己
庚角自等,亦即與圓內戊丁庚角等,而庚乙子、庚戊丁爲

相似形,庚乙即丁己。

　　此上古多羅某法,諸書未有能言其故者,得余此圖,庶不昧古人精意。

　　已上二法,係余所增。

　　用上七法,交互推求,可得象限内各度之正弦。細推之,又可每隔十五分〔四分度之一。〕得一正弦。十五分以下,用中比例法,以十五分正弦爲實,十五爲法而一,得一分之正弦。遞加之,得每度内各分之正弦,立割圓表。又此正弦,算一象限已足,以適滿一直角故也。

求切線割線矢線

　　割圓正弦而外,又有切、割、矢三線,并正弦爲四線,合其餘爲八線。蓋以八線準一弧,弧之曲度,得其真矣。切線止切圈以一點,全在圈外。割線從圈心過規,半在内,半在外。正弦與矢全在圈内。如圖,甲爲圈心,庚丁爲象限,庚甲、丁甲俱半徑。設有庚乙正弧,即戊乙爲正弦,乙辛〔戊甲同。〕爲餘弦。次於圈外作庚己線,與戊乙平行,切圈於庚。又從甲心過所截弧乙點作甲己線,與庚己交於己,成甲己庚直角形。此己庚爲乙庚弧正切線,己甲其正割線也。而甲己庚直角形與圓内戊甲乙形相似,甲戊與戊乙,若甲庚與庚己,故以餘弦除正弦,半徑因之,得本弧正切。又戊甲與甲乙,若庚甲與甲己,故以餘弦除半徑,全數因之,得本弧正割。以戊甲餘弦減甲庚半徑,得庚戊本弧正矢,此皆庚乙弧相當之線也。夫庚乙既爲正

弧，則乙丁爲餘弧。作乙辛
線爲餘弧之弦，作丙丁線切
圈於丁〔一〕，爲餘弧之切，甲
乙引出之遇於丙，甲丙爲餘
弧之割。成甲丙丁直角形，
與圓內甲乙辛形相似。甲辛
與辛乙，若甲丁與丁丙，得餘
切。甲辛與甲乙，若丁甲與
甲丙，得餘割。乙戊〔即甲辛。〕
正弦減甲丁半徑，得辛丁餘

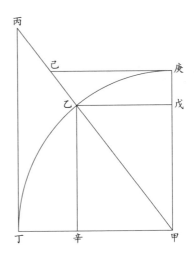

矢，此又丁乙餘弧相當之線也。一正一餘，共有八線。若
或以丁乙爲正弧，即庚乙反爲餘弧，其八線正餘之名亦互
易，蓋此爲正，彼自爲餘耳。

　　論曰：庚乙正弧之各線，爲甲庚己、甲戊乙兩句股形
所成。乙丁餘弧之各線，爲甲丁丙、甲辛乙兩句股形所
成。而甲庚己形與甲丁丙形相似，〔一爲順句股，一爲倒句股。〕
又圓內之乙甲辛、甲戊乙二句股形俱自相似，亦與甲丁
丙、甲庚己二形相似，是庚乙弧相當之線成相似之直角形
四。設算可以用正，亦可以用餘，是一弧而能兼用八線，
此八線表所由名也。

　　　按：表中不列矢線者，以矢線用正餘弦減半徑即
　　得，且不常用，故省之。

────────

〔一〕丁，原作“丙”，據圖改。

又按：割圓之難，全在求正弦。若切、割線，俱以比例得之。

附求割線省法〔用加减算。〕

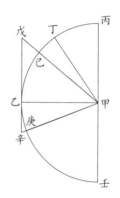

如乙己弧爲二十度，其切線乙戊，求割線甲戊。法先以餘弦己丙七十度半於丁，得丁己三十五度，丁丙等。次以戊乙切線引長之，令與戊甲等，作甲戊辛兩腰等三角形，而乙庚弧必與丁丙等。即查乙庚弧之切乙辛，并乙戊，得戊辛，即甲戊割也。

解曰：乙庚弧何以與丁己弧等？蓋甲辛戊既爲兩腰等三角形，則甲角之己庚弧必爲丙己餘弧〔己壬也。〕之半，壬庚與己庚等，而庚點居己壬弧之中。夫丙己與己壬并，等兩直角，則己庚弧之不滿直角者，必爲丙己之半。今丙己既半於丁，則以丁己益己庚，丁甲庚必爲直角，而乙甲丙亦直角也，共用乙甲丁角，〔或丁乙弧。〕則丙丁^{〔一〕}與乙庚等。

求矢線。餘弦減半徑，得正矢；正弦減半徑，得餘矢。

求切線。餘弦除正弦，半徑因之，得正切；正弦除餘弦，半徑因之，得餘切。

求割線。餘弦除半徑，半徑因之，得正割；正弦除半徑，半徑因之，得餘割。

按：圓內弦、矢二線，當正弧初度則無，九十度極大，即半徑。圈外切、割二線，切線當正弧初度亦無，割線即半徑；至九十度俱極大，且切與割平行，不能相遇，名曰無窮之度，然至此亦無切、割之可言矣，惟將近九十度點，有極大之切、割線。

定八線正餘之界

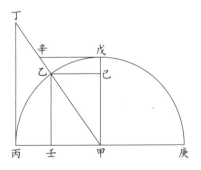

庚戊丙半圓，甲爲心，戊丙爲象限。設丙乙正弧在九十度內，則乙壬爲正弦，壬丙爲正矢，甲丁爲正割，丙丁

〔一〕丙丁，原作“丙己”，據前文及圖改。

爲正切。其戊乙爲餘弧，乙己爲餘弦，己戊爲餘矢，甲辛爲餘割，戊辛爲餘切。若設庚戊乙爲正弧，在九十度外，亦以乙壬爲正弦，丁丙爲正切，甲丁爲正割，壬丙爲正矢，而庚壬亦爲正矢，又名大矢。其餘弧仍用戊乙，〔非乙丙。〕在庚戊象限之外，乙己爲餘弦，戊己爲餘矢，戊辛爲餘切，甲辛爲餘割。蓋乙壬正弦爲丙乙、庚乙兩弧共用，故總以戊乙爲餘弧也。凡算三角形取用正餘諸線，以此爲準。